智能制造类产教融合人才培养系列教材

智能制造数字化增材制造

郑维明　李　志　仰　磊　程泽阳　陈　虎　编

机 械 工 业 出 版 社

本书作为智能制造类产教融合人才培养系列教材之一，以西门子工业软件相关技术平台为支撑。针对增材制造（3D 打印）技术的应用，西门子工业软件提供了从需求驱动的创成式设计到 3D 打印的端到端集成的增材制造解决方案，涵盖了面向增材制造的创新设计、仿真分析、打印准备以及生产运营，着力于实现增材制造的工业化应用。

本书以机械、汽车、模具、航空等行业应用为背景，结合面向增材制造的设计、仿真和生产的行业需求，在产品设计、预测性工程分析、3D 打印准备等方面介绍了数字化增材制造过程链，具体包括：面向增材制造应用的三维设计和验证，先进的晶格结构设计方法，基于逆向工程的三维打印，创成式设计及拓扑优化，增材制造前处理，多轴增材制造，过程仿真和后处理，以及典型行业中的零件打印实例。

本书针对具体案例，先介绍其设计原理和方法，然后以西门子工业软件的增材制造环境为基础，介绍操作过程，做到理论与实践相结合；同时运用了“互联网 +”形式，在重要知识点嵌入二维码，方便读者理解相关知识，进行更深入的学习。读者可通过逐步学习每个章节，掌握面向增材制造的先进设计理念，并通过案例实践掌握所学内容。

本书可以作为高等职业院校和职业本科院校机械、模具、汽车类相关专业的教材，也可供从事产品设计和制造的技术人员使用。

为便于教学，本书配套有电子课件、操作视频、案例模型等教学资源，凡选用本书作为授课教材的教师可登录机械工业出版社教育服务网（http://www.cmpedu.com）注册后免费下载。

图书在版编目（CIP）数据

智能制造数字化增材制造 / 郑维明等编. —北京：机械工业出版社，2021.3（2022.1重印）

智能制造类产教融合人才培养系列教材

ISBN 978-7-111-67475-7

Ⅰ.①智… Ⅱ.①郑… Ⅲ.①快速成型技术—教材 Ⅳ.①TB4

中国版本图书馆CIP数据核字（2021）第023194号

机械工业出版社（北京市百万庄大街22号 邮政编码100037）
策划编辑：黎 艳 责任编辑：黎 艳 陈 宾
责任校对：王 欣 封面设计：张 静
责任印制：郜 敏
北京中兴印刷有限公司印刷
2022年1月第1版第2次印刷
184mm × 260mm · 13.5印张 · 319千字
1901—3800册
标准书号：ISBN 978-7-111-67475-7
定价：49.00元

电话服务
客服电话：010-88361066
010-88379833
010-68326294

网络服务
机 工 官 网：www.cmpbook.com
机 工 官 博：weibo.com/cmp1952
金 书 网：www.golden-book.com
机工教育服务网：www.cmpedu.com

西门子智能制造产教融合研究项目
课题组推荐用书

编写委员会

郑维明　李　志　仰　磊　程泽阳　陈　虎

刘　峰　张文豪　刘骏鹏　何学勤　黄　钊

衷斯杨　李凤旭　熊　文　张　英　许　淏

编写说明

为贯彻中央深改委第十四次会议精神，加快推进新一代信息技术和制造业融合发展，顺应新一轮科技革命和产业变革趋势，以智能制造为主攻方向，加快工业互联网创新发展，加快制造业生产方式和企业形态根本性变革，同时，更好提高社会服务能力，西门子智能制造产教融合课题研究项目近日启动，为各级政府及相关部门的产业决策和人才发展提供智力支持。

该项目重点研究产教融合模式下的学科专业与教学课程建设，以数字化技术为核心，为创新型产业人才培养体系的建设提供支持，面向不同培养对象和阶段的教学课程资源研究多种人才培养模式；以智能制造、工业互联网等“新职业”技能需求为导向，研究“虚实融合”的人才实训创新模式，开展机电一体化技术、机械制造与自动化、模具设计与制造、物联网应用技术等专业的学生培养；并开展数字化双胞胎、人工智能、工业互联网、5G、区块链、边缘计算等领域的人才培养服务研究。

西门子智能制造产教融合研究项目课题组

组建了教材编写委员会和专家指导组，在专家和出版社编辑的指导下有计划、有步骤、保质量完成教材的编写工作。

本套教材在编写过程中，得到了所有参与西门子智能制造产教融合课题研究项目的学校领导和教师的积极参与，得到了企业专家和课程专家的全力帮助，在此一并表示感谢。

希望本套教材能为我国数字化高端产业和产业高端需要的高素质技术技能人才的培养提供有益的服务与支撑，也恳请广大教师、专家批评指正，以利进一步完善。

西门子智能制造产教融合研究项目课题组　郑维明

2020 年 8 月

增材制造（Additive Manufacturing，AM）也称3D打印，是相对于传统切削方式的减材制造和利用模具的等材制造，以材料累积为基本特征，通过不同的能量源与CAD/CAM技术相结合的制造方式。它正在推动创新并帮助企业克服生产障碍，通过减材、减重，扩展产品性能等方法来重塑产品，将产品变革从传统设计往面向增材制造的创新设计方面转移；通过消除开模、消除或简化装配等重组制造，将增材制造从原型应用/试验应用往主流工业化生产方面转移，从而实现个性化、定制化、按需打印等，帮助企业重构业务。

但是，当企业试图采用增材制造这一新技术的时候，也面临一些限制。目前的实际情况是企业采用独立的应用系统，而它们常常不能一起工作或需要通过文件交换来协同，从而导致数据和流程管理的失控，因而企业需要消除这些障碍，将增材制造融入产品研发制造的实际过程，实现增材制造的工业化应用。

西门子股份公司不仅是工业4.0的倡导者，更是工业领域实践的排头兵，它提供了数字化企业所必需的多学科专业领域最广泛的工业软件和行业知识，涵盖了机械设计、电子及自动化设计、软件工程、仿真测试、制造规划、制造运行等方面，可以帮助学校建立同时满足科研、实训与企业服务的产教融合平台。

为了满足企业对数字化增材制造的能力需求与人才需求，本书提供了从需求驱动的创成式设计到3D打印的端到端集成的增材制造解决方案，涵盖了面向增材制造的创新设计、仿真分析、打印准备以及生产运营，着力于实现增材制造的工业化应用。同时运用了“互联网+”技术，在部分知识点附近设置了二维码，使用者可以用智能手机进行扫描，便可在手机屏幕上显示和教学内容相关的多媒体内容，方便读者理解相关知识，进行更深入的学习。

增材制造流程图

由于编者水平有限，书中不妥之处在所难免，恳请读者批评指正。

编　者

二维码索引
INDEX

（续）

序号	名称	二维码	页码
15	在多射流熔融成型(MJF)方式下，设置打印机参数		40
16	在熔融沉积成型（FDM）方式下，设置打印机参数		41
17	使用【过热】分析工具检查并显示局部过热的区域		42
18	使用【延迟计算】选项控制对各检查项的计算		47
19	晶格构型体积定义		64
20	产生晶格体		65
21	基于逆向工程的三维打印案例操作步骤		72
22	生成式设计和拓扑优化		80
23	拓扑优化案例 1		82
24	拓扑优化案例 2		86
25	拓扑优化和约束		91
26	拓扑优化案例 3		94
27	平面加工		127
28	旋转加工		141
29	机器人上的平面沉积工序		157

目录
CONTENTS

第1章 增材制造技术概论

当今，全球正在经历新一轮的工业变革。无论是工业 4.0、工业互联网，还是智能制造，其本质都是传统工业与新技术结合起来的创新，增材制造是新技术中的一颗璀璨的明珠。

增材制造（Additive Manufacturing，AM）也称 3D 打印是相对于传统切削的减材制造和利用模具的等材制造，以材料累积为基本特征，通过不同的能量源与 CAD/CAM 技术相结合的制造方式。它是融合了计算机辅助设计和材料加工与成型技术，以数字模型文件为基础，通过软件与数控系统将专用的金属材料、非金属材料以及医用生物材料，按照挤压、烧结、熔融、光固化、喷射等方式逐层堆积，制造出实体物品的制造技术。相对于传统加工模式，增材制造是一种自下而上通过材料累积进行加工的制造方法。其特点是从无到有，这使得过去因受到传统制造方式的约束，而无法实现的复杂结构件制造变为可能。图 1-1 所示为增材制造技术的应用。

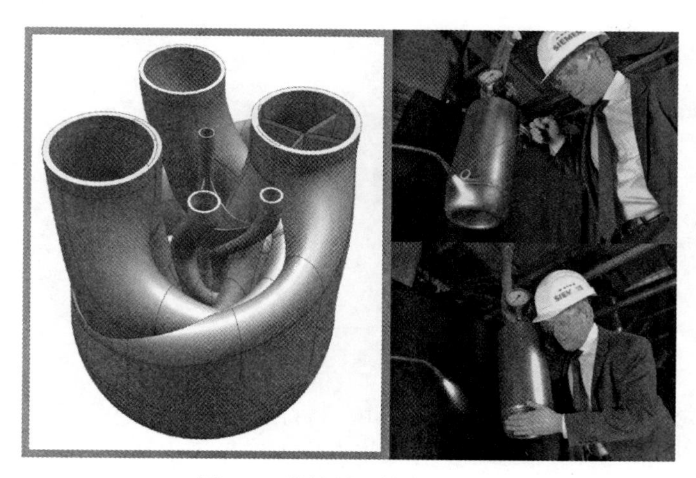

图 1-1　增材制造技术的应用

目前，增材制造技术在全球范围内大热。2017 年，阿迪达斯推出的 3D 打印球鞋“Future Craft 4D”被炒到一双上万元。而在 2018 年的汉诺威工业博览会上，西门子公司将一双鞋底由 3D 打印技术生产的 Adidas 白色定制款 Ultra Boost 跑鞋送给德国总理默克尔。事实上，不仅是跑鞋，当今很多行业都已经开始使用增材制造技术，如航空航天、电子、医疗、能源、模具以及汽车等领域。只要是有定制化需求的行业，增材制造技术就会成为应用趋势。

增材制造技术的兴起是工业制造业的一场革命。增材制造技术的工业化意味着产品上市更快，制造灵活性更强，产品质量更好，生产率更高。结合集成应用软件和自动化解决方案，如西门子的 NX 和 Teamcenter 等软件平台，SIMATIC、SINUMERIK 和 SINAMICS 等硬件控制和驱动产品，以及基于云的开放式物联网操作系统 MindSphere 和增材制造咨询服务，增材制造的设计、仿真、生产和检测这一全价值链已具备了相当高的成熟度，也体现出了其独特的优势。

【增材制造案例】

瑞典的 Finspång 工厂有着 500 年的历史，曾生产过大炮，在 20 世纪 50 年代中期进行燃气轮机的生产。在燃气轮机的实际运行中，由于燃烧室内火焰燃烧的效果，燃烧器上的燃烧头在一定时间后会受到侵蚀。新燃烧器的成本很高，因此客户希望维修和精制燃烧器，以降低成本。

按照传统模式，燃烧头的修复费用昂贵且过程漫长，需要将其部件送到另一个工厂进行加工，以去除受损区域，并将新的区域焊接上。完成部件的翻新后，人工将其装配到燃烧器上。虽然这种方法比组装和更换整个燃烧器更划算，但它仍然是一个漫长的过程，且费用昂贵。

然而，凭借着增材制造技术，这一过程有效地简化为只分离燃烧头的损坏部分，在燃烧器中提供一个干净、已知的表面，直接在上面进行增材制造。这大大减少了废料，并且减少了工作和维修时间。这种更换燃烧头的方法取得了巨大的成功，显著地减少了重复工作，并延长了燃烧器的使用寿命。图 1-2 所示为燃烧头的增材制造案例。

图 1-2　燃烧头的增材制造案例

人们考虑对燃烧器进行彻底的重新设计，将许多单独的部件组合成一个单元，并融入增材制造的独特功能。经研究发现：可以将燃烧器壁做得更薄，以改善温度对其的响应；使用网格结构，在降低重量的同时使燃烧器更坚固，并且减少热惯性。这一设计为涡轮的加热和冷却循环提供了一个更强大、灵活的产品，延长了燃烧器的使用寿命，减少了氧化和裂纹的形成。在这个过程中，燃烧器实现了 22% 的减重。

截至 2008 年，Finspang 工厂通过调整能源规格以及增材制造工艺参数，进行材料性能开发，加强对增材制造设计和制造应用的投入，构建了完整的增材制造链。

归纳起来，增材制造技术的价值体现在以下几个方面：

1．产品设计

1）简化以及标准化产品的装配过程。

2）减小零部件及产品尺寸。

3）减少安装工作量。

2. 制造过程

1）减少超过 50% 的零件数。

2）减少约 50% 的焊接量。

3）降低装配复杂度，减少装配步骤。

4）缩短交货周期。

3. 商业价值

1）加速产品上市。

2）可调整设计变更。

3）简化产品维修，降低服务成本。

较之传统的生产模式，增材制造具备更稳定的成本变化，其单件成本不会受产品复杂性或订单批量的影响，成本、产品复杂性和订单批量在不同生产模式下的关系如图 1-3 所示。与此同时，增材制造技术本身也在快速的发展，如 HP 的 Multi Jet Fusion 3D 打印机已经能完成上万种塑胶小零件的打印，且成本比传统的注射工艺低很多。金属增材制造设备也在快速的发展，在激光技术的支撑下，生产率和产品质量都得到了显著的提升。增材制造技术正变得越来越可用！

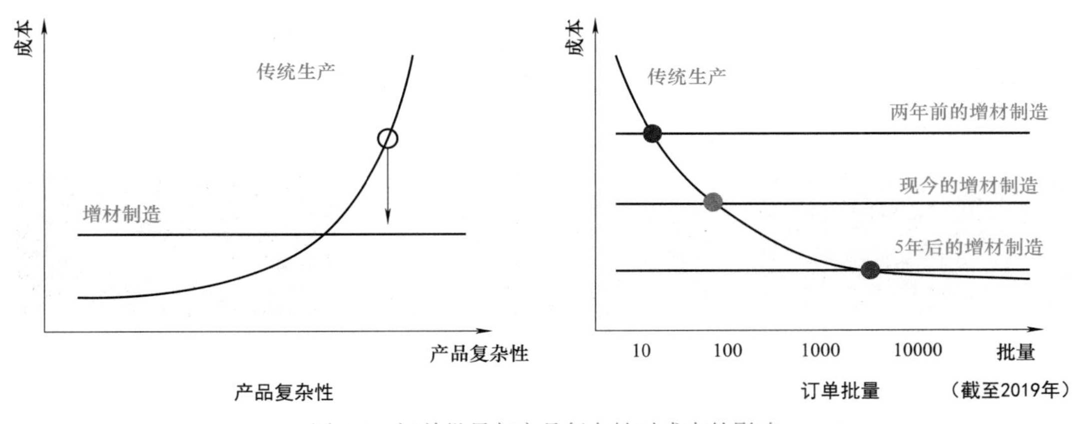

图 1-3　订单批量与产品复杂性对成本的影响

增材制造技术还推动着整个产业链的变革，主要体现在：

1）减少模具制造环节，包括塑胶模、压铸型和工装。

2）减少零部件供应链环节，会消除库存的牛鞭效应。

3）大幅缩减小批量生产的成本，易于实现真正的单件流。

这些变革会带来整个业务模式的变化，使得个性化、定制化的运作模式得到强有力的支撑，面向最终用户的产品功能创新和服务模式创新更容易实现，全产业链协作会更加容易。

第2章 增材制造技术架构

增材制造技术正在推动产品创新，并帮助企业克服当今的生产障碍，通过减材、减重、扩展产品性能等方法来重塑产品，将产品变革从传统设计往面向增材制造的创新设计方面转移；通过消除开模、消除或简化装配等重组制造过程，将增材制造从原型应用和试验应用往主流工业化生产方面转移，从而实现个性化、定制化、按需打印等生产需求，帮助企业重构业务。

为更好地应用这种制造模式，需要对其技术架构进行全面的了解，其中包括典型工艺，关键设计方法和全价值链软件集成。

2.1 典型工艺

增材制造的典型工艺有三种，分别为激光烧结、材料挤压成型和粉末喷射。下面逐一对其进行简单介绍，以便在实际应用中能根据生产任务的特性选择合适的工艺。图 2-1 所示为增材制造的三种典型工艺。

a）激光烧结

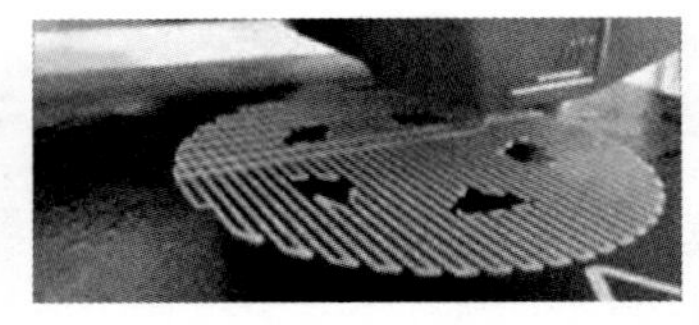

b）材料挤压成型

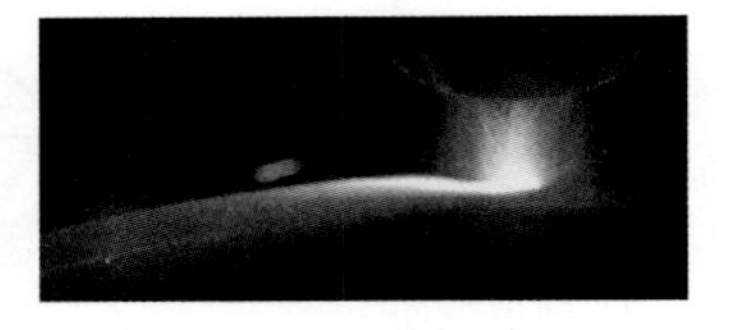

c）粉末喷射

图 2-1 增材制造的典型工艺

1. 激光烧结

激光烧结法是利用计算机控制快速移动的镜子来控制激光束移动，激光束一层一层地烧结材料（如陶瓷粉末或金属粉末）成型。当一层烧结完成后，工作台下移，工作台表面再敷上一层材料，进行下一个平面的烧结过程。

如果材料是光敏树脂，则加工过程称为光固化立体成型（Stereo Lithography Appearance，SLA）。

如果材料是陶瓷、金属粉末或塑料，通过激光烧结成型称为选择性激光烧结（Selective Laser Sintering，SLS）。没用过的粉末都能在下一次打印中循环利用。所有未烧结过的粉末都保持原状并成为实物的支撑结构，因此这种工艺不需要任何其他支撑材料。而 FDM、SLA 等工艺则需要支撑结构。图 2-2 所示为激光烧结工艺。

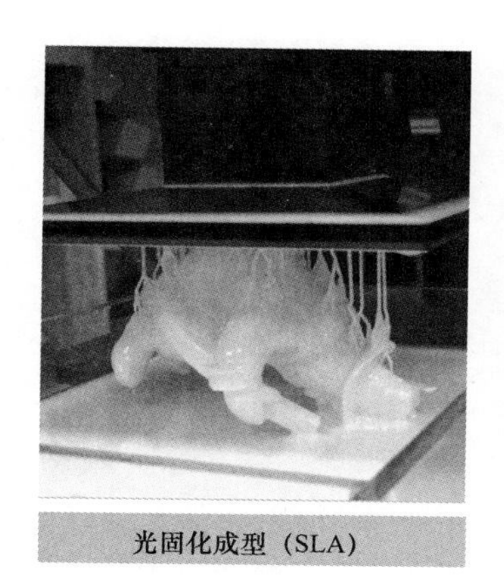
光固化成型（SLA）

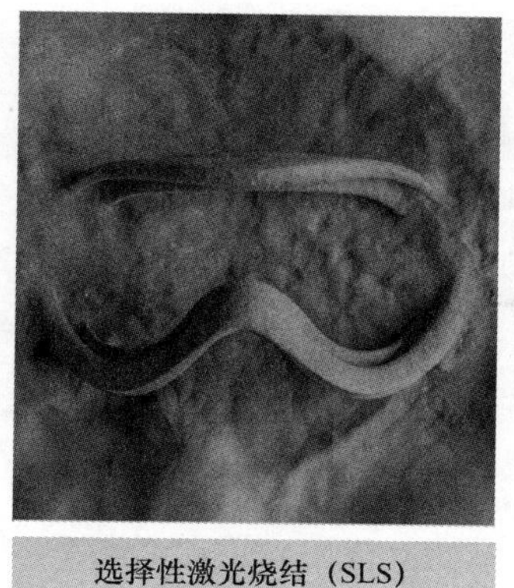
选择性激光烧结（SLS）

选择性激光烧结（SLS）

图 2-2 激光烧结工艺

2．材料挤压成型（FDM）

材料挤压成型又称为熔丝沉积（FFF），它是将丝状的热熔性材料加热熔化，通过带有一个微细孔的挤压头挤压出来。挤压头可沿着 X 轴方向移动，而工作台可沿 Y 轴方向移动。如果热熔性材料的温度始终稍高于固化温度，而成型部分的温度稍低于固化温度，就能保证热熔性材料挤出喷嘴后，随即与前一层面熔结在一起。一个层面沉积完成后，工作台按预定的增量下降一个层的厚度，再继续熔丝沉积，直至完成整个实体造型。

挤压的材料通常为各种塑料，如 ABS、PLA、PP、PC 等。市场上加工费用低的 3D 打印机大多为这种类型。图 2-3 所示为材料挤压成型工艺。

2轴

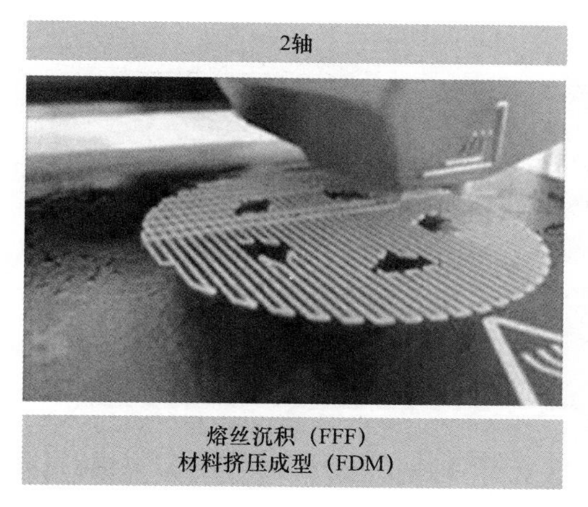
熔丝沉积（FFF）
材料挤压成型（FDM）

多轴

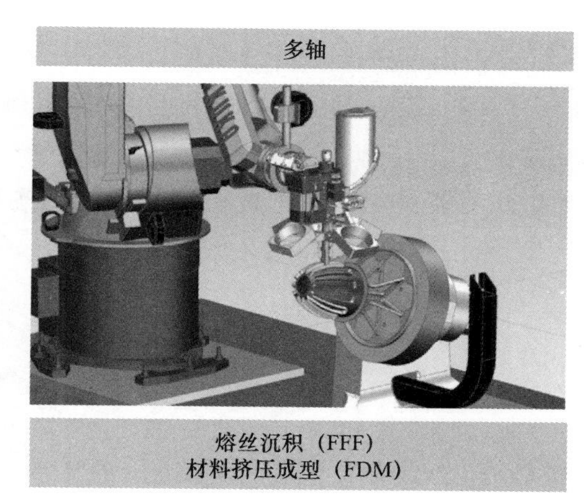
熔丝沉积（FFF）
材料挤压成型（FDM）

图 2-3 材料挤压成型工艺

3．粉末喷射（3DP）

粉末喷射工艺类似于喷墨打印，喷头把液态树脂喷射到粉末加工台面，并将其固化。可以喷射多种液体树脂，以形成不同材料性质的工件。图 2-4 所示为粉末喷射工艺。

3DP 工艺与 SLS 工艺类似，均采用粉末材料成型，如陶瓷粉末和金属粉末。所不同的是，3DP 工艺中材料粉末不是通过烧结连接起来的，而是通过喷头用粘结剂（如硅胶）将零件的截面“印刷”在材料粉末上面。用粘结剂粘接的零件强度较低，还需进行后处理。

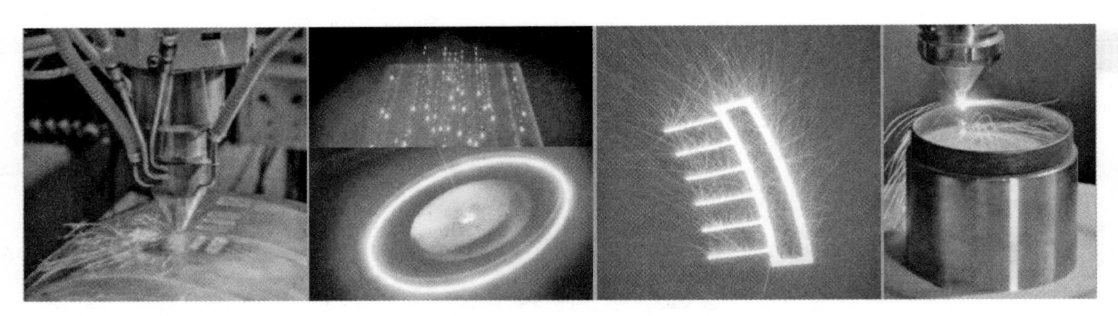

图 2-4　粉末喷射工艺

具体工艺过程为：上一层粘接完毕后，成型缸下降一段距离（等于层厚，为 0.013 ~ 0.1mm）；供粉缸上升一段距离，推出若干粉末，并被铺粉辊推到成型缸，铺平并被压实。喷头在计算机控制下，按下一个要建造的截面的成型数据有选择地喷射粘结剂建造层面。铺粉辊铺粉时多余的粉末被集粉装置收集。如此周而复始地送粉、铺粉和喷射粘结剂，最终完成一个三维粉体。未被喷射粘结剂的地方为干粉，在成型过程中起支撑作用，且成型结束后，比较容易去除。

在加工金属材料时，通常采用激光粉末沉积技术（LPD），通过喷头把金属材料沉积在工件的表面，同时激光烧结成型。

2.2　关键设计方法

由于增材制造工艺的特殊性，其零件的设计方法也不同于传统方法，归纳起来，增材制造领域有三种重要的设计方法，分别为拓扑结构优化、晶格材料设计和整体式设计。

1. 拓扑结构优化 Topology Optimization

这种设计方法从传统设计开始，建立数字模型，然后建立有限元分析模型，在此基础上通过仿真验证对结构进行拓扑优化，经过多次迭代后得到最终的设计方案。

拓扑优化的过程如图 2-5 所示。

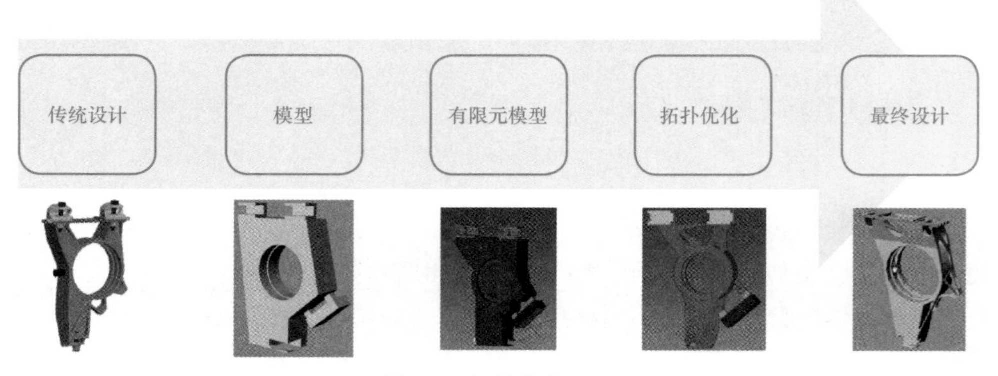

图 2-5　拓扑优化过程

2. 晶格材料设计 Cellular Materials

晶格材料的设计大致有四个环节，分别为：

1）根据零件要求选择合适的结构类型。

2）把栅格结构整合转化成零件外壳。

3）根据比例规则选择合适的晶格结构配置。

4）完成零件的定制化设计。

晶格材料的设计过程如图 2-6 所示。

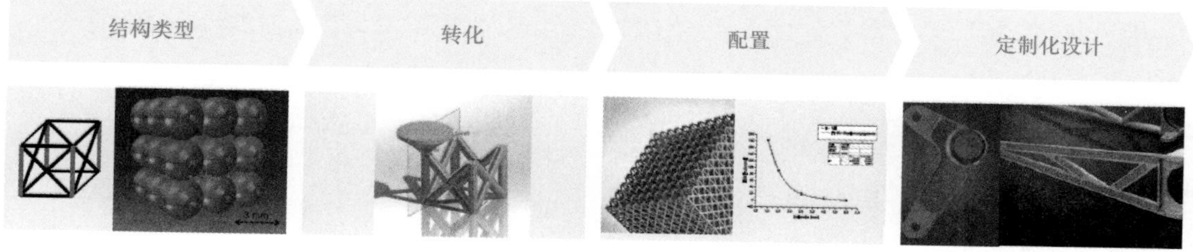

图 2-6 晶格材料设计过程

3. 整体式设计 Monolithic Design

整体式设计的思路是把传统设计中的多个零件整合成一个零件。

图 2-7 所示为整体式设计与传统设计的对比，传统工艺用三个零件组装成一个部件，为了组装方便，每个零件的形状都有特殊的设计，存在一定的加工难度。如果运用增材制造工艺，可把这三个零件合并成一个零件。设计过程也不复杂，通常使用 CAD 软件里的布尔运算即可完成。

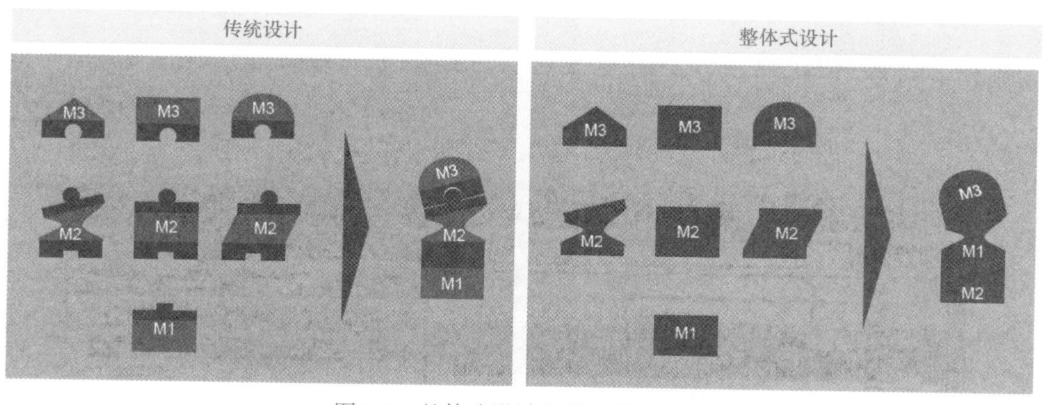

图 2-7 整体式设计与传统设计对比

整体式设计最大的好处是能够减少零件数量，减轻重量，提高零件结构可靠性。图 2-8 所示为用增材制造工艺生产的燃油喷嘴。

采用增材制造工艺进行生产，燃油喷嘴的零件数从 18 个变成了 1 个，重量减少了 25%，结构可靠性提高了 5 倍。

通过上述设计方法的简单介绍，可以看出，增材制造的实际运用，需要一系列工业软件的协同工作才能完成，这就引出了增长制造技术架构中的第三方面：全价值链软件集成。

图 2-8　采用增材制造工艺生产的燃油喷嘴

2.3　全价值链软件集成

增材制造的实际应用过程包括设计、优化、数据准备、工艺过程控制等环节。

1）设计包括 CAD 设计与 CAM 设计。

2）优化包括结构的拓扑优化、晶格结构的优化。

3）数据准备包括打印程序、支撑结构数据、切片数据等的准备。

4）工艺过程控制包括工具路径的控制与机器设备的控制。

每个环节都需要相应的软件支撑，以完成相应的任务。图 2-9 所示为全价值链软件集成的各个环节及其相应软件。

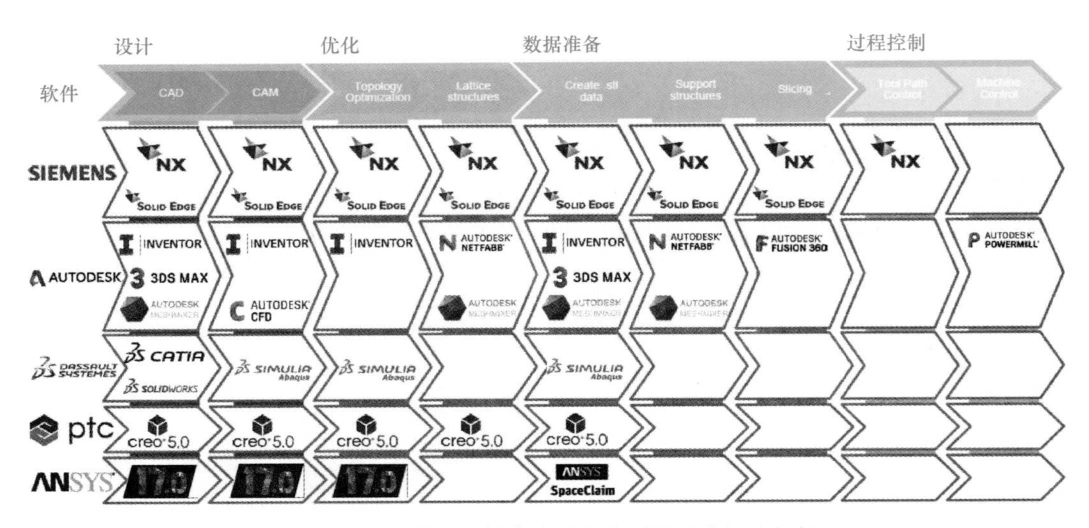

图 2-9　全价值链软件集成的各个环节及其相应软件

图 2-9 中包含了全球主流软件的增材制造解决方案，包括西门子、AutoDesk、达索、PTC、ANSYS 等知名公司的软件。每家都有各自的优势，但从全价值链集成的角度来看，西门子的 NX 软件覆盖了所有的环节，是集成度最高的平台。

2.4　增材制造构型

质量是通过设计产生的，效率也是通过设计产生的，为了更好地运用增材制造模式来提高产品质量和生产率，最终确立市场竞争优势，需掌握相关的设计环节。

1．常用的零件建模方式

常用的零件建模方式包括特征建模、多边形建模、结构拓扑优化、曲面建模、收敛建模、真实形状建模、实体分割、同步建模和组装建模等。需要重点关注这些建模方式在增材制造的应用。图 2-10 所示为常用的零件建模方式。

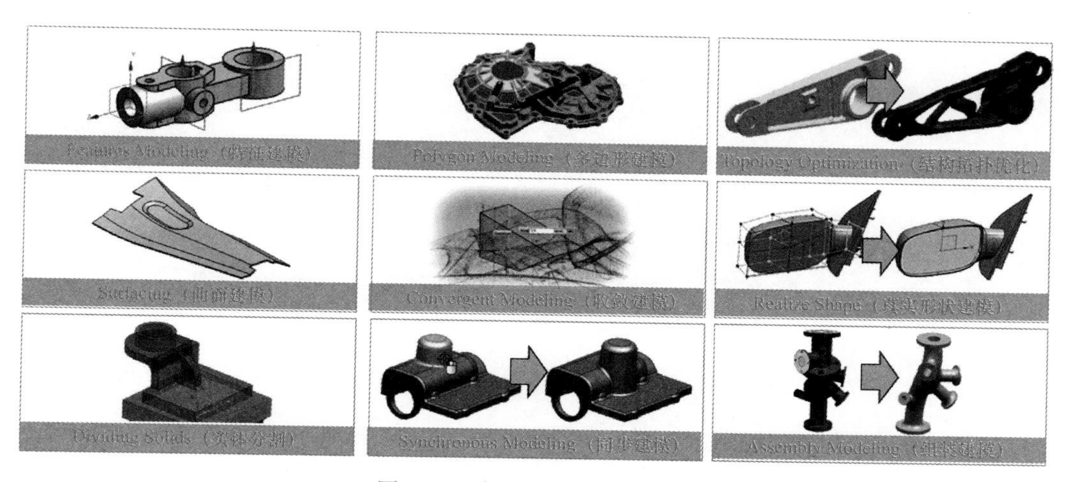

图 2-10　常用的零件建模方式

2．几何检验方法

在增材制造设计过程中要用到的几何检验方法有墙体厚度检验、最小半径检验、管路比例检验、整体封闭空间检验、支撑架检验和可打印空间检验。创建打印基准坐标系可记录和调整检验中的失效数据。图 2-11 所示为增材制造中的检验方法。

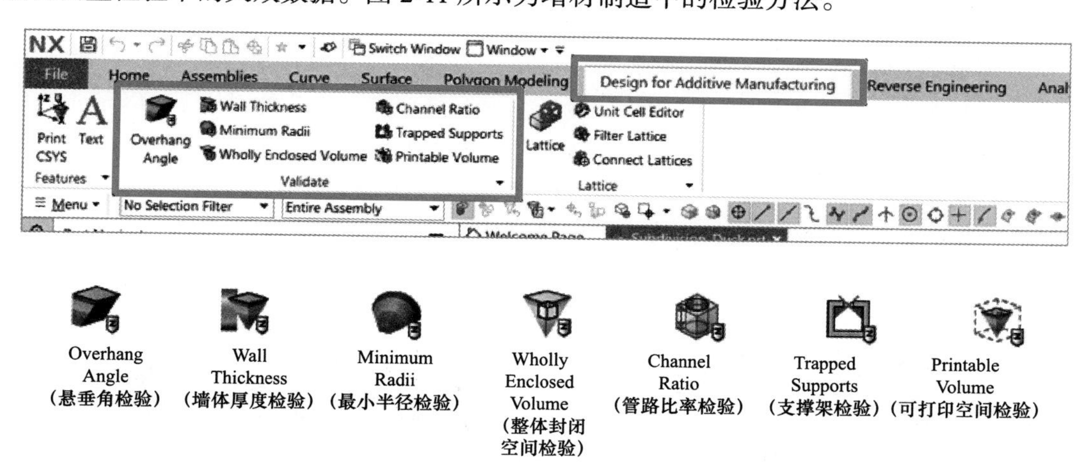

图 2-11　增材制造中的检验方法

3．晶格建模

晶格建模是体现增材制造优势的重要环节，其过程包括准备体积、创建晶格曲面、创建体积填充晶格、移除悬空杆、连接晶格和把晶格放置在周围部分等内容。图 2-12 所示为晶格建模过程。

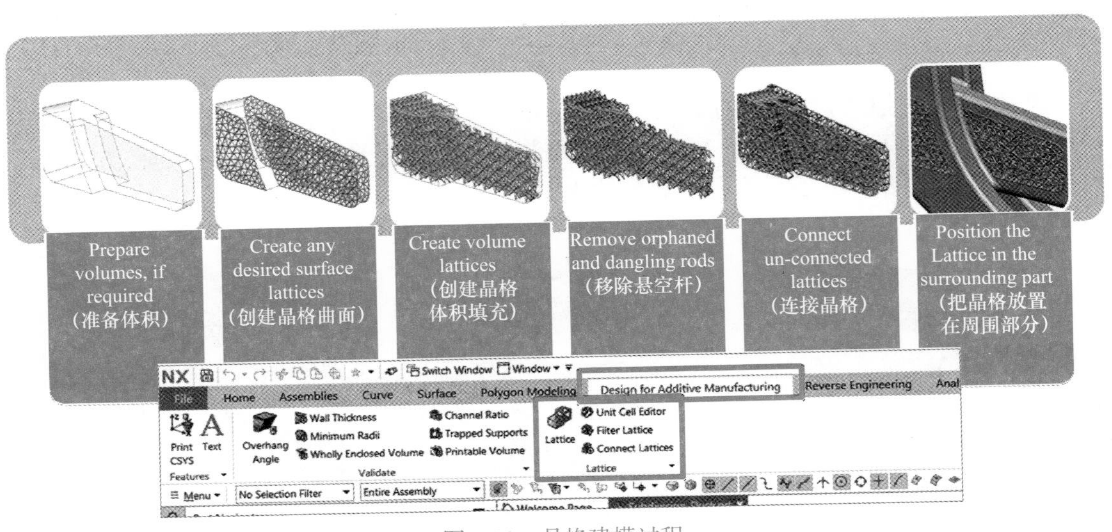

图 2-12　晶格建模过程

2.5　面向增材制造的零件设计

1．特征建模与曲面建模

特征建模和曲面建模是实体建模的基础，通过草图和标注一步步地把可重复特征序列建立起来，以便后期能对这些序列进行修改，及完成零件的设计。这不是增材制造特有的设计方法，这几乎是所有实体建模都需要应用的方法。图 2-13 所示为特征建模与曲面建模实例。

2．同步建模

同步建模是一种交互式的建模方法，设计者在对模型进行修改的时候不必担心原有的特征序列或历史树。相反，这些操作能直接对表面和边缘的拓扑结构进行交互。图 2-14 所示为同步建模实例，图中轮毂被拖拽至一个新位置，拓扑交互技术会把它再改变回来。尽管没有必要重新定义创建轮毂的历史树，最好还是修改同步信息，并将其作为零件结构序列的一个组成部分。这对增材制造的后续设计非常有用。

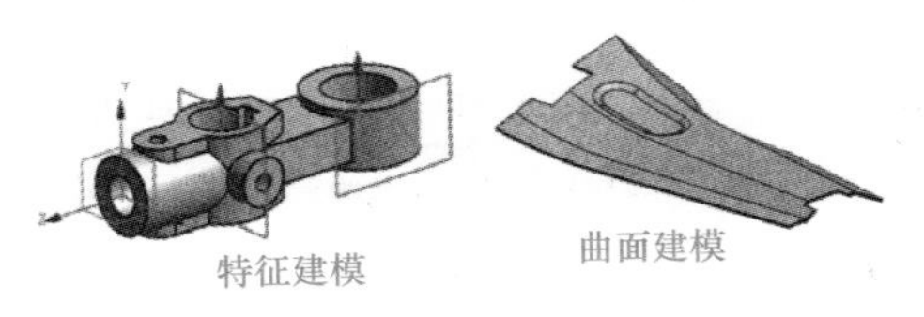

图 2-13　特征建模与曲面建模

图 2-14　同步建模

3．组装建模

组装建模（图 2-15）是实体建模的另一个重要基础，它提供了表达多零件产品所需的工具，而增材制造技术的一个重要价值正是消除组装。在增材制造设计过程中，将开发现存组装过程的上下环节，以便能捕捉正确的界面及有意义的几何特征，最终把多个零件合并成一个零件。

图 2-15 组装建模

4．真实形状建模

NX 的真实形状建模（图 2-16）是另一种建模方式，称为细分建模。这是较新的建模方式，它简化了工业设计中创建平滑、流线型、有机形状的过程。而平滑、流线型、有机形状的零件更适合用增材制造方式来加工。

5．实体分割

在使用多轴增材制造工艺时，通过一步步沉积出一个独立的实体零件。因此，需要很好地理解如何把一个实体模型分割成多个部分，这将有利于理解和管理设计过程，以便将来对设计进行变更。图 2-17 所示为实体分割实例。

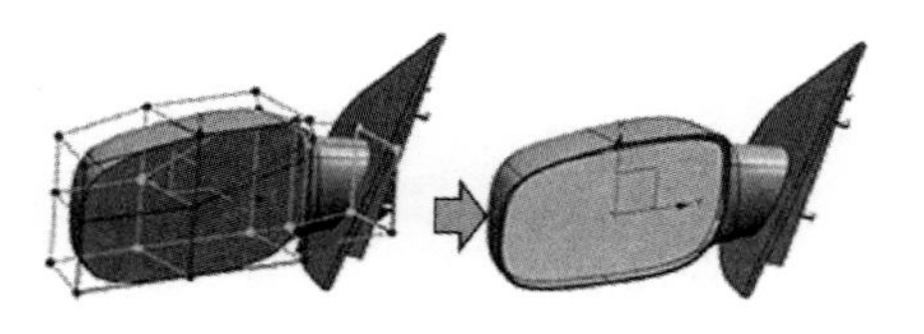

图 2-16 真实形状建模

图 2-17 实体分割

晶格结构也是作为一个独立实体存在的，所以实体分割在进行晶格建模的时候也非常有用。

6．多边形及收敛建模

增材制造的一个重要工作流程是基于物理扫描来对零件进行建模，并把它制造出来。为此需要了解小平面建模方式。NX 包含了几种多边形建模的功能，以便修改和操作小平面模型。更重要的是，这种小平面建模的方式可与传统的精确模型结构结合起来，形成收敛建模的概念。图 2-18 所示为多边形建模。

7．结构拓扑优化

结构拓扑优化（图 2-19）是一种非常适用于以增材制造工艺加工零件的设计方法，因为有很多有机的、仿生学的形状需要被设计出来，甚至还有仿生骨骼和支架等结构。

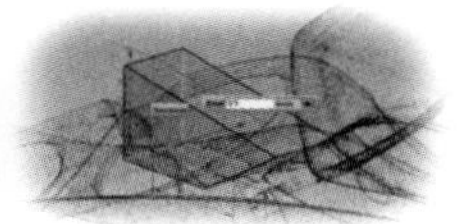

图 2-18 多边形建模

图 2-19 结构拓扑优化

8．晶格建模

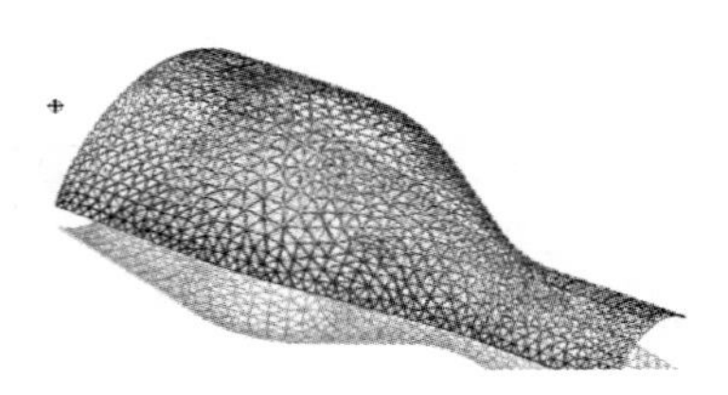

图 2-20　晶格建模

NX 中的晶格建模（图 2-20）方式有利于实现在粉末床上填充生成晶格的增材制造工艺。

晶格建模的结果也是小平面模型，因此理解如何与收敛建模方式结合，是用好该项技术的关键。

【小结】

本章对增材制造的技术架构做了简单的介绍。增材制造不是一个单项的技术，而是很多工艺技术和设计方法的集成解决方案。从下一章开始，将对这个体系里的各项技术进行详细介绍。

第 3 章 增材制造的设计验证

为了便于识别零件设计中存在的不利于增材制造的几何结构，以及对打印过程进行分析与评估，NX 软件推出了多个增材制造验证工具。这些验证工具位于【增材制造设计】选项卡中的【验证】工具栏内。在 NX 建模环境下，这些验证工具如图 3-1 所示。

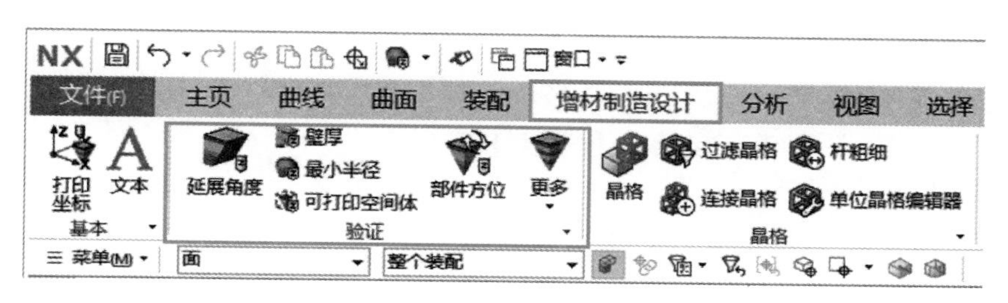

图 3-1 增材制造设计的验证工具

3.1 打印空间

通常三维打印是在一定的空间内进行的，超越这个空间边界的三维模型是不能成功打印的。NX 对这个空间区域进行了抽象，基本上分为两种类型，一种是长方体区域，另一种是圆柱区域。图 3-2 所示为具有长方体形状的可打印空间（注意：可打印空间内已放置阵列分布的零件，同时零件和打印机托盘间有支撑设计）。

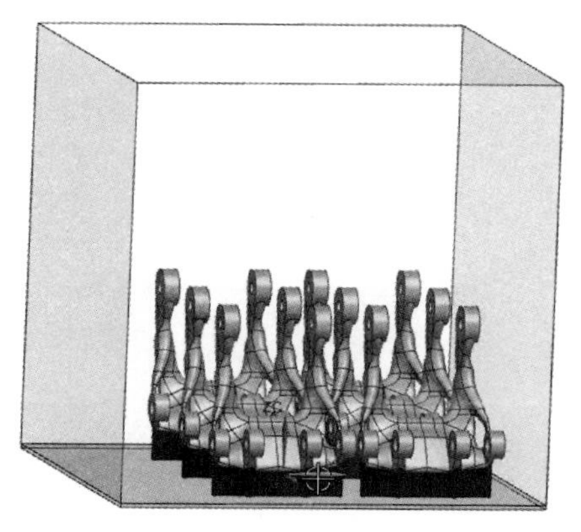

图 3-2 长方体形状的可打印空间

【打印空间】工具主要检查零件是否在打印机指定的空间范围内安全打印，例如零件没有触及任何打印边界。

案例 1：使用【打印空间】工具，检查零件“Bracket_Lightening_NX1102.prt”在 250mm×200mm×200mm 的空间内是否能安全打印。

简要操作步骤	操作图示
1）单击【可打印空间体】可打印空间体，显示【检查可打印空间体】对话框（图 3-3）。 2）在对话框内单击【选择体】，在图形区选中“Bracket_Lightening_NX1102.prt”文件中的模型。 3）单击【指定构建平面坐标系】，在图形区设置打印方向垂直于底面向上，如图 3-4 所示。 4）设置【打印机】为【定制】，【形状】为【长方体】，【长度】为【250mm】，【宽度】和【高度】各为【200mm】。 5）设置【显示】为【两者】，【距离公差】为【1mm】。 6）勾选【预览】。 7）单击【指定构建平面坐标系】，移动鼠标光标至打印坐标系原点，直至捕获原点，按下鼠标左键并拖动打印空间体，使零件完全包含在打印空间体内，如图 3-4 所示。	见图 3-3

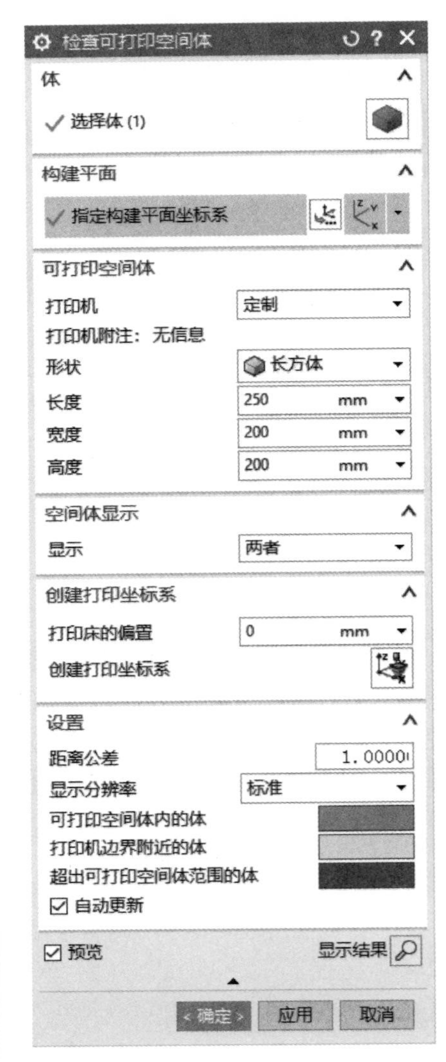

图 3-3 【检查可打印空间体】对话框

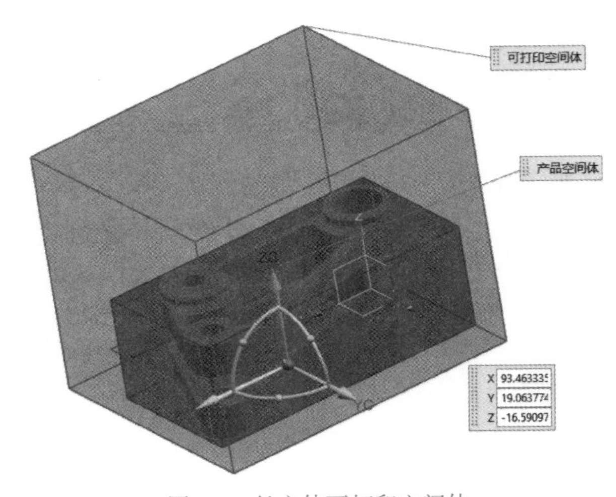

图 3-4 长方体可打印空间体

在 NX 建模环境下，打印机是可以选择的。图 3-5 所示为【可打印空间体】选项组，列出已经安装的打印机。默认的打印机是【定制】。因为打印机参数从系统配置中获取，所以用户不能修改除【定制】外的打印机参数。

在 NX 增材制造环境下，默认当前环境下的打印机，并且打印参数也不可更改。如果用户选择了【定制】打印机，那么可以继续选择该定制化打印设备的打印空间体是【长方体】形状还是【圆柱】形状，如图 3-6 所示。

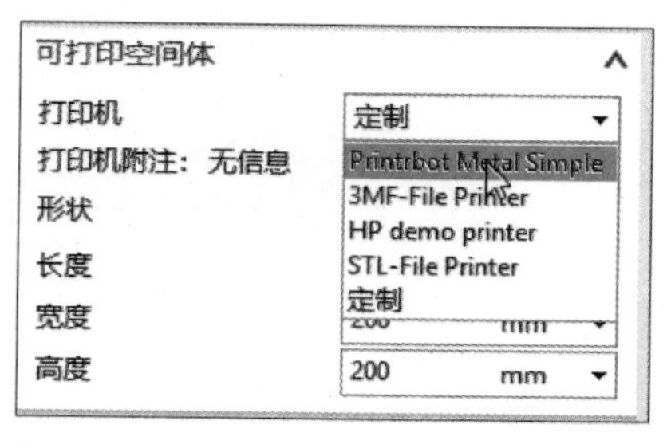

图 3-5 【可打印空间体】选项组

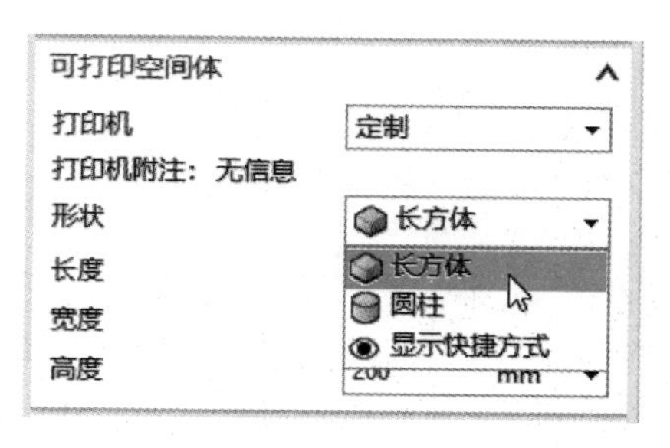

图 3-6 打印空间的形状设置

如果选择【圆柱】打印空间，且将【显示】参数设置为【两者】，调整可打印空间体，NX 图形区将如图 3-7 所示。

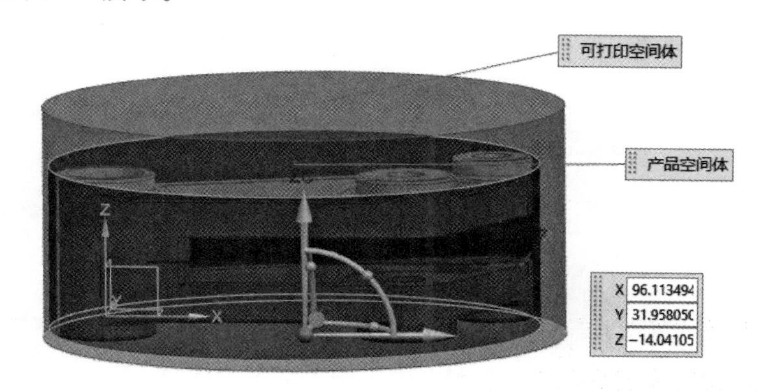

图 3-7 圆柱形状打印区域

用户可以移动并旋转构建的平面坐标系，从而测试零件是否可在指定打印空间内安全打印。

在公制单位下，长方体形状打印区域的长、宽、高默认值均为 200mm。如图 3-8a 所示。对于圆柱形状打印区域，可指定高度和直径参数，如图 3-8b 所示。

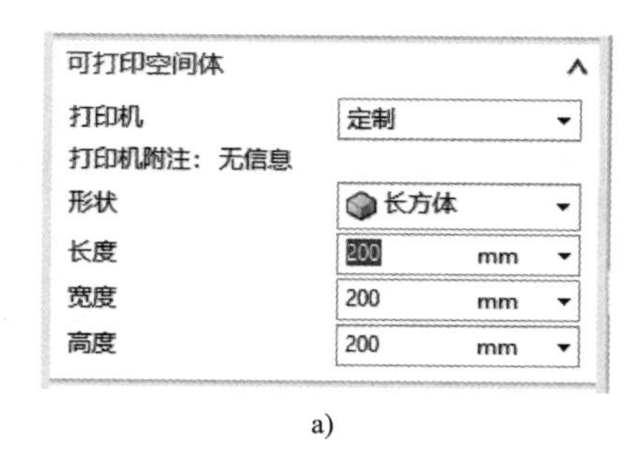

a)

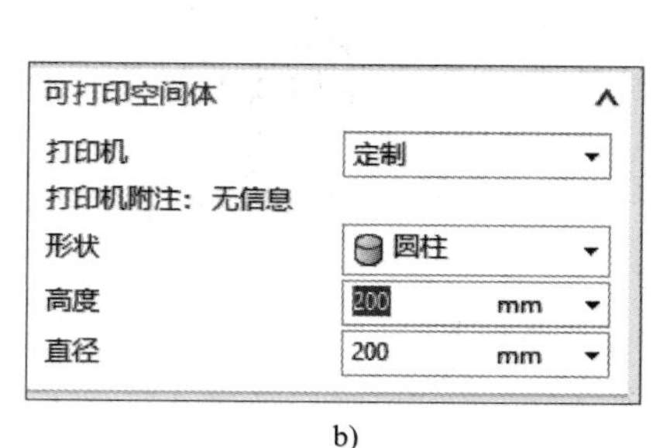

b)

图 3-8 打印区域的参数设定

【显示】选项表示【空间体显示】选项，如图 3-9 所示。如果选择【打印机】，则只显示打印机可打印空间，如图 3-10 所示。

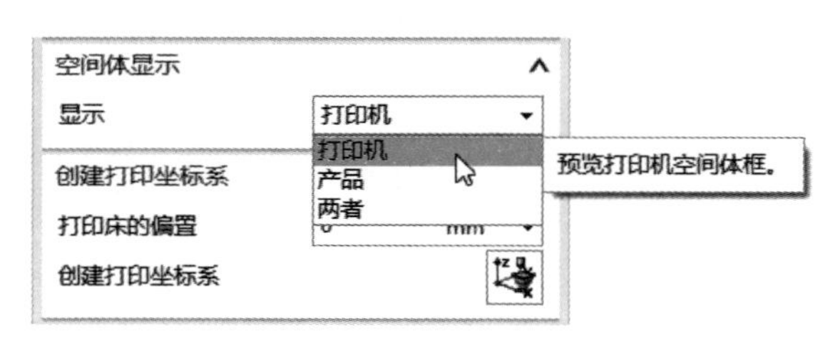

图 3-9 【显示】选项

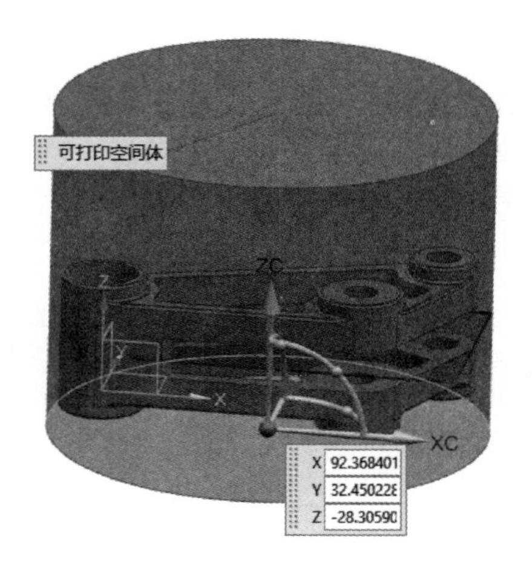

图 3-10 仅显示可打印空间

通常，打印机可打印区域的尺寸存在一定的公差。这个公差可由【检查可打印空间体】对话框中的【距离公差】指定。在公制单位下，默认值是 1mm。下面介绍【距离公差】选项的使用。

案例 2：【距离公差】选项对可打印空间体检查结果的影响。

简要操作步骤	操作图示
1）单击【可打印空间体】 **可打印空间体**，显示【检查可打印空间体】对话框（图 3-11）。 2）在对话框中单击【选择体】，在图形区选中“Bracket_Lightening_NX1102.prt”文件中的模型。 3）单击【指定构建平面坐标系】，在图形区设置打印方向垂直于底面向上，如图 3-12 所示。 4）设置【打印机】为【定制】，【形状】为【圆柱】，【高度】为【200mm】，【直径】为【246mm】。 5）设置【显示】为【两者】，【距离公差】为【0.1】。 6）勾选【预览】。 7）在图形单击鼠标右键，单击【定向视图】→【 **俯视图**】。	 图 3-11 【检查可打印空间体】对话框

（续）

简要操作步骤	操作图示
8）移动鼠标光标至打印坐标系原点直至捕获原点，按下鼠标左键并拖动打印空间体，使零件被完全包含在打印空间体内，如图 3-12 所示。	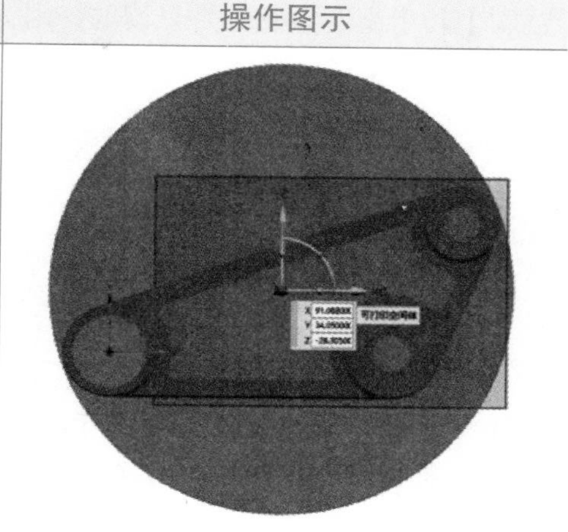 图 3-12　圆柱形状可打印空间体

如在上述案例中，调整【距离公差】为 1mm，如图 3-13 所示，则表明产品在打印过程中可能触及打印区域的边界。此时，三维模型显示为黄色。

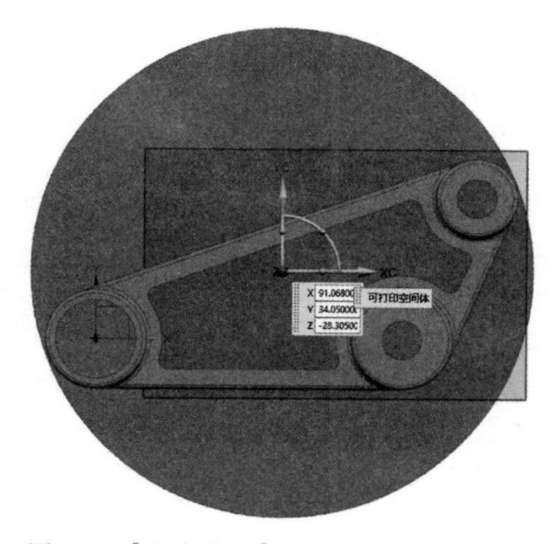

图 3-13 【距离公差】为 1mm 时的检查结果

通常，在打印机底盘上零件有 5 个位置自由度，分别是左、右、前、后以及上共 5 个方向。在这 5 个方向上都有距离公差。零件的着色方案与零件和打印机在自由度方向上的长度关系，见表 3-1。

表 3-1　零件的着色方案与零件和打印机在自由度方向上的长度关系

零件在自由度方向上长度	默认着色方案	备注
大于打印机在自由度方向上的长度	红色	零件超越可打印空间
大于打印机在自由度方向上的长度 -Tol 且小于打印机在自由度方向上的长度	黄色	零件接触打印边界
小于打印机在自由度方向上的长度 -Tol	绿色	零件处于安全区域

在下面的案例中，选择“3MF-File Printer”打印机，【形状】、【长度】、【宽度】和【高度】参数是只读的，因为这些参数值是从系统配置中获取的。

案例 3：在 NX 增材制造环境下，使用【可打印空间体】工具。

简要操作步骤	操作图示

1）单击【文件】→【新建】，在【新建】对话框中选择【增材制造】选项卡，设置【单位】为【毫米】，选择【空的构建托盘】，单击【确定】。

2）在【增材制造导航器】界面，用鼠标右键单击【托盘】，选择【选择 3D 打印机】，在弹出界面选择【3MF-File Printer】打印机，单击【确定】。

3）在【主页】选项卡中单击【添加】，在弹出对话框中选择加载“Bracket_Lightening_NX1102.prt”文件，单击【确定】。在弹出的【创建固定约束】消息框内，选择【否】。

4）在【分析】选项卡中的【增材制造设计验证】工具栏中，单击【可打印空间体】可打印空间体。

5）在【检查可打印空间体】对话框（图 3-14）中，单击【选择部件】，确保图形区选中“Bracket_Lightening_NX1102.prt”文件中的模型。

6）设置【显示】为【打印机】，【距离公差】为【1】。

7）勾选【预览】。

8）单击【指定方位】，在图形区移动鼠标光标至坐标系原点，捕获原点，按下鼠标左键并拖动零件，使零件完全被包含在打印空间体内，如图 3-15 所示。

图 3-14 【检查可打印空间体】对话框

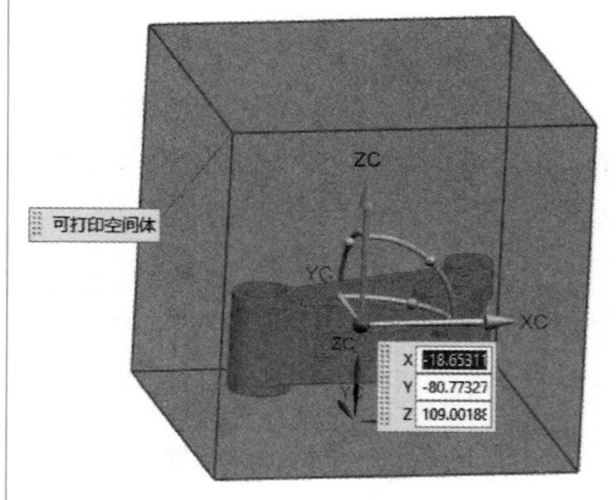

图 3-15 长方体可打印空间

注意

在 NX 增材制造环境中，零件是可移动和旋转的，而打印机本身位置固定。

3.2　延展角度

由于重力的影响，在打印水平方向上悬垂几何结构时，需要额外的结构去支撑零件实体，以防止打印过程中发生形变或脱落。因此，设计者需要了解支撑结构的多少以及支撑的位置。如图 3-16 所示，打印方向 +Z 轴方向上有很多支撑结构，以防止零件打印失效。当部件表面相对于打印方向夹角一定时，部件可能顺利打印成功，但是如果这个角度太大，必然需要支撑结构。

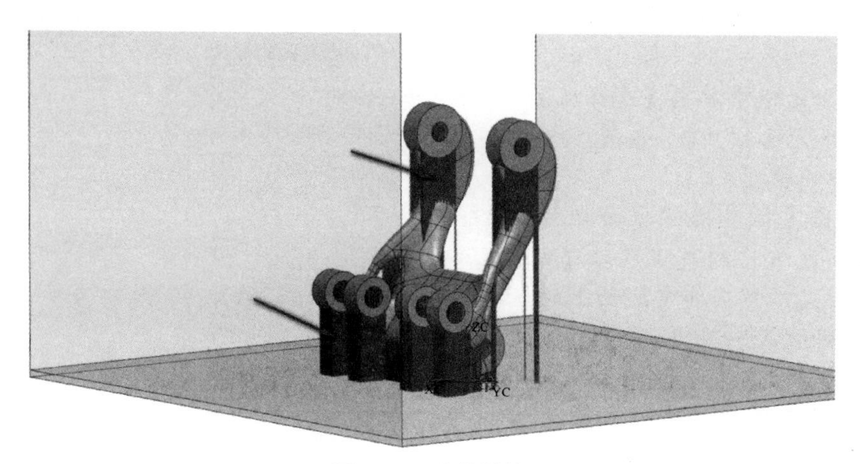

图 3-16　支撑结构

在 NX 中打印方向 +Z 轴方向与打印部件表面的夹角称为延展角度，加载图 3-17 所示的测量基准零件的模型文件 “Overhang_45.prt”，选择【分析】选项卡，单击【测量】，使用测量工具测量第一个夹角为 60°，第二和第三个夹角分别为 45° 和 60°。

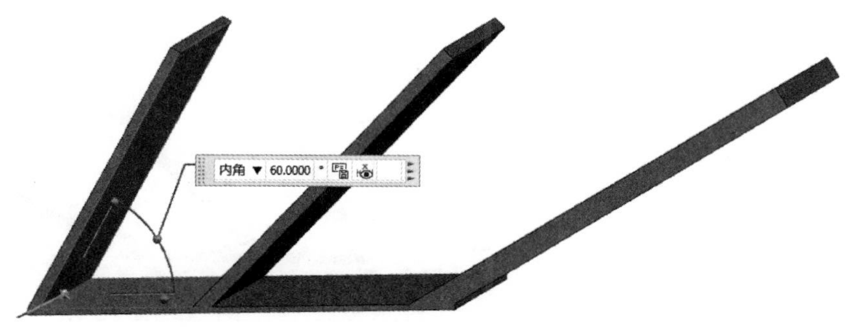

图 3-17　测量夹角

【延展角度】工具用于识别并显示模型中延展角度大于指定最大延展角度的区域，并计算该区域的面积大小。

案例 4：使用【延展角度】工具，正确理解延展角度的定义。

简要操作步骤	操作图示
1）单击【延展角度】，显示【检查最大延展角度】对话框（图 3-18）。 2）在对话框中单击【选择体】，在图形区选中“Overhang_45.prt”文件中的模型。 3）单击【指定构建平面坐标系】，在下拉列表中选择【X 轴，Y 轴】，然后指定底面上的两条边分别做 X 轴和 Y 轴，生成打印坐标系如图 3-19 所示。 4）设置【最大延展角度】为【45】，【延伸角度公差】为【0】。取消勾选【仅显示超过延展角度】。 5）勾选【预览】。 6）在图形区显示的模型如图3-20 所示。	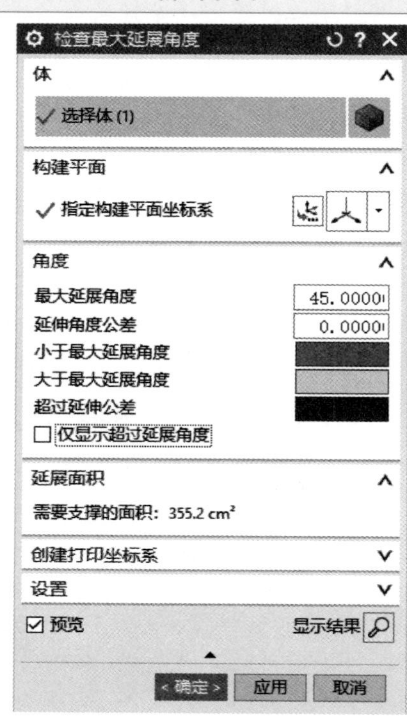 图 3-18 【检查最大延展角度】对话框 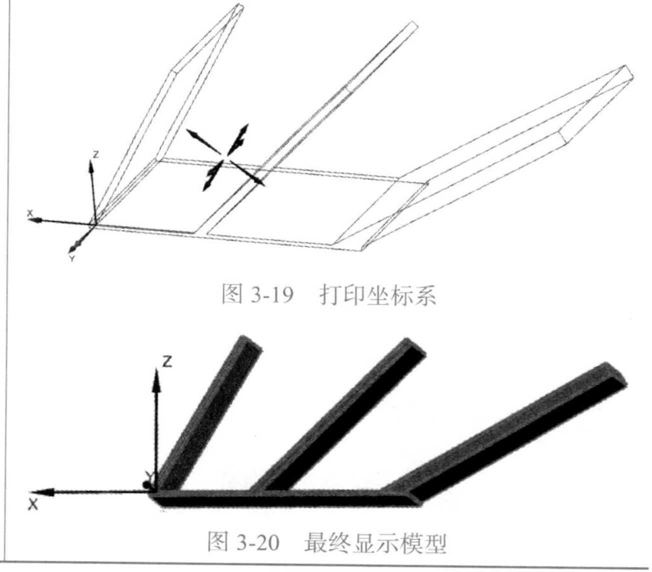 图 3-19 打印坐标系 图 3-20 最终显示模型

依据【延展角度】的定义，案例 4 中第一个面板的延展角度为 30°，小于默认的最大延展角度 45°，因此打印不需要支撑结构。而第二和第三面板的延展角度分别是 45° 和 60°，打印需要支撑结构。在 NX 的图形区，第一个面板的底部标识为绿色，第二和第三

个面板的底部标识为红色。显然，这个结果与表 3-1 中的分析是一致的。

注意

尽管第二个面板的延展角度是 45°，并没有超过最大延展角度，但是检查工具仍然显示该区域为红色，这是因为该面上所有点都具有相同延展角度。NX 对这种情况做了特定的处理。

需要指出的是，打印上层表面时不需要支撑结构，因为已成型的部分会自然地支撑新的打印材料，如图 3-21 所示。

图 3-21 上层表面不需任何支撑结构

在给定打印方向 +Z 轴方向以及最大延展角度的情况下，【延展角度】检查工具不仅能显示哪些区域需要支撑，还可以计算支撑区域面积的大小。例如：在案例 4 中，需要的支撑面积为 355.2cm^2。

案例 5：使用【延伸角度公差】显示大于最大延伸角度但小于最大延伸角度与延伸角度公差之和的区域。

简要操作步骤	操作图示
1）单击【延展角度】延展角度，显示【检查最大延展角度】对话框（图 3-22）。 2）在对话框中单击【选择体】，在图形区选中“06_eclipsepart_topopt_Rev-Eng.prt”文件中的模型。 3）单击【指定构建平面坐标系】，在图形区调整打印方向为 +Z 轴方向，如图 3-23 所示。 4）设置【最大延展角度】为【50】,【延伸角度公差】为【10】。取消勾选【仅显示超过延展角度】。 5）勾选【预览】。	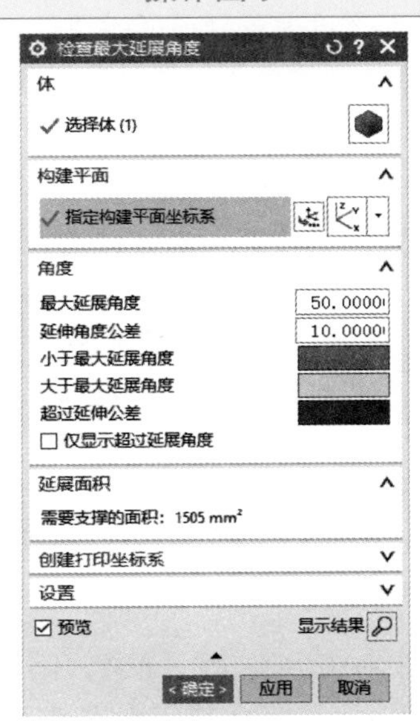 图 3-22 【检查最大延展角度】对话框

（续）

简要操作步骤	操作图示
6）在图形区域显示的模型如图 3-23 所示。黄色区域的延展角度为 50°～60°，红色区域的延展角度大于 60°。	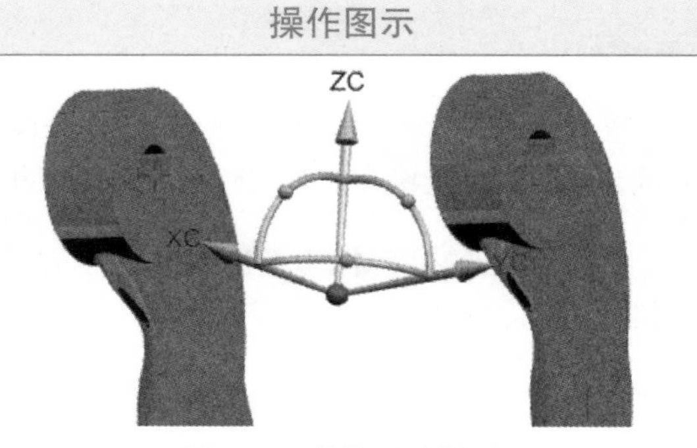 图 3-23　最终显示模型

在上述案例中，模型实体各个区域的着色方案见表 3-2。

表 3-2　着色方案

延 展 角 度	默认着色方案	备　注
<50°	绿色	无需支撑结构
>50° 且 <60°	黄色	警告
>60°	红色	考虑设计支撑结构

【仅显示超过延伸角度】选项默认处于勾选状态，表示仅显示延展角度超越最大延展角度和延伸角度公差之和的区域。勾选这个选项后，模型如图 3-24 所示。

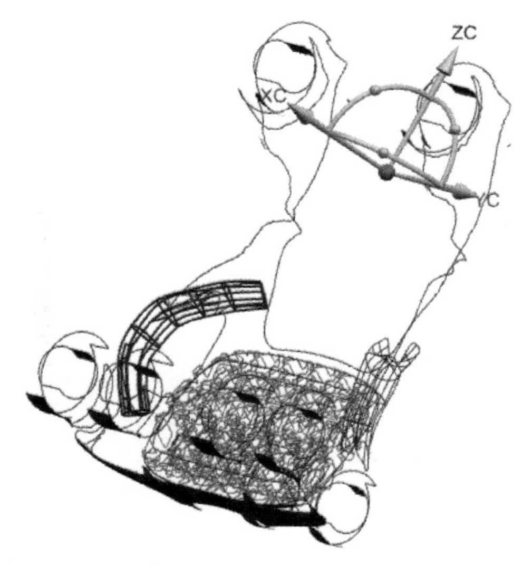

图 3-24　勾选【仅显示超过延伸角度】的模型效果

3.3　壁厚

采用增材制造方式和使用的材料，可打印的最小壁厚是有限制的。最小壁厚检查工具会显示超过这个限制的区域。用户指定最小的壁厚后，检查工具将识别在打印方向上任何有问题的区域。如图 3-25 所示，可提示检查该工具识别的壁厚方向。

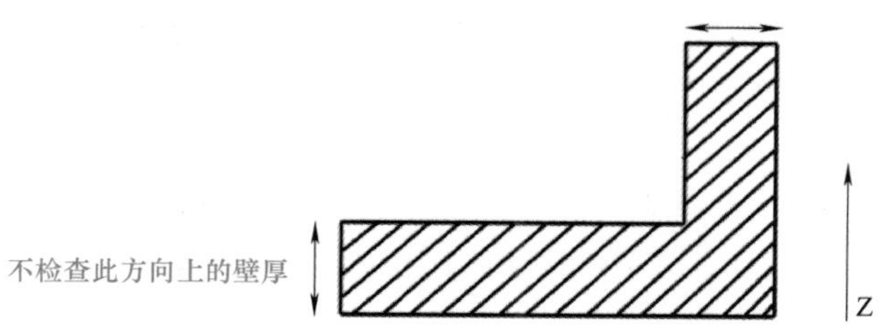

图 3-25　壁厚检查方向

【壁厚】工具用于识别并显示模型中小于指定壁厚的区域。

案例 6：使用【壁厚】工具检查模型中小于指定最小壁厚的区域。

简要操作步骤	操作图示
1）单击【壁厚】壁厚，显示【检查最小壁厚】对话框（图 3-26）。 2）单击【选择体】，在图形区选中“Additive.prt”文件中的模型。 3）单击【指定构建平面坐标系】→ 设置如图 3-27 所示的打印坐标系。取消勾选【仅显示小于最小厚度】。 4）设置【最小壁厚】为【0.4】。 5）勾选【预览】。 6）在图形区箭头所指红色区域为小于指定最小壁厚的区域，如图 3-27 所示。	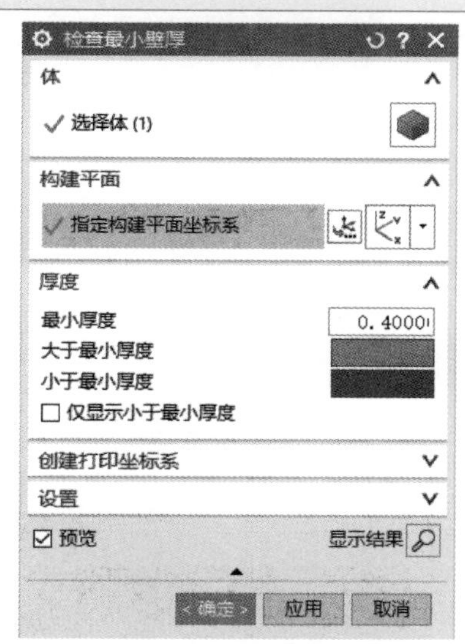 图 3-26 【检查最小壁厚】对话框 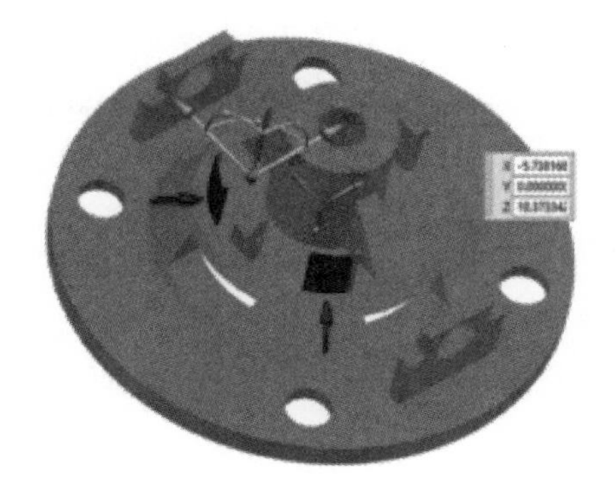 图 3-27　最终显示模型

3.4 最小半径

在增材制造过程中，过小的曲率半径将导致打印失效。【最小半径】检查工具将识别三维模型中小于指定最小曲率半径的区域。这个检查工具支持两种工作方式，一种是【3D 最小值】，另一种是【截面】。为了检查三维曲面的曲率半径（图 3-28a），可以使用【3D 最小值】工作方式。如果为了检查在打印平面内的二维横截面曲线的曲率半径（图 3-28b），可以使用【截面】工作方式。

a）三维曲率半径

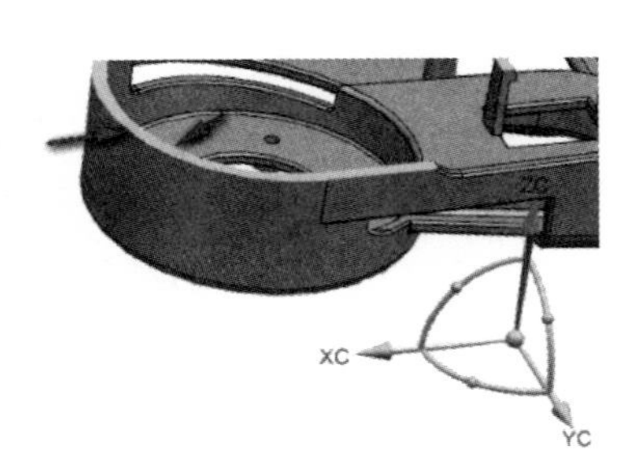

b）二维横截面曲率半径

图 3-28　三维曲率半径和二维横截面曲率半径

该检查工具可检查三维凹、凸两种曲率半径。相对来说，过小的凸曲率半径可通过后处理加以改善，但是过小的凹曲率半径可能导致打印材料的堆积，从而导致打印失败。图 3-29a、b 所示分别是凸曲率半径和凹曲率半径。

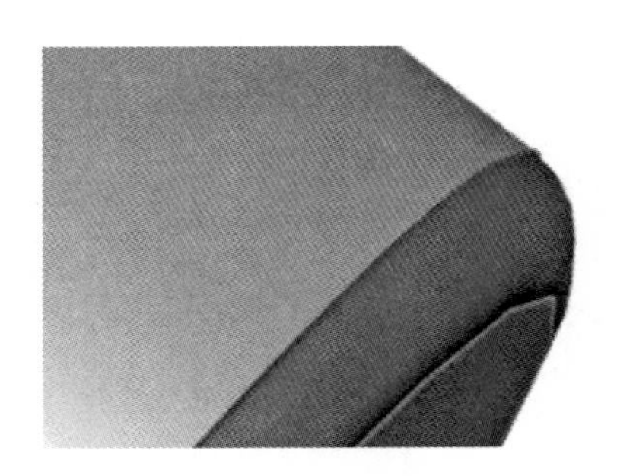

a）凸曲率半径

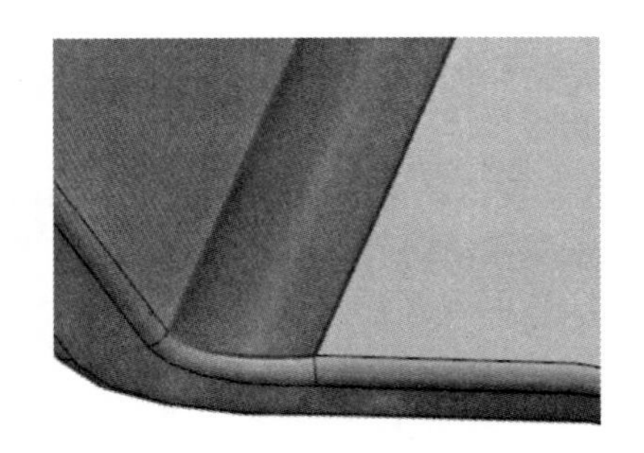

b）凹曲率半径

图 3-29　三维凸曲率半径与三维凹曲率半径

注意

该检查工具能识别并显示过小的凹曲率半径区域。

【最小半径】能够识别并显示模型中过小的三维曲率或二维横截面曲率半径，还能够区分凹、凸曲率半径。

案例 7：使用【最小半径】工具识别并显示过小的三维曲率半径。

简要操作步骤	操作图示
1）单击【最小半径】最小半径，显示【检查最小半径】对话框（图 3-30）。 2）在对话框中选择工作方式为【3D 最小值】。 3）单击【选择体】，在图形区选中“ConcaveAndConvex_convergent.prt”文件中的模型。 4）设置【最小半径】为【0.5】。 5）取消勾选【排除凸半径】和【仅显示小于最小半径】。 6）勾选【预览】。 7）在图形区显示的模型如图 3-31 所示。	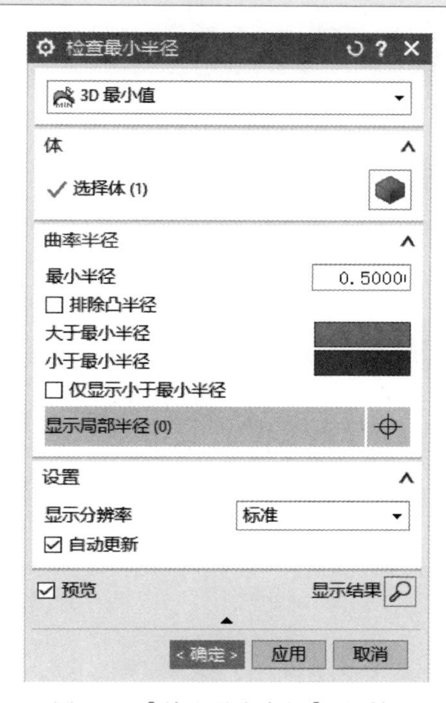 图 3-30 【检查最小半径】对话框  图 3-31 最终显示模型

如在【最小半径】文本框中输入【0.4】，那么如图 3-32 所示，箭头所指部分的较大的曲率半径将通过检查。

【排除凸半径】选项默认为取消勾选，如果勾选此选项，则凸曲率半径区域不显示，即使该区域曲率半径小于指定的最小值也一样不显示，如图 3-33 所示。

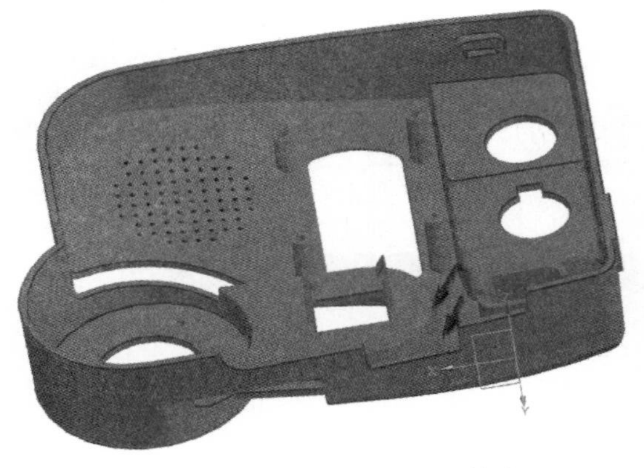

图 3-32　部分曲率半径通过检查

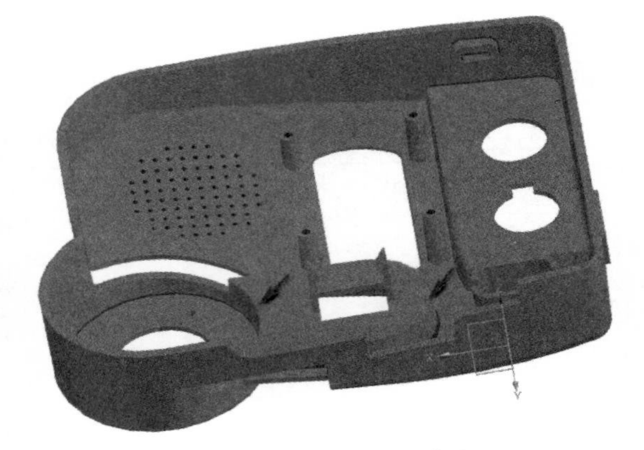

图 3-33　排除凸半径检查

案例 8：使用【显示局部半径】选项检查局部半径。

简要操作步骤	操作图示 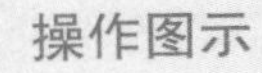
1）单击【最小半径】最小半径，显示【检查最小半径】对话框（图 3-34）。 2）在对话框中选择工作方式为【3D 最小值】。 3）单击【选择体】，在图形区选中“ConcaveAndConvex_convergent.prt”文件中的模型。 4）设置【最小半径】为【0.5】。 5）取消勾选【排除凸半径】和【仅显示小于最小半径】。 6）勾选【预览】。 7）单击【显示局部半径】，并在图形区尝试定位三维位置。	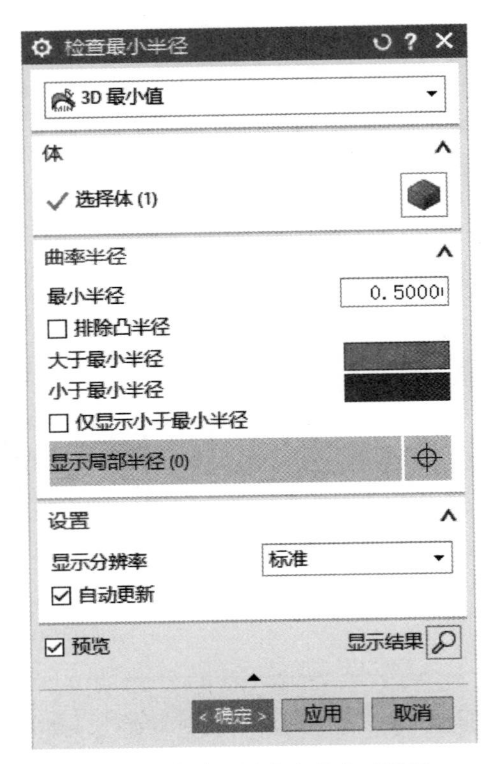 图 3-34 【检查最小半径】对话框

（续）

简要操作步骤	操作图示
8）局部半径的显示结果如图 3-35 所示。	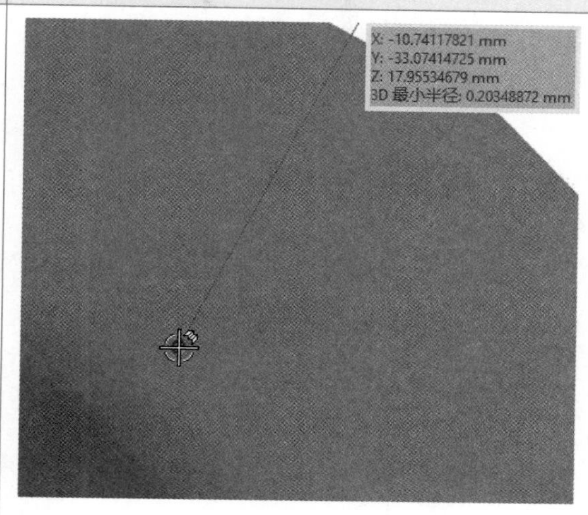 图 3-35　局部半径显示结果

【截面】工作方式和打印坐标系紧密相关，横截面垂直于打印方向。用户可指定打印坐标系。

案例 9：在【截面】工作方式下，使用【最小半径】检查最小曲率半径。

简要操作步骤	操作图示 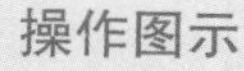
1）单击【最小半径】最小半径，显示【检查最小半径】对话框（图 3-36）。 2）在对话框中选择工作方式为【截面】。 3）单击【选择体】，在图形区选中“ConcaveAndConvex_convergent.prt”文件中的模型。 4）默认【指定构建平面坐标系】设置，如图 3-36 所示。 5）设置【最小半径】为【5】。 6）取消勾选【排除凸半径】和【仅显示小于最小半径】。 7）勾选【预览】。	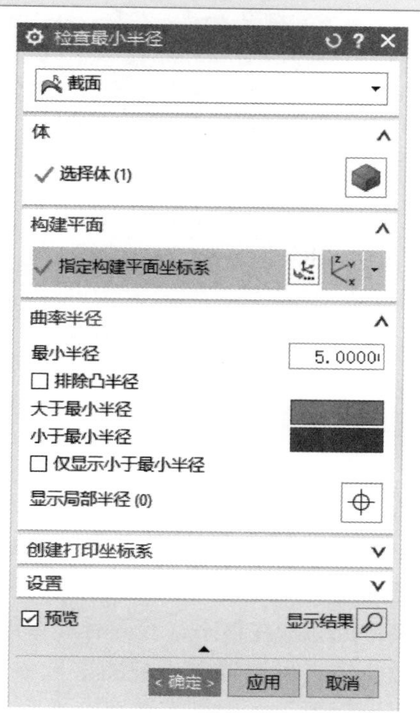 图 3-36　【检查最小半径】对话框

（续）

简要操作步骤	操作图示
8）在图形区显示的最小半径检查结果如图 3-37 所示。	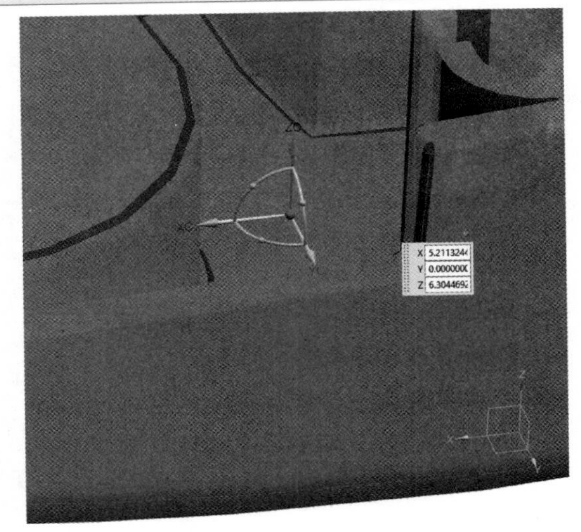 图 3-37　最小半径检查结果

【截面】工作方式下，也可以使用【显示局部半径】选项。如图 3-38 所示，用光标获取动态点的横截面曲率半径为 3.69145808mm。

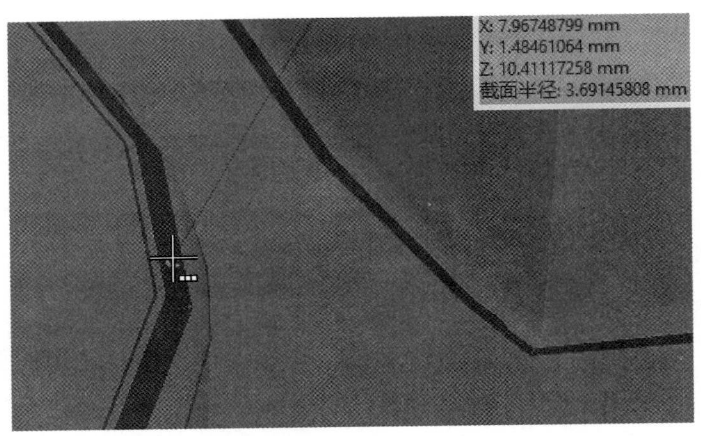

图 3-38　在【截面】工作方式下获取动态点的横截面曲率半径

3.5　完全封闭空间体

通常三维模型内完全封闭的空腔对增材制造是不利的。例如：未烧结粉末难以在后续处理中移除，特别是在封闭空腔内有支撑结构的时候，支撑结构将无法移除。检查图 3-39 所示的收敛实体，可以通过【视图】选项卡中的【编辑截面】命令。如图 3-40 所示，适当移动截面坐标系，发现该实体存在两个空腔。显然，这种方法效率低。【完全封闭空间体】检查工具将自动识别并显示这些完全封闭的空间区域。

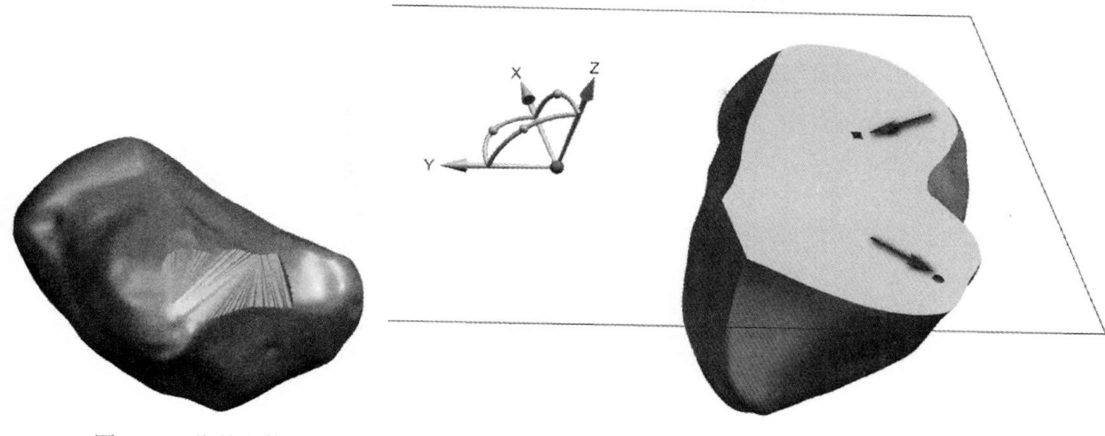

图 3-39 收敛实体　　图 3-40 使用【编辑截面】命令发现空腔

如图 3-41 所示，在【增材制造设计】选项卡中的【验证】下拉菜单中启动【完全封闭空间体】检查工具。

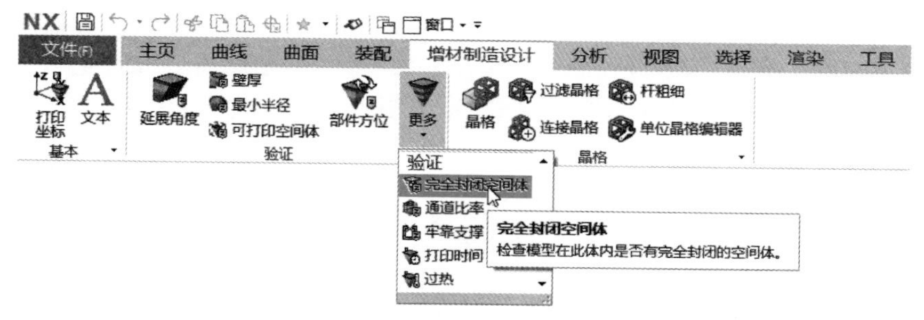

图 3-41 【完全封闭空间体】检查工具

案例 10：打开“CuttingBlock-Bone_has_a_cavity.prt”文件，使用【完全封闭空间体】命令识别并显示完全封闭空腔区域。

简要操作步骤	操作图示
1）单击【完全封闭空间体】完全封闭空间体，显示【检查完全封闭空间体】对话框（图 3-42）。 2）在对话框中单击【选择体】，在图形区选中“CuttingBlock-Bone_has_a_cavity.prt”文件中的模型。 3）勾选【预览】。	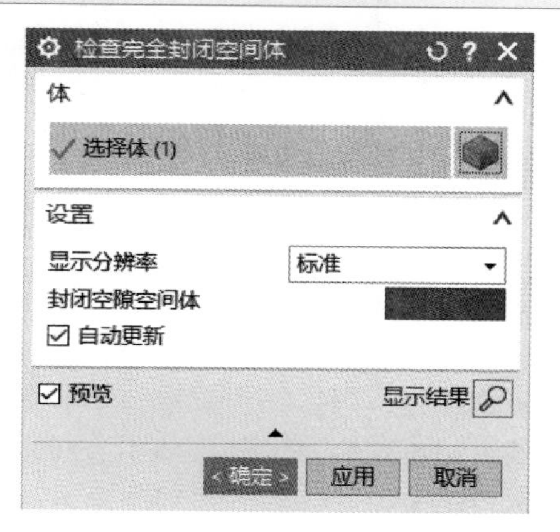 图 3-42 【检查完全封闭空间体】对话框

（续）

简要操作步骤	操作图示
4）在图形区显示的完全封闭空间体检查结果如图 3-43 所示。	图 3-43　完全封闭空间体检查结果

3.6　通道比率

在一些燃气轮机的叶片上通常都有散热通道的设计，图 3-44 所示为西门子股份公司采用增材制造方式生产的叶片，该叶片被安装到 13MW 的 SGT-400 型工业燃气轮机上并成功通过了 1250℃高温和 13000r/min 的严酷测试，可以清晰地看到叶片边缘的散热通道设计。这种细小的散热管道设计给增材制造工艺带来了新的挑战。例如：过于细小的管道不利于残留的金属粉末的清除。

图 3-44　西门子股份公司生产的燃气轮机叶片

为了识别设计阶段存在的这种过小的散热通道，NX 开发了【通道比率】检查工具。图 3-45 所示为该检查工具识别并渲染的一种三维叶片模型内部的冷却通道。

通道一般都由面构成，【通道比率】工具有两种获取通道面的方式：第一种为直接手动选取面，这种方式可以一次选取一个或多个面；第二种是从实体中获取，选择一个或多个实体，然后检查工具自动从实体中分析出组成通道的面。对于通道结构复杂的情况，第二种方式比较适合。

【通道比率】对冷却通道的检查分为两个阶段：第一个阶段为直接检查冷却通道直径大小。就像前面介绍过的其他检查工具一样，该检查工具对打印方向敏感。所以，在【通道比率】对话框中，有一个由【角度】和【最小直径】组成的表格，而这个角度就和打印方向关联。如图 3-46 所示，与打印方向垂直的通道的角度值为 0，与打印方向成 45° 通道的角度值为 45°，而与打印方向平行的通道的角度值为 90°。

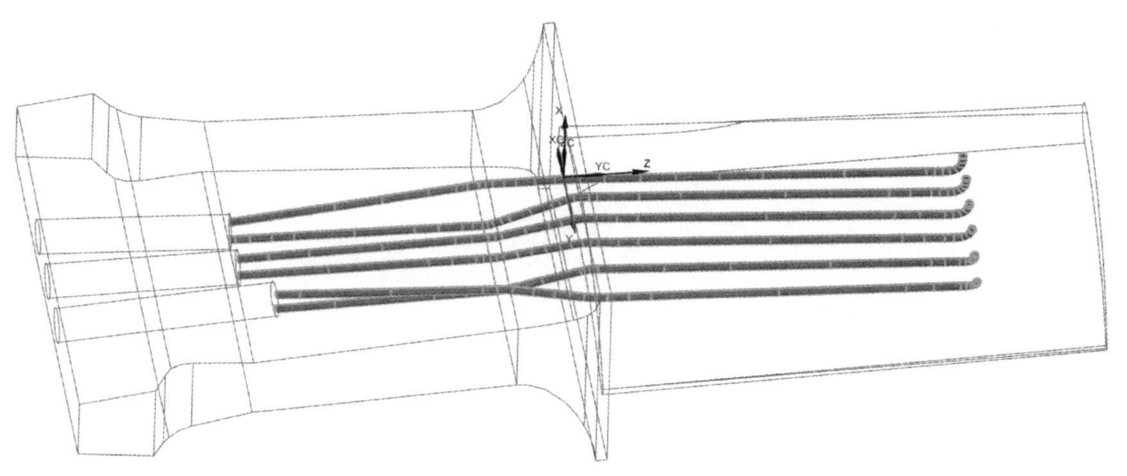

图 3-45　采用【通道比率】工具识别并渲染的叶片内部冷却通道

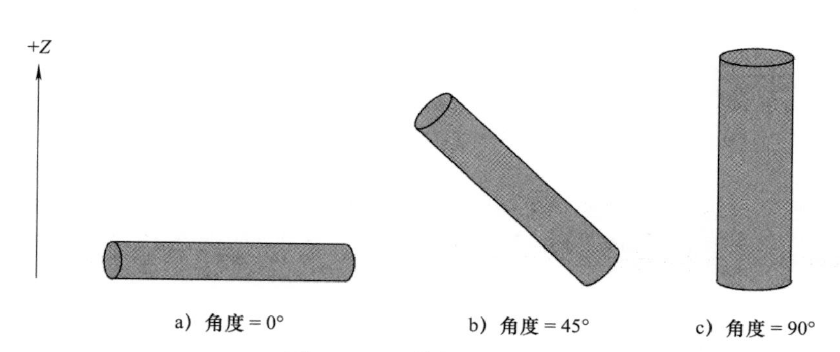

图 3-46　通道角度的定义

默认的表格由三组数据组成，分别对应于 0°、45° 和 90° 下的最小直径 0.4mm、0.5mm 和 0.7mm。用户可以添加新的角度和对应的最小直径的数据。对于不在表格中出现的角度，系统会采用插值算法计算相应的最小直径。

通道直径定义为通道的内切圆直径。图 3-47 所示为通道直径相对于不同通道截面的情形。

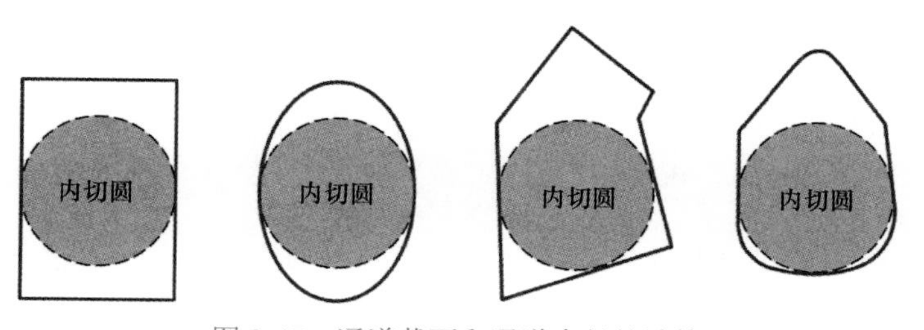

图 3-47　通道截面和通道直径的计算

如果通道直径小于最小直径，则该区域通道的检查结果将标识为失败，并显示为红色。如图 3-48 所示，使用【分析】选项卡中的【测量】可测得通道的最小曲率半径为 1.27mm。

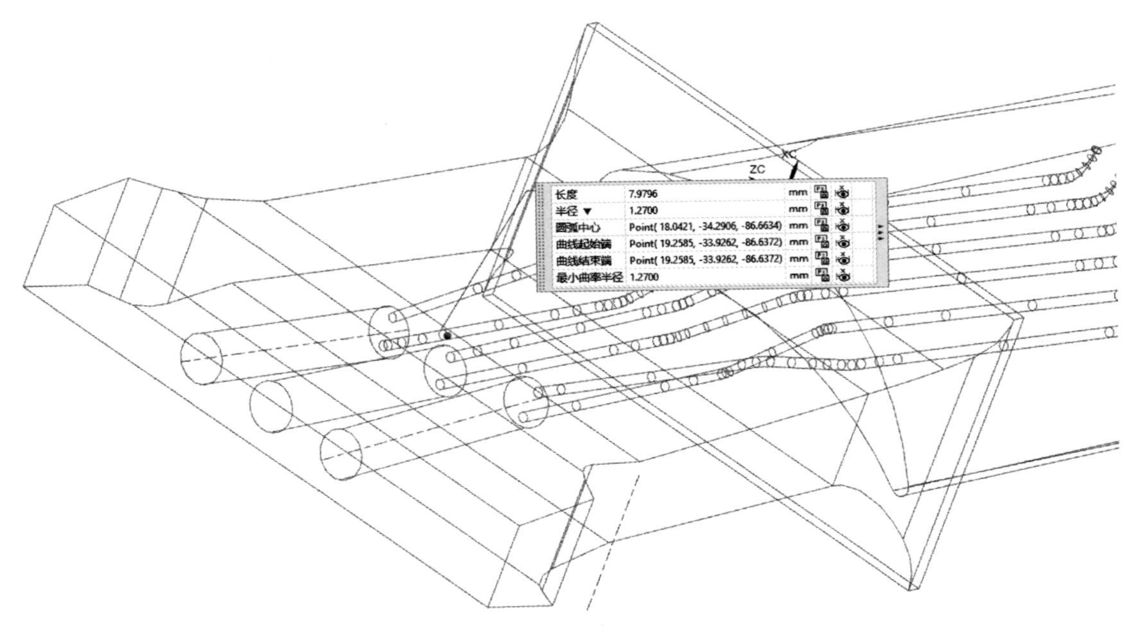

图 3-48　测量叶片通道最小曲率半径

手动方式选取通道面的步骤为：打开【检查通道比率】对话框，在【通道】选项组中，单击【选择面】，并在【面规则选项】中选择【相切面】，如图 3-49 所示，这样就可以分析选取的通道。

图 3-49 【面规则选项】下拉列表

【通道比率】可以识别并显示内部通道中直径过小的区域，或者直径和指定段长度之比过小的区域。

案例 11：打开“airfoil_cooling_channels.prt”文件，使用【通道】选项组中的【选择面】选择叶片冷却通道，识别并显示通道中直径过小的区域。

简要操作步骤	操作图示

1）单击【通道比率】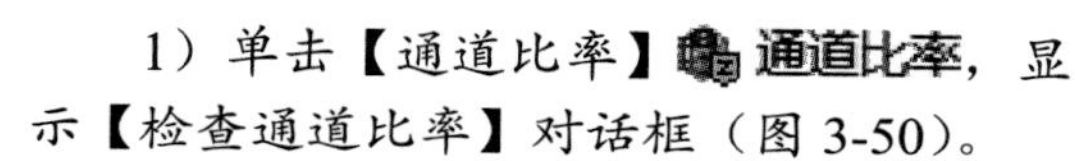，显示【检查通道比率】对话框（图 3-50）。

2）在图形区单击鼠标右键，单击【渲染样式】→【面分析】。

3）在对话框中单击【选择面】，在【面规则选项】下拉列表中选择【相切面】，在图形区选中【面/管（114）】特征。

4）默认【指定构建平面坐标系】设置。

5）设置【半径】中角度 90° 方向上对应的最小直径为 3mm。

6）保持【段长度】和【最小比率】的默认值。

7）勾选【仅显示未通过的段】。

8）单击【计算比率】按钮，通道比率检查结果如图 3-51 所示。

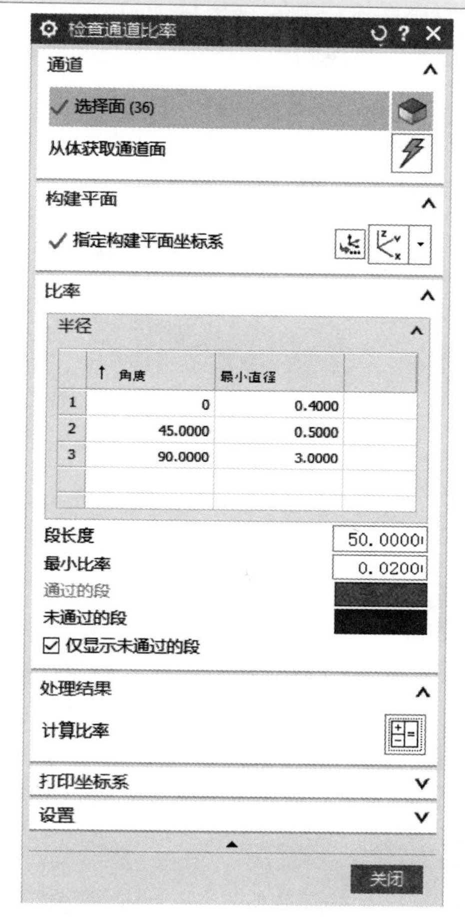

图 3-50 【检查通道比率】对话框

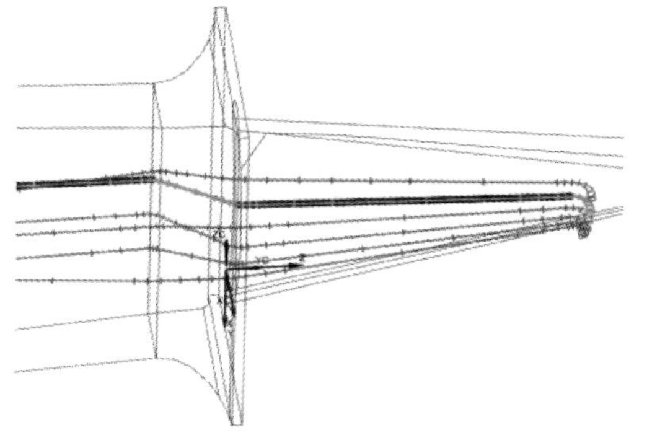

图 3-51 通道比率检查结果

通过上述操作结果显示在 90° 方向上检查失败。这是因为，该方向上通道的实际直径仅有 2.54mm，小于允许的最小直径 3mm。但是，在 45° 方向上，因为通道的实际直径为 2.54mm，远大于允许的最小直径 0.5mm，所以，在 45° 方向上，通道最小直径检测是合格的。

如果系统识别到该区域通道直径大于允许的最小直径，那么系统会进行第二阶段的检查。第二阶段的检查涉及通道直径和通道【段长度】的比率计算。通道的段长度是通道在其中心线上的长度。通道的【段长度】以及【最小比率】是由用户在对话框中设置的。图 3-52 所示为比率、直径与段长度之间的关系。

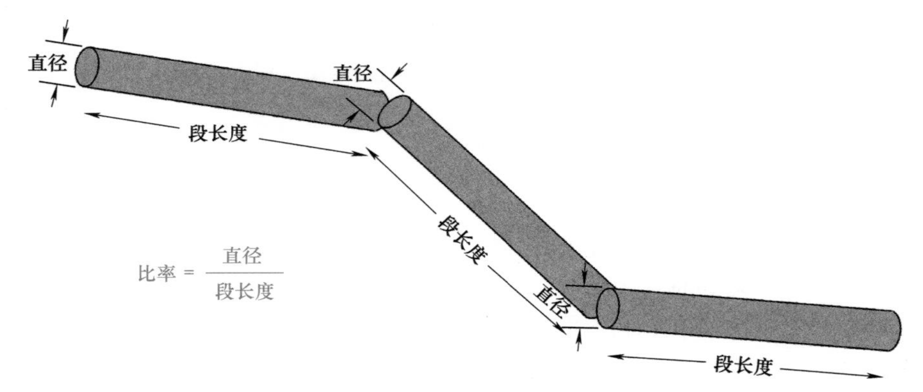

图 3-52　比率、直径与段长度之间的关系

如果通道区域的计算比率比用户指定的【最小比率】小，则意味着该区域冷却通道过于狭长，可能造成未烧结粉末的残留且不易用压缩空气清除。

【通道比率】检查工具还支持通过选择实体，自动识别并选中实体内构成通道的面。单击【检查通道比率】对话框中的【从体获取通道面】按钮，弹出图 3-53 所示对话框，单击【选择体】，在图形区选择叶片模型实体。单击【确定】，则叶片模型内构成六个通道的所有面都被识别并选中，如图 3-54 所示。

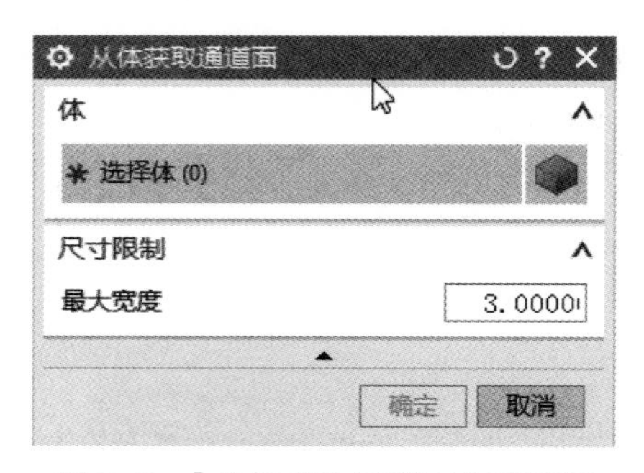

图 3-53　【从体获取通道面】对话框

单击【检查通道比率】对话框中的【重置】按钮，单击【相切面】，选择第二个冷却通道，并设置【最小比率】为【0.06】。然后单击【计算比率】按钮，此时通道比率检查失败。这是因为叶片通道的实际比率是 2.54/50=0.0508，实际通道比率小于允许的最小比率 0.06，因此检查失败。

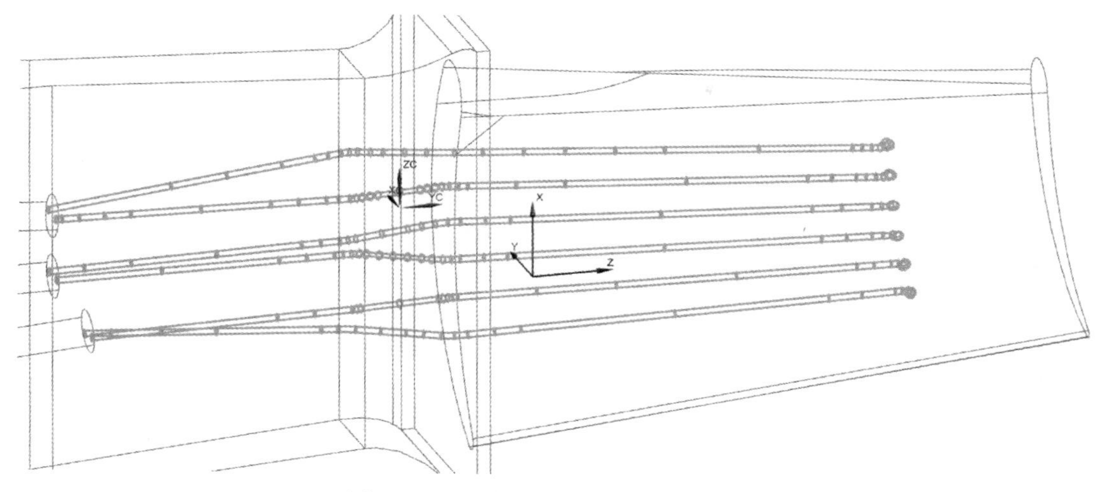

图 3-54 从实体内识别并选择的通道面

案例 12：打开“airfoil_cooling_channels.prt”文件，单击【选择面】，选择叶片冷却通道，识别并显示通道直径和【段长度】之比过小的区域。

简要操作步骤	操作图示

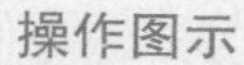

1）单击【通道比率】通道比率，显示【检查通道比率】对话框（图 3-55）。

2）单击对话框中的【重置】按钮。

3）在图形区单击鼠标右键，选择【渲染样式】→【面分析】。

4）在对话框中单击【选择面】，在【面规则选项】中选择【相切面】，在图形区选中【面/管(114)】特征。

5）默认【指定构建平面坐标系】设置。

6）默认【半径】表格中的参数设置。

7）保持【段长度】为【50】默认值。设置【最小比率】为【0.06】。

8）勾选【仅显示未通过的段】。

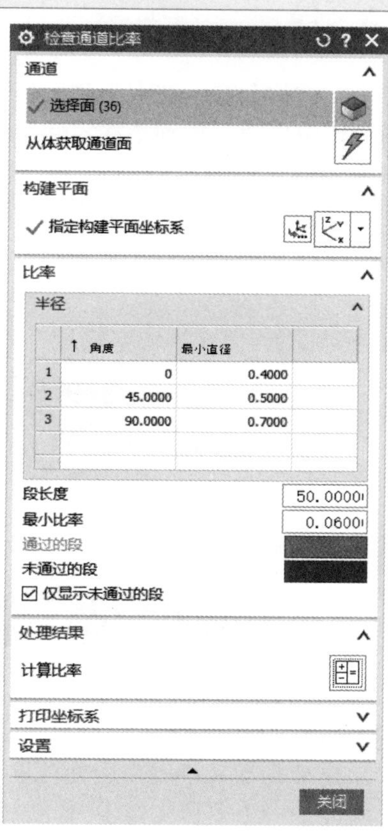

图 3-55 【检查通道比率】对话框

（续）

简要操作步骤	操作图示
9）单击【计算比率】按钮，通道比率检查结果如图 3-56 所示。	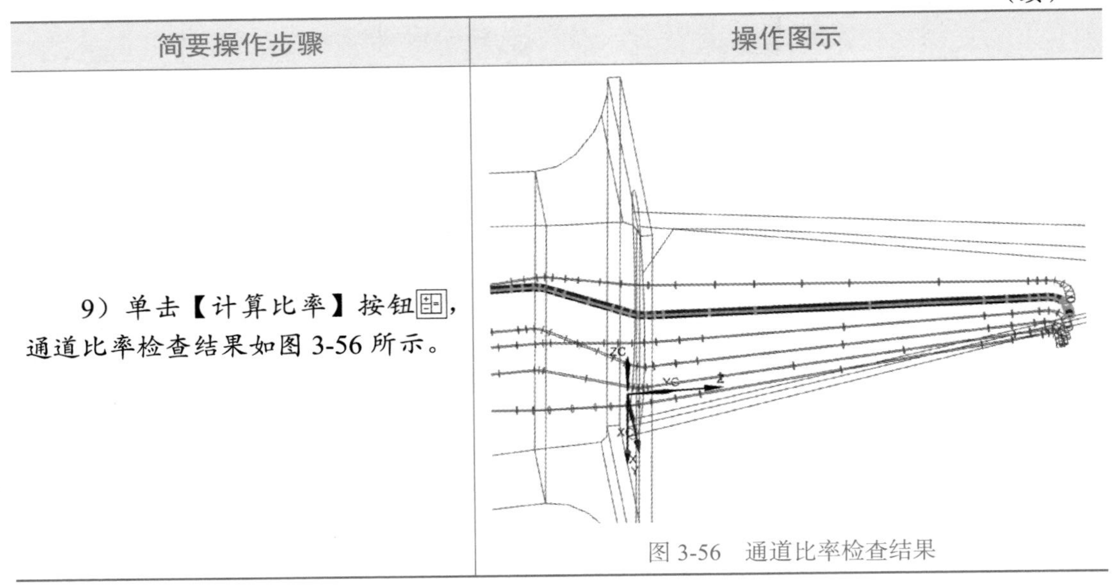 图 3-56　通道比率检查结果

3.7　牢靠支撑

由于悬垂结构的存在，在大于最大悬垂角度的区域往往需要额外的支撑结构，以避免零件在打印过程中失败。特别是在零件的内部，对于这种支撑结构，需要考虑在后处理阶段能否将其有效清除。图 3-57 所示为一模型截面图，打印方向为 +Z 轴方向、垂直向上。很明显，在零件的内部腔体中，上表面需要支撑结构，但支撑结构本身可能无法在后处理过程中彻底清除。

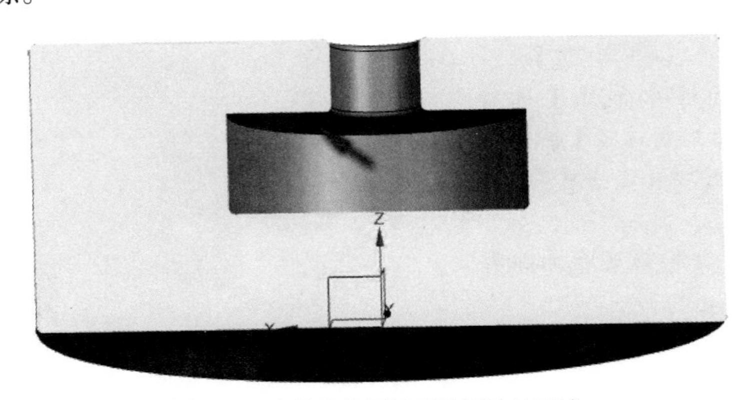

图 3-57　支撑结构可能无法清除的区域

【增材制造设计】选项卡的【验证】工具栏中有一种检查工具，能够识别并显示内部腔体中需要支撑结构却又难以在后处理过程中彻底清除支撑结构的区域。单击【增材制造设计】→【验证】→【牢靠支撑】，如图 3-58 所示。

【牢靠支撑】工具可以识别并显示内部腔体中需要支撑结构却又难以在后处理过程彻底清除支撑结构的区域。

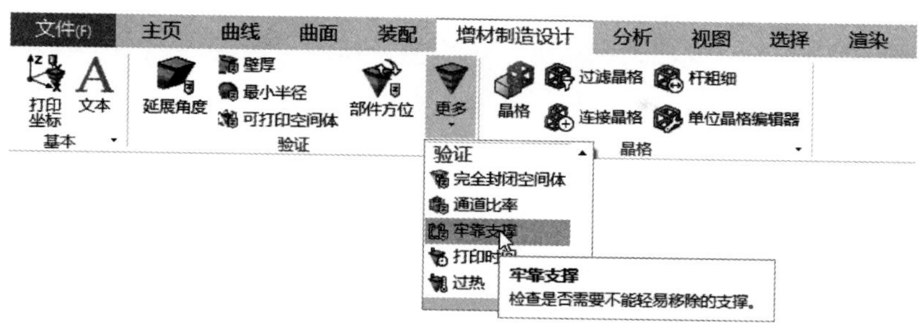

图 3-58　选择【牢靠支撑】

案例 13：打开“TrappedSupport01.prt”文件，使用【牢靠支撑】工具识别并显示牢靠支撑区域。

简要操作步骤	操作图示

1）单击【牢靠支撑】牢靠支撑，显示【检查牢靠支撑】对话框（图 3-59）。

2）在对话框中单击【选择体】，在图形区选中“TrappedSupport01.prt”文件中的模型。

3）默认【指定构建平面坐标系】设置，即打印方向垂直于底面。

4）设置【最大延展角度】为【45】。勾选【仅显示牢靠支撑区域】。

5）勾选【预览】。

6）在图形区中红色标记处即为牢靠支撑区域，如图 3-60 所示。

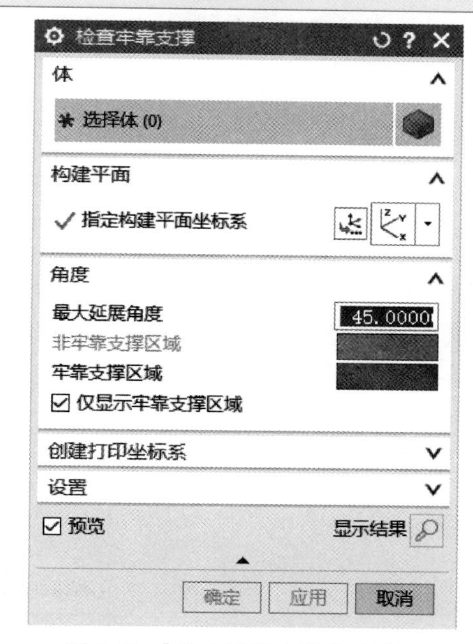

图 3-59 【检查牢靠支撑】对话框

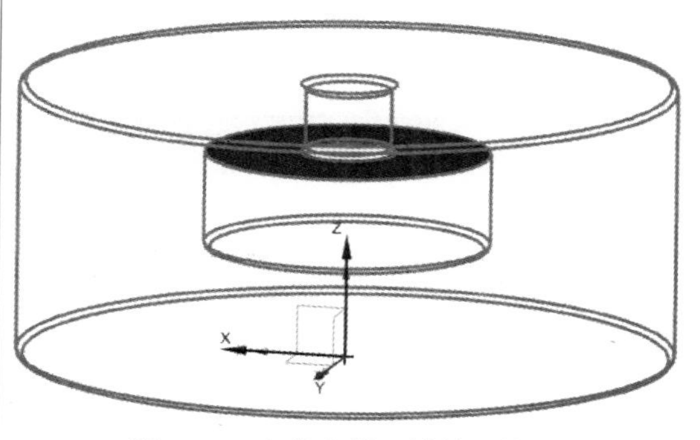

图 3-60　牢靠支撑区域检查结果

3.8 打印时间

【增材制造设计】选项卡中提供了估算打印时间的工具。打印时间取决于增材制造的方式。目前 NX 支持三种常见的增材制造方式，分别是粉床熔融成型（PBF）、多射流熔融成型（MJF）和熔融沉积成型（FDM）。

粉床熔融成型包括选择性激光烧结成型（SLS）和选择性激光熔融成型（SLM）。通常，SLM 熔融粉末为金属粉末，SLS 烧结粉末为高分子粉末，如尼龙等。图 3-61 所示为激光烧结的轨迹。

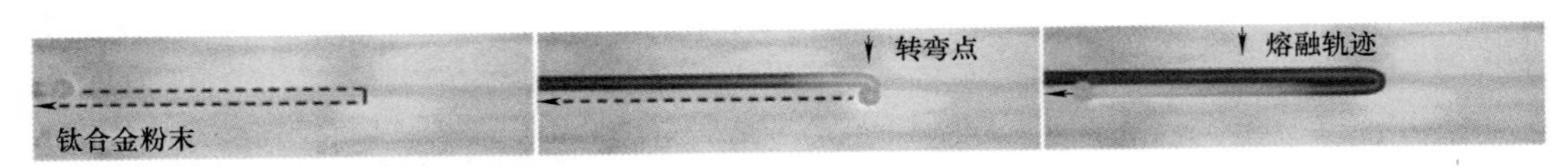

图 3-61　激光烧结轨迹

注意

激光到达轨迹末端后，激光装置将有一个减速、转弯，然后加速的过程。在这个过程中，通常激光束是关闭的，这个阶段消耗的时间称为空转时间。

图 3-62 所示为激光烧结的轨迹间距、岛长以及层厚。轨迹间距是相邻的烧结轨迹的中心线距离。间距越大，则越可能存在未烧结区域，该区域熔融不完整，将直接影响产品性能；但是间距过小，则可能存在熔融区域部分叠加，加工时间过长。层厚则是一层粉末成型的厚度。

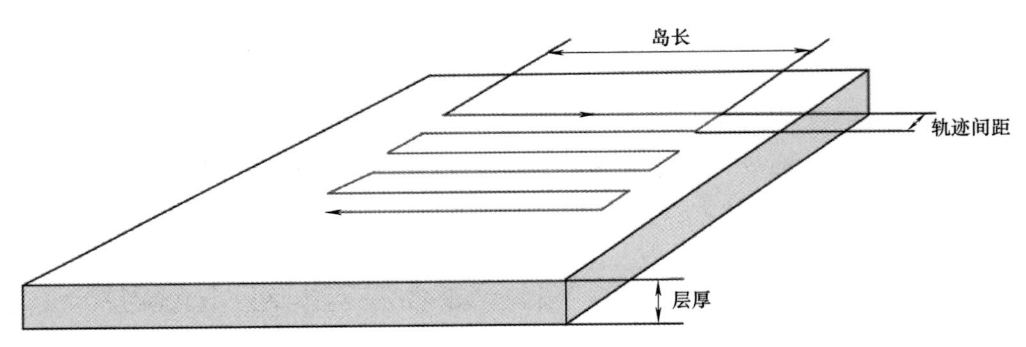

图 3-62　轨迹间距、岛长和层厚

注意

在图 3-62 中，只有一个烧结岛。图 3-63 所示为存在多个烧结岛的情况。

【打印时间】工具在粉床熔融成型方式下的应用。单击【增材制造设计】→【验证】→【打印时间】，弹出【检查打印时间】对话框，设置【打印机】类型为【粉床熔融（PBF）】，这时【打印机设置】选项组将出现打印机参数。前面已经介绍了一些核心参数，如【层厚】【岛长】和【空写时间】。其中【剖面线间距】即为图3-62中所示的轨迹间距。【移动速度】是指激光束烧结的速度。激光束移动越快，产品烧结时间越短。【重涂时间】是指当一层粉末烧结完毕后，重新铺设粉末的时间。

图3-63 多个烧结岛

【打印时间】在各种增材制造方式下评估模型的打印时间。

案例14：打开“06_eclipsepart_topopt_RevEng.prt”文件，使用【打印时间】工具，设置粉末熔融成型方式下的打印参数。

简要操作步骤	操作图示
1）单击【打印时间】打印时间，显示【检查打印时间】对话框（图3-64）。 2）在对话框中单击【选择体】，在图形区选中“06_eclipsepart_topopt_RevEng.prt”文件中的模型。 3）设置【打印机】为【粉床熔融(PBF)】，保持【构建平面】为默认设置，保持【打印机设置】参数为默认值。 4）【打印时间】显示为14h 40min。最终显示模型如图3-65所示。	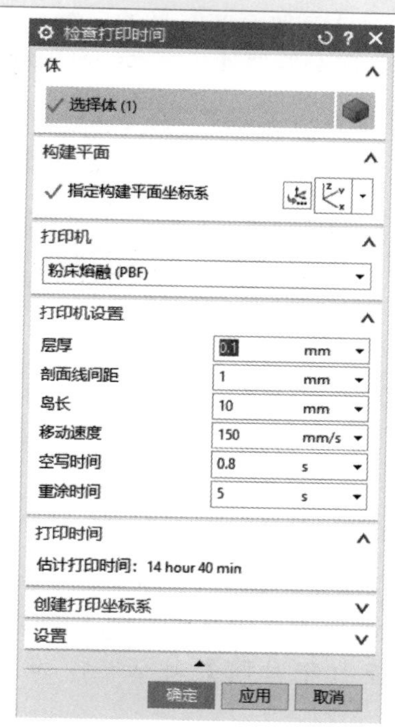 图3-64 【检查打印时间】对话框 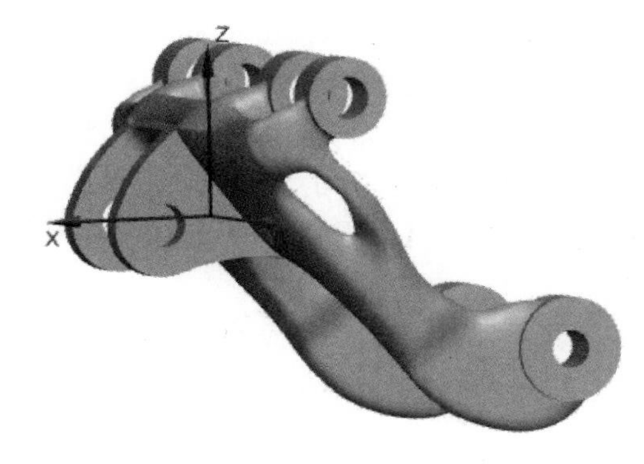 图3-65 最终显示模型

惠普公司的多射流熔融（MJF）成型方式，不同于粉床熔融的选择性激光成型技术，多射流熔融一次成型一整层切片。这是由于除了成型粉末外，多射流熔融成型还需要额外的熔融辅助剂以及细化剂。热喷头模块会左右移动喷射这两种试剂，同时通过两侧的热源加热融化打印区域的材料粉末。

注意

熔融辅助剂会喷射到打印部分，即打印产品的横截面区域，使粉末材料充分融化，而细化剂则喷射到打印区域边缘，阻隔热传导至零件外侧，从而保证零件的光洁度，同时提高了粉末的再利用率。

图 3-66 所示为多射流熔融成型的过程。多射流熔融成型特点非常显著，即一次成型整个切片，这是效率非常高的三维打印方式。同样，缺点也很明显，如粉末材料为尼龙 12，不能打印金属器件，更多的可用材料则依赖于惠普公司开发新的细化剂。

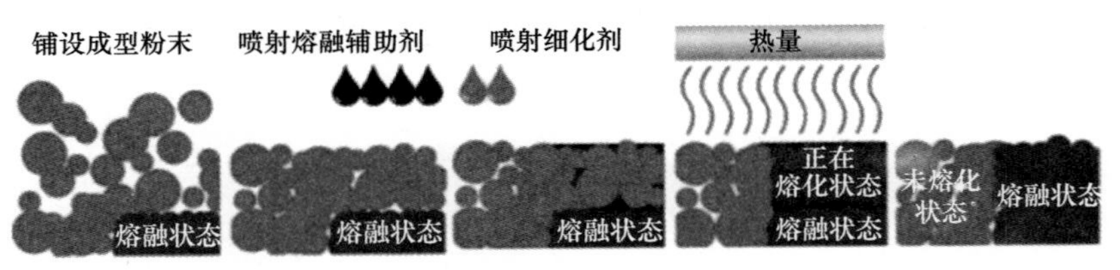

图 3-66 多射流熔融成型过程

案例 15：在多射流熔融成型（MJF）方式下，设置打印机参数。

简要操作步骤	操作图示 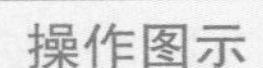
1）单击【打印时间】打印时间，显示【检查打印时间】对话框，如图 3-67 所示。 2）在对话框中单击【选择体】，在图形区选中“06_eclipsepart_topopt_RevEng.prt”文件中的模型。 3）设置【打印机】为【多射流熔融(MJF)】，保持【指定构建平面坐标系】的默认设置，保持【层厚】和【层打印时间】的默认值。 4）【打印时间】显示为 6h 46min。	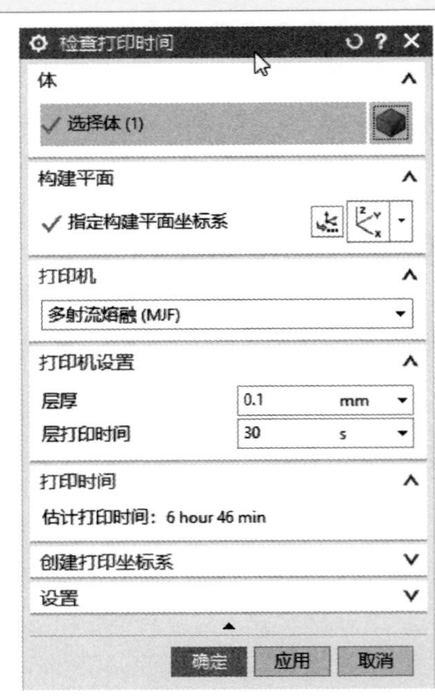 图 3-67 【检查打印时间】对话框

图 3-68 所示为一种典型的熔融沉积成型打印机喷头。图中箭头所指为打印喷嘴，由打印喷嘴挤出加热的熔融材料粘结至当前打印喷嘴所指位置。打印喷嘴的直径越大，打印轨迹越粗，打印时间越短。同时，如果喷头运动越快，打印时间也越短。由此可见，打印喷嘴的直径和喷头沿轴的运动速度是打印时间的关键参数。

图 3-68　熔融沉积成型打印机喷头及喷嘴

案例 16：在熔融沉积成型（FDM）方式下，设置打印机参数。

简要操作步骤	操作图示
1）单击【打印时间】**打印时间**，显示【检查打印时间】对话框（图 3-69）。 2）在对话框中单击【选择体】，在图形区选中“06_eclipsepart_topopt_RevEng.prt”文件中的模型。 3）设置【打印机】为【熔融沉积成型（FDM）】，保持【构建平面坐标系】的默认设置，保持【打印机设置】中的默认参数。 4）【打印时间】显示为 2h 5min。	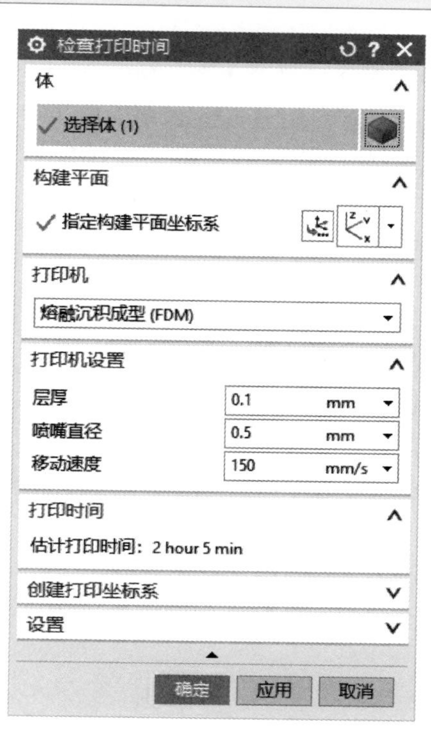 图 3-69 【检查打印时间】对话框

3.9 过热分析

在使用激光粉床熔融成型方法打印有悬垂结构的金属零件时，如果悬垂角度过大，在悬垂处由于成型金属体相对较少，粉末相对较多，烧结时不如中心处散热效果明显，可能导致悬垂区域局部过热，发生形变。NX 的过热分析工具将检查并识别这种区域。

【过热】工具用于识别在粉末熔融成型方式下，存在局部过热风险的区域。该检查基于对打印方向和最大延展角度设定。

案例 17：打开“06_eclipsepart_topopt_RevEng.prt”文件，使用【过热】分析工具检查并显示局部过热的区域。

简要操作步骤	操作图示
1）单击【过热】过热，显示【检查过热】对话框（图 3-70）。 2）在对话框中单击【选择体】，在图形区选中“06_eclipsepart_topopt_RevEng.prt”文件中的模型。 3）取消勾选【仅显示过热区域】，保持【最大延展角度】的默认值 60°。 4）勾选【预览】。	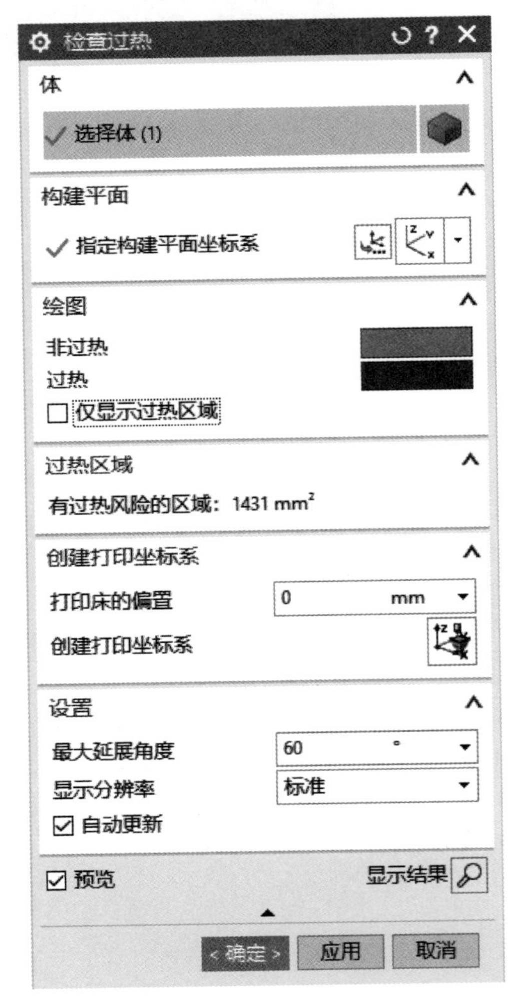 图 3-70 【检查过热】对话框

（续）

简要操作步骤	操作图示
5）【过热区域】中显示有过热风险区域面积为 1431mm^2。最终显示的模型如图 3-71 所示，其中红色区域为过热区域。	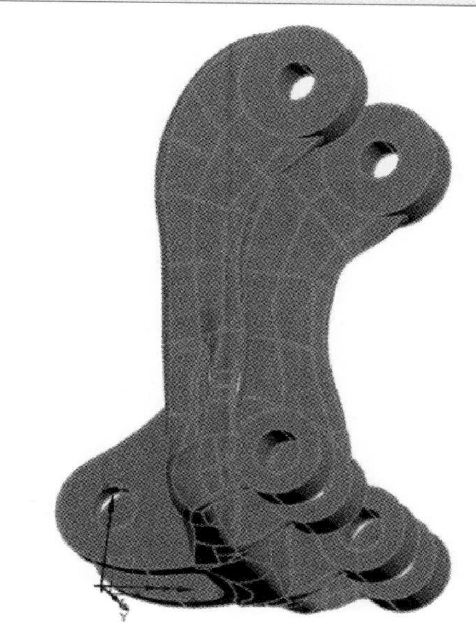 图 3-71　最终显示模型

3.10　优化部件方位

优化部件方位通常需要考虑时间、空间以及材料物理性能等多种因素。【增材制造设计】选项卡中的【验证】工具栏中提供了强大的打印方位优化工具。该工具采用向导式对话框，并集成了多个项目的检查，参数均可设置，并且支持主流的增材制造方式。同时，该工具支持手动优化和自动优化两种工作方式。优化的结果可预览和保存。

使用【优化部件方位】工具在不同增材制造方式下，评估各自的最优打印方位。

第一个向导页是【打印机】页面。如图 3-72 所示。【打印机】下拉列表中有【粉床熔融（PBF）】【多射流熔融（MJF）】和【熔融沉积成型（FDM）】，如图 3-73 所示。

单击【下一步】按钮，进入【检查】向导页，如图 3-74 所示。目前粉床熔融成型方式支持的检查项目有四个，分别是【曲面区域】【支撑空间体】【打印时间】以及【过热】。选择【粉床熔融（PBF）】后，系统会默认勾选这四个检查项目。【曲面区域】主要指支撑区域在打印床平面上的投影面积的大小。所需支撑的投影面积越小，则越有利于在打印床上一次打印更多的部件。

单击【下一步】，进入设置【支撑空间体参数】向导页，如图 3-75 所示。该向导页只有一个参数，即【最大延展角度】。这个参数同时也是【曲面区域】检查项中的核心参数。

单击【下一步】，进入【打印时间参数】向导页。粉床熔融成型方式的打印参数有六项，如图 3-76 所示，分别是：

1)【层厚】指单层烧结粉末的厚度。

2)【剖面线间距】指激光烧结成型的平行轨迹中心线的间距。

图 3-72 【优化部件方位】对话框

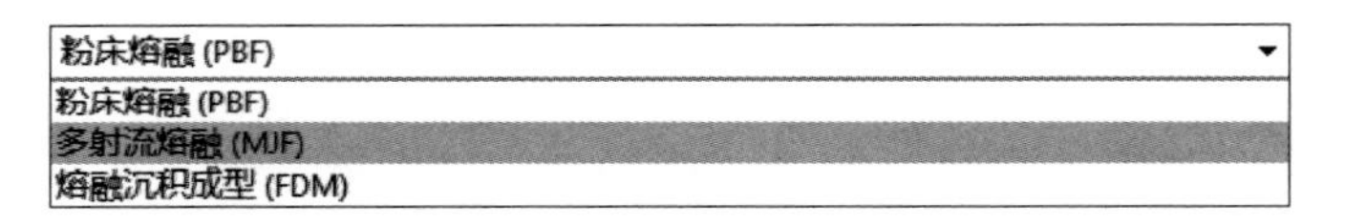

图 3-73 【打印机】下拉列表

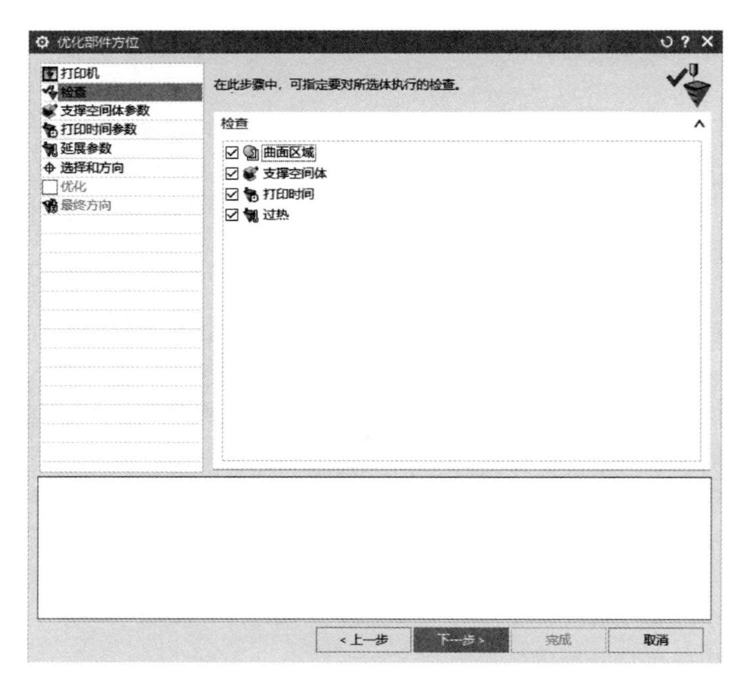

图 3-74 粉床熔融支持的【检查】项目

图 3-75 【支撑空间体参数】向导页

图 3-76 【打印时间参数】向导页

3）【岛长】指平行轨迹的长度。

4）【移动速度】指激光束烧结粉末时的平均移动速度。

5）【空写时间】指逼近岛长末端时，激光移动装置进行减速、转向和加速的时间。该段时间内激光束可能关闭。

6）【重涂时间】指重新铺设打印粉末的时间。

单击【下一步】，进入【延展参数】向导页。

注意

这个参数与【检查过热】对话框中的【最大延展角度】一致，如图 3-77 所示。

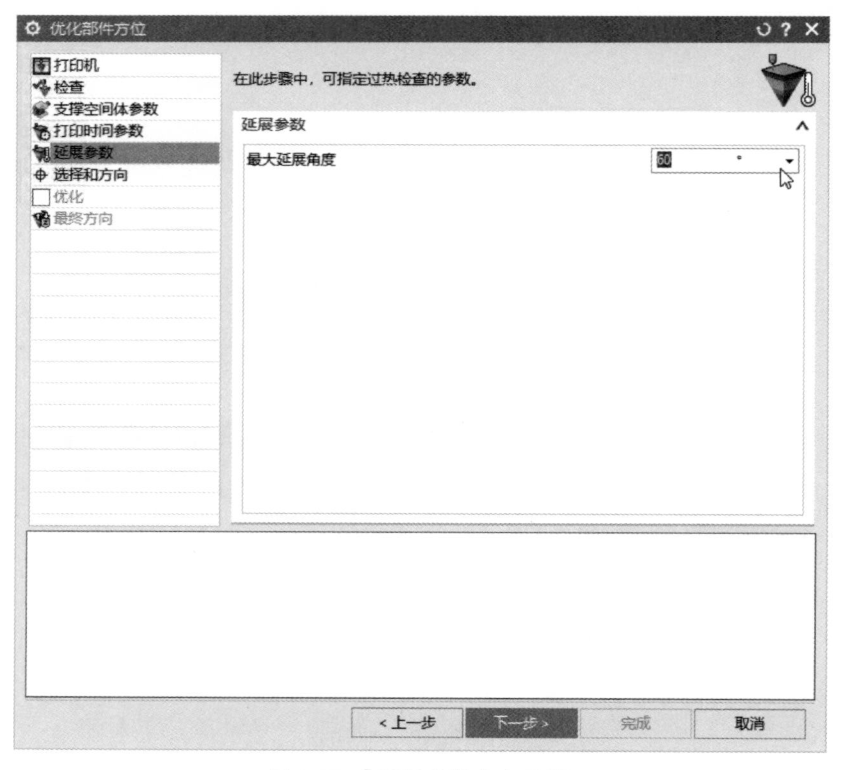

图 3-77 【延展参数】向导页

单击【下一步】，进入【选择和方向】向导页。在该页面中可选择打印部件以及指定打印平面坐标系，至此所有参数均已经设置完成。

注意

在此页面如果勾选【延时计算】，那么系统将即时进行所有检查项目的运算，并显示结果。如果部件设计尺寸较大，或几何形状复杂，运行各个检查的时间相对较长，那么可以勾选此选项。在这种情况下，只有单击右侧的【计算】按钮，系统才会真正地执行各个检查的计算。

案例 18：使用【延迟计算】选项控制对各检查项的计算。

简要操作步骤 | **操作图示**

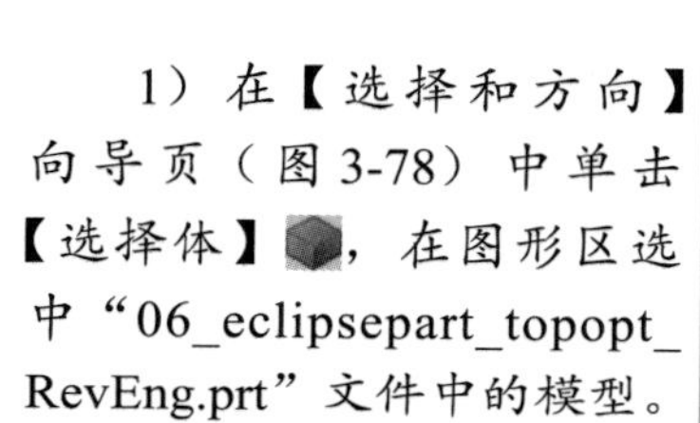

1）在【选择和方向】向导页（图 3-78）中单击【选择体】，在图形区选中“06_eclipsepart_topopt_RevEng.prt”文件中的模型。

2）单击【指定构建平面坐标系】，在图形区设置打印床的方向，如图 3-79 所示。

3）勾选【延迟计算】，单击【计算】按钮。

4）向导页底部显示各检查项目的实际值。

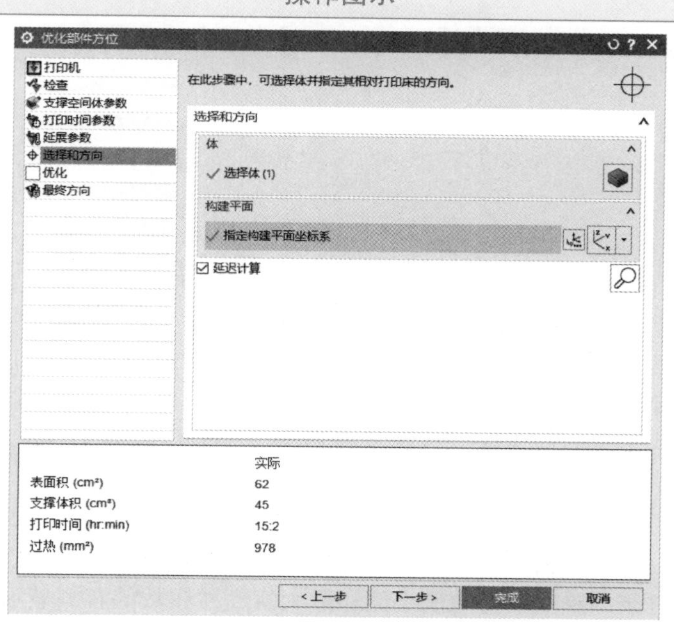

图 3-78 【选择和方向】向导页

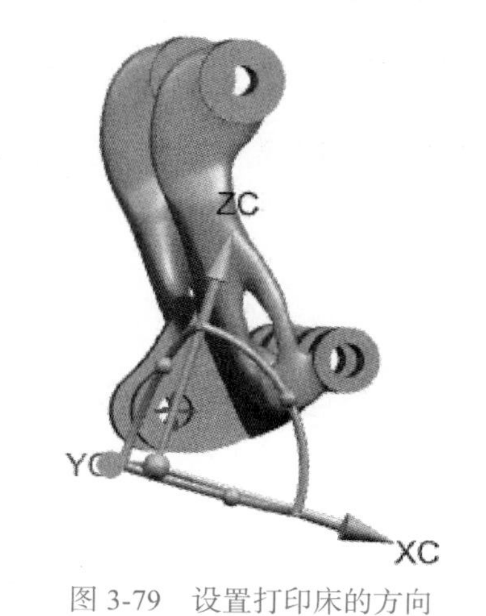

图 3-79 设置打印床的方向

无论延迟计算还是非延迟的即时计算都是基于当前打印方向进行的。尽管已经获取各个检查项目的值，但是仍然无法判断当前打印方向是否最优。单击【下一步】，进入【优化】向导页，如图 3-80 所示。这个优化计算是基于策略自动运行以查找最优部件方位。【优化】向导页中有两个参数，分别是：

1）【精度】。通过滑块控钮设定。精度越高，分析结果准确性越高，但时间越长。

2）【开始计算】。单击按钮，将进行自动优化计算。

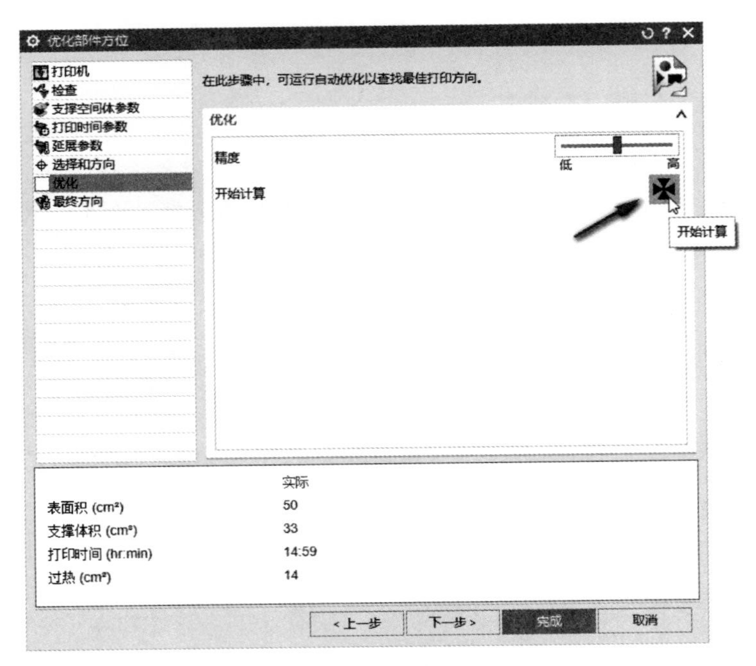

图 3-80 【优化】向导页

优化计算完成后，可预览计算结果，如图 3-81 所示。在向导页底部列出当前最优值，同时显示单项检查的最小值和最大值，并在数值右侧显示条形图。其中，绿线表示计算值集的范围的最小值；红线表示计算值集的范围的最大值；蓝线表示对应当前方位的实际值；灰色区域的起点表示零值，灰色区域部分表示不可行值；白色区域表示最小值和最大值之间可能的优化值。

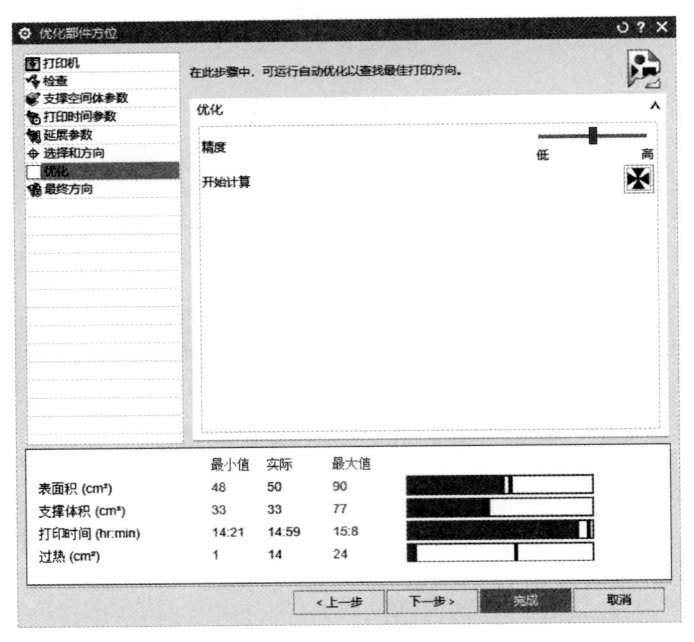

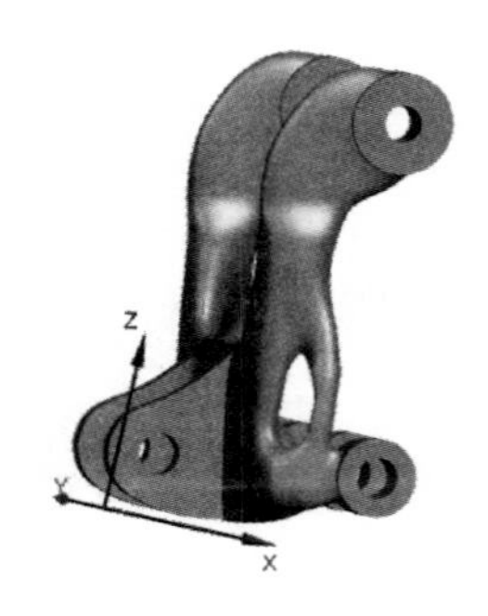

图 3-81 自动优化结果

注意

此时，打印方向已经是最优方向。单击【下一步】，进入【最终方向】向导页，如图3-82所示。在该页面用户可以选定单项检查的最小值。例如：在【定向至最小值】选项组内单击【曲面区域】，则向导页底部显示的表面积实际值将等于最小值，并且打印方向也将切换至最小值对应的位置；查看最优的十个打印方向。在【定向至加权最小值】选项组内，有十个最优打印方向的列表。每一个选项对应一个打印方向，最左端【1】代表最优打印方向，然后从左到右依次是次最优打印方向；调整单项检查的权重，重排最优的十个打印方向。在【加权】选项组内，可以滑动滑块调整各个检查项目的权重，权重调整后，最优的十个打印方向将重新计算。

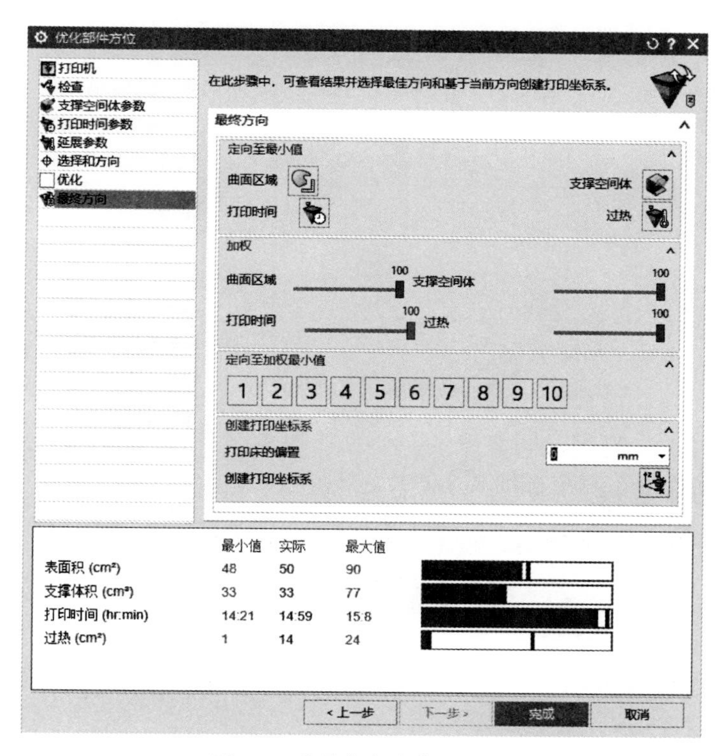

图3-82 【最终方向】向导页

当用户选定最佳打印方向后，可以单击【创建打印坐标系】按钮，将在部件导航器中创建打印坐标系。下次启动【优化部件方位】工具时，将选用最佳打印方向对应的坐标系。

注意

实际上该最佳坐标系将优先选用包括的【延展角度】等检查工具。

多射流熔融和熔融沉积成型都不包含过热分析，因为过热分析主要针对金属的激光烧结或熔融。其中多射流熔融是一层一次成型，所以【打印时间参数】中只有两个参数，分别为：

1)【层厚】指粉末单层成型厚度，默认值为【0.1mm】。

2)【层打印时间】指多射流熔融单层烧结成型的时间，默认值为【30s】。

图 3-83 所示为多射流熔融【打印时间参数】向导页。

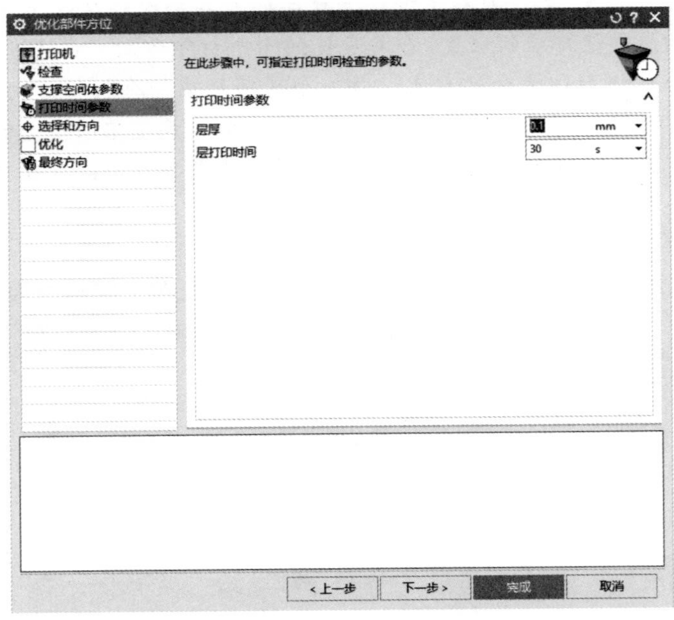

图 3-83　多射流熔融的【打印时间参数】向导页

熔融沉积成型的【打印时间参数】向导页如图 3-84 所示。其中包括【层厚】、【喷嘴直径】以及【移动速度】三个选项。

图 3-84　熔融沉积成型的【打印时间参数】向导页

在 NX 的增材制造应用环境中，部件方位是指部件放置方位，因为打印床的位置是固定不变的，可选择部件并将其定向到打印床。图 3-85 所示为增材制造应用环境中的【选择和方向】向导页。

图 3-85 增材制造应用环境中的【选择和方向】向导页

晶格构型

4.1 晶格构型介绍

晶格是杆与节点的重复图案。其中杆是分面圆柱体，节点是杆端点。用户有许多对于杆与节点的重复图案的构成方案。每种方案生成的实体都是晶格。晶格是一种会聚体。

NX 中的晶胞类型如图 4-1 所示。

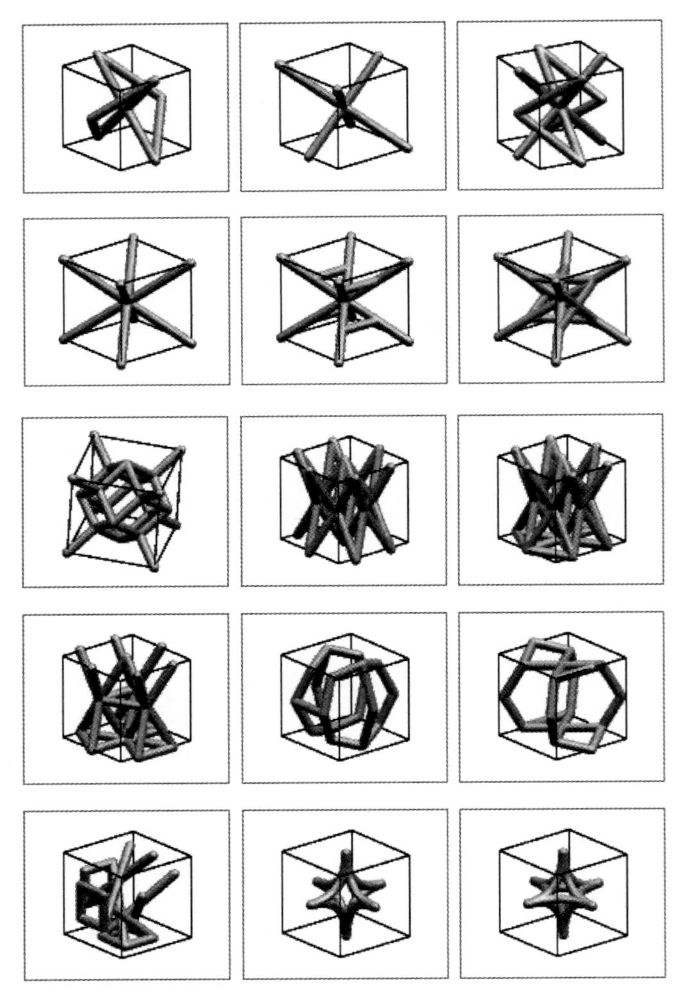

图 4-1 晶胞类型

用户自定义的晶胞及阵列预览，如图 4-2 所示。

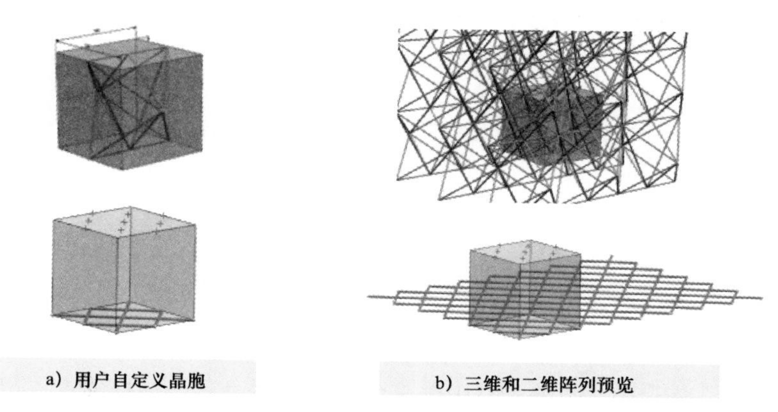

图 4-2 自定义晶胞及阵列预览

晶格类型有表面晶格与体积填充晶格，如图 4-3 所示。

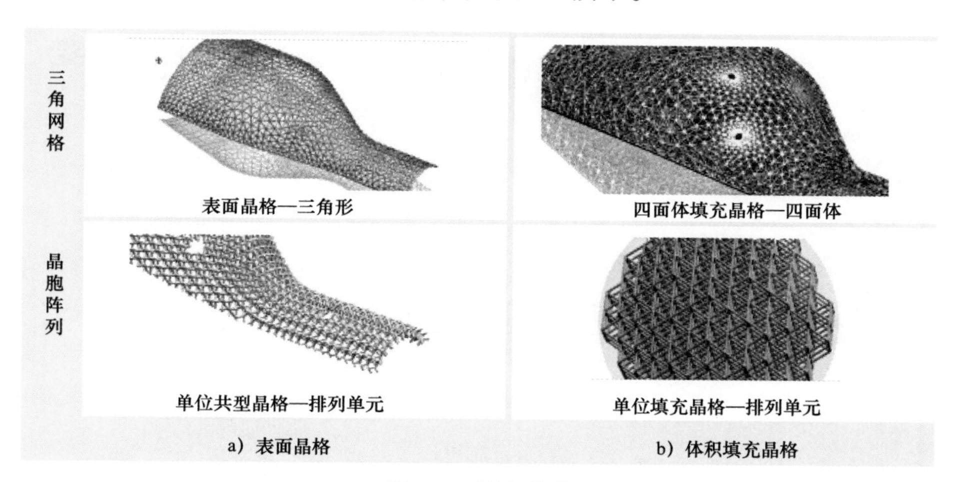

图 4-3 晶格类型

4.2 晶格构型方法

为了方便理解，先用一个立方体模型来作为演示案例，简单说明 NX 中晶格模块的各项功能及其使用方法。

1）打开【增材制造设计】选项卡（图 4-4）。在 NX 操作窗口上方工具栏的空白处单击鼠标右键，在右键菜单（图 4-5）中单击【增材制造设计】。

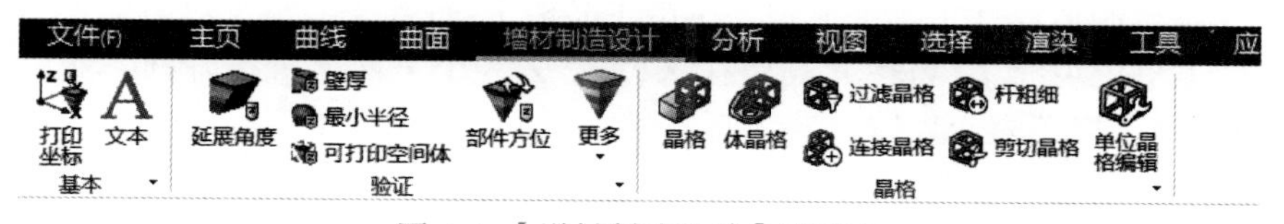

图 4-4 【增材制造设计】选项卡

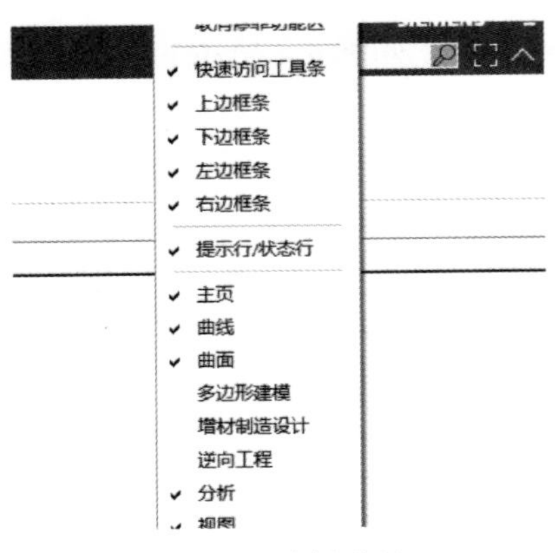

图 4-5　右键菜单

2）创建一个块。

① 单击【文件】→【新建】→【模型】，默认【名称】并单击【确定】，如图 4-6 所示创建一个模型文件。

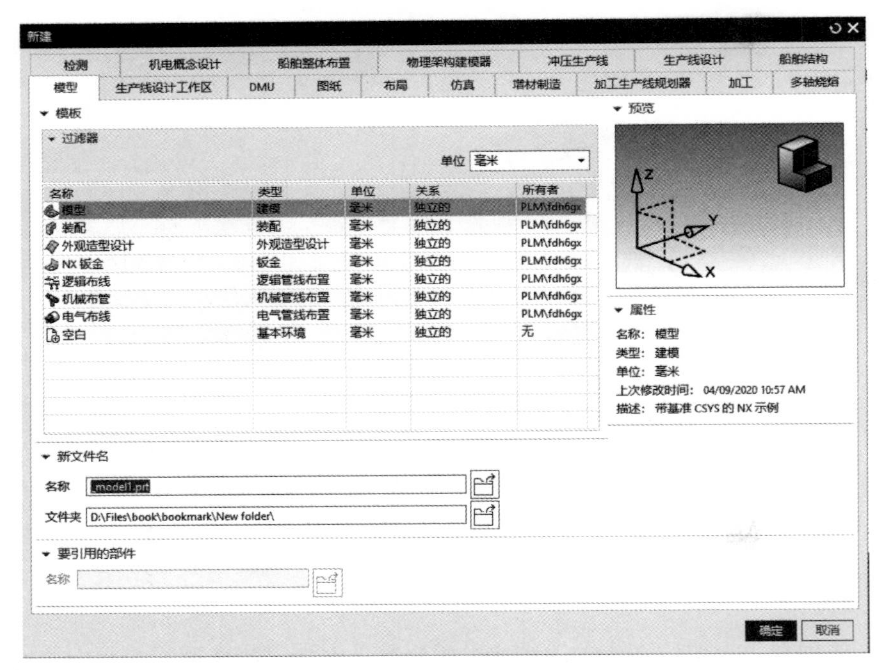

图 4-6　创建模型文件

② 在【主页】选项卡的【特征】工具栏中单击【更多】→【块】，创建一个 100mm × 100mm × 100mm 的立方体，具体参数设置如图 4-7 所示。

3）在【增材制造设计】选项卡中，单击【晶格】，打开【晶格】对话框（图 4-8）。

① 选择【单位填充】，将单元晶格在 X、Y、Z 三个方向上进行阵列，然后将其修剪实体，以此使用晶格填充包容体。

a. 选择刚刚创建的立方体作为【边界体】。

b. 将【晶格类型】设置为【BiTriangle】。图 4-1 中有十五种晶胞供用户选择，在选择晶格类型时悬停光标可以看到每一种类型的晶胞实例，并且支持用户自定义晶胞，在【单位晶格编辑】对话框（图4-9）中自定义后，可设置【晶格类型】为【From File】，然后选择自定义的晶格，如图4-10所示。

图4-7 【块】对话框

图4-8 【晶格】-【单位填充】对话框

图4-9 【单位晶格编辑器】对话框

c. 勾选【均匀立方体】，将单位晶格缩放为均匀立方体。将【边长】设置大一些，方便查看结果，设为【20mm】。

d. 在部件导航器中，单击部件左边的👁可以快速打开或关闭部件的可见性。在此需要关闭【基准坐标系】和【块】的可见性，以方便观察晶格（图4-11）。

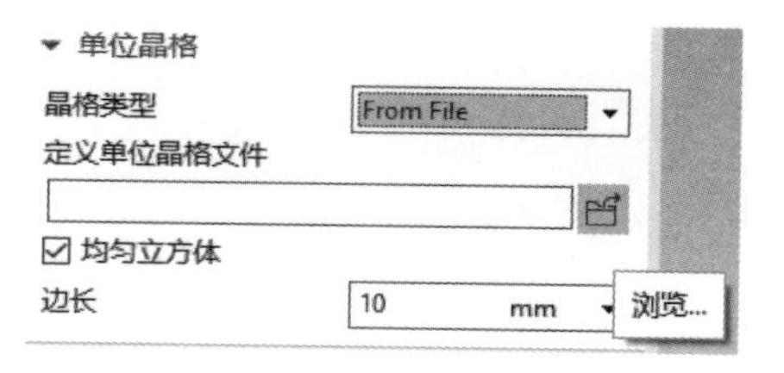

图4-10 选择自定义的晶格

e.【种子放置】可以指定方位，用于定位和定向种子单元格。在本例中，使用默认的以立方体中心为原点的动态坐标系。

f. 勾选【使图节点随机化】，可在指定半径范围内随机移动所有晶格节点，如图4-12所示。为了方便观察，恢复【块】的可见性，并将最大偏差改为5mm。可以看到有一些节点超出了边界，勾选【在边界剪断】，就可以排除边界附近的节点或随机选择排除基本面，如图 4-13 所示。

g. 在【创建体】选项组中，将【杆径】设置为【2mm】，以方便观察。

注意

设置的长度都可以指定为恒定值或者可变字段。将【球】设置为【绝对尺寸】，以在杆的顶点上创建球，并将【球直径】设置为【3mm】以方便观察，如图 4-14 所示。

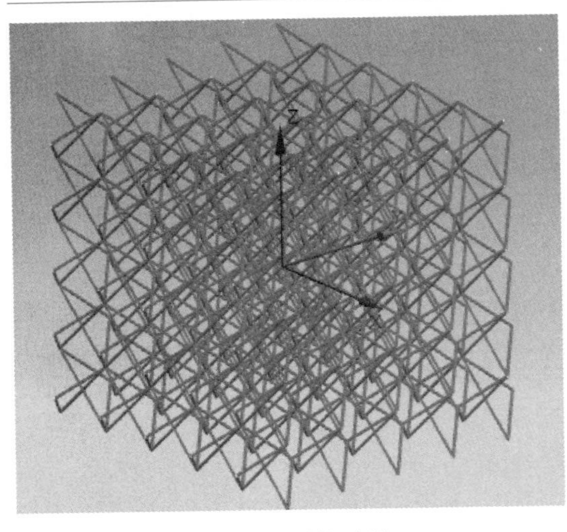

图 4-11　晶格示例

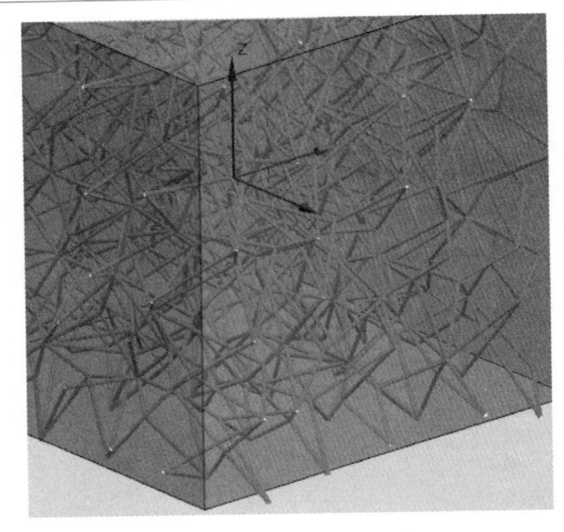

图 4-12　图节点随机化

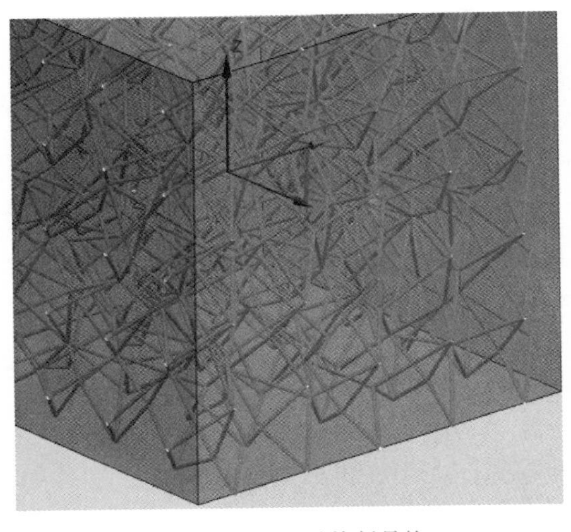

图 4-13　在边界剪断晶格

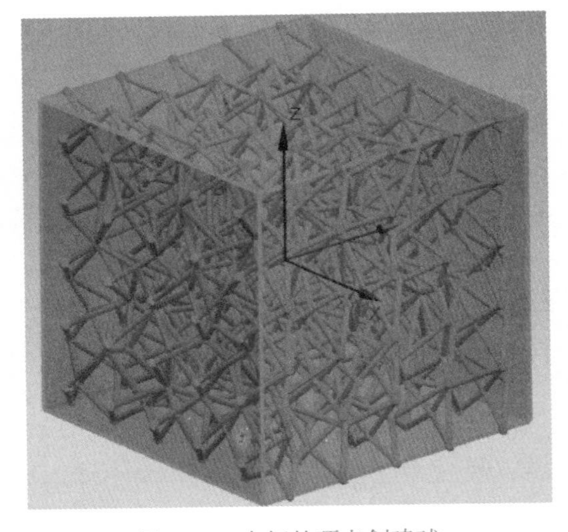

图 4-14　在杆的顶点创建球

h.【细分因子】乘以杆径可以定义用于创建晶格的细分公差。先将其设置为【0.6】，单击【显示结果】，可以看到杆和球的结构效果很差，如图 4-15 所示。然后单击【撤销结果】，再将其设置为【0.2】，此时结构效果有明显改善，如图 4-16 所示。

i. 在【边界修剪】选项组中的【移除选定面上的悬杆】是移除从晶格图中所有仅一端与晶格相连且接触边界体的其中一个选定面的杆。【移除断开的晶格部分】是移除所有断开的小晶格部分，仅保留最大的体。【在边界修剪】是将晶杆严格限制在边界或基本面处。

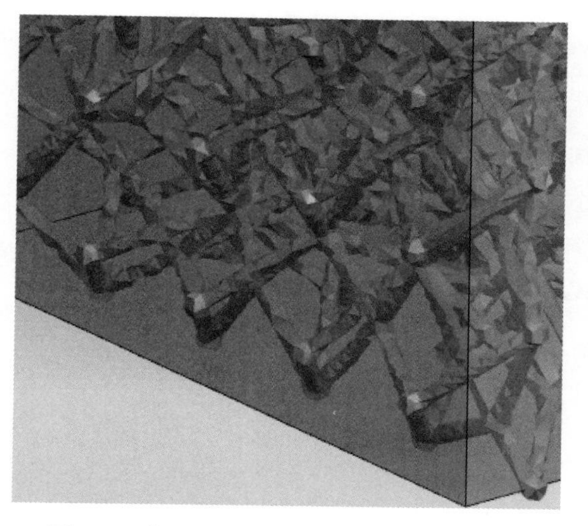

图 4-15 【细分因子】为【0.6】的晶格效果

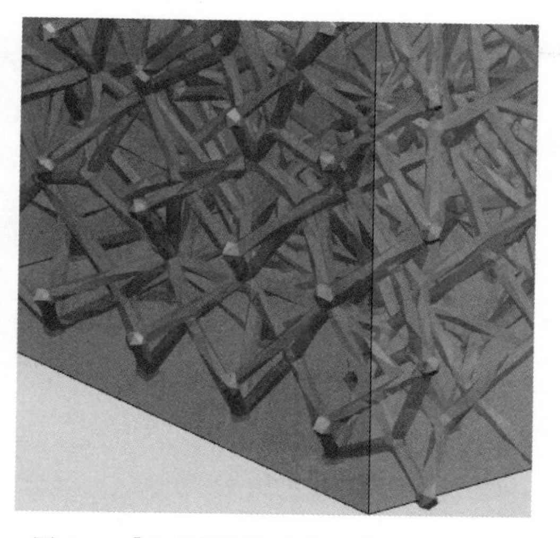

图 4-16 【细分因子】为【0.2】的晶格效果

② 选择【正形单位】，将单元晶格在面上沿指定方向进行阵列，以此在面上创建晶格。与其相关的大部分选项和【单位填充】是一样的。图 4-17 所示为选择【正形单位】时的【晶格】对话框。

a. 选择立方体的顶面作为【基本面】，将【边长】设置为【25mm】，以方便观察。

b.【图层】是指定相互堆叠的单元层的数量；【偏置】是指定基本面与第一个单元层之间的距离；【参数设置】是指定参数空间的形式以在基本面上放置单元晶格。修改不同的数值来观察结果，设置【图层】为【1】时，晶格体如图 4-18 所示；设置【图层】为【2】时，晶格如图 4-19 所示。当设置【偏置】为【15mm】时，晶格如图 4-20 所示。

③ 选择【曲面】，将晶格的网格平面边用作节点，以此在面上创建晶格。图 4-21 所示为选择【曲面】时的【晶格】对话框。

a. 选择立方体顶面作为【基本面】。

b. 在【基本网格】选项组中选择【使用现有的】，晶格如图 4-22 所示。

c. 将【最大杆长度】设置为【15mm】,【杆径】设置为【2mm】，以便观察。

d. 在【基本网格】选项组中选择【重新划分三角形】。

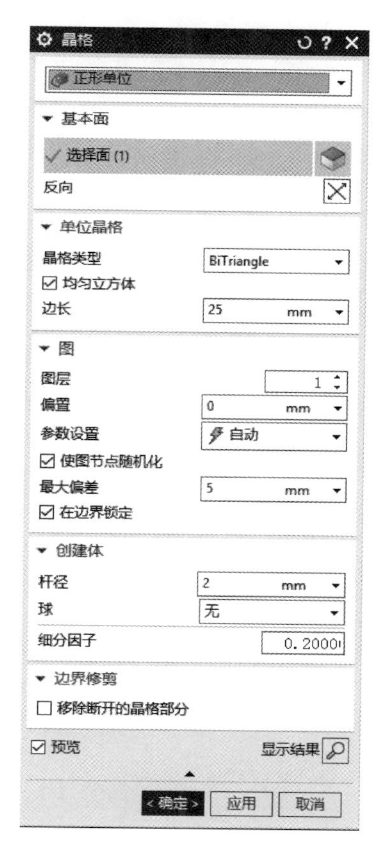

图 4-17 【晶格】-【正形单位】对话框

e. 将【模式】设置为【恒定】,【平均大小】设置为【15mm】，为所有小平面创建大小几乎相同的网格。

图 4-18　图层为 1 时的晶格

图 4-19　图层为 2 的晶格

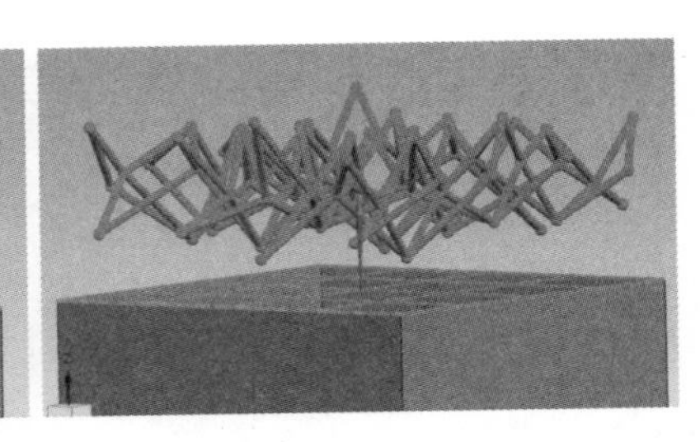

图 4-20　偏置为 15mm 的晶格

图 4-21　曲面【晶格】对话框 1

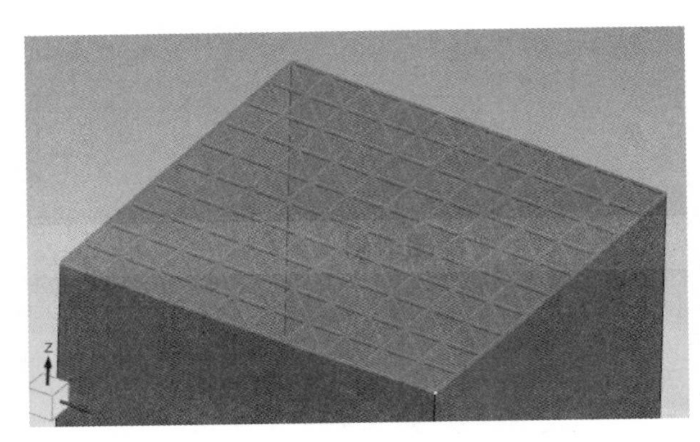

图 4-22　使用现有的源时的晶格

f. 将【锐边】设置为【无锁定】，即不保留锐边 d ~ f 步骤的参数设置如图 4-23 所示。创建的晶格如图 4-24 所示。

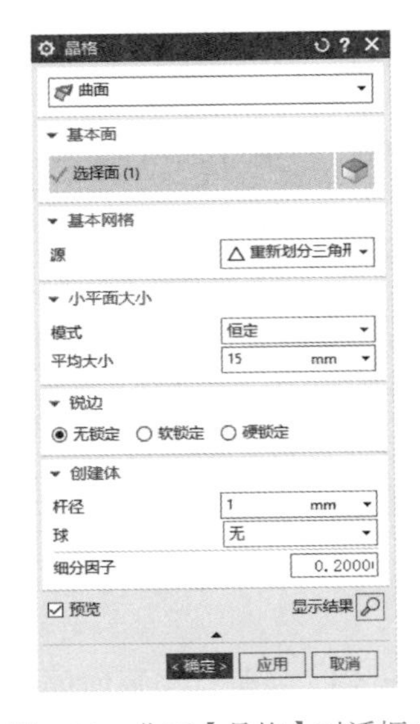

图 4-23　曲面【晶格】对话框 2

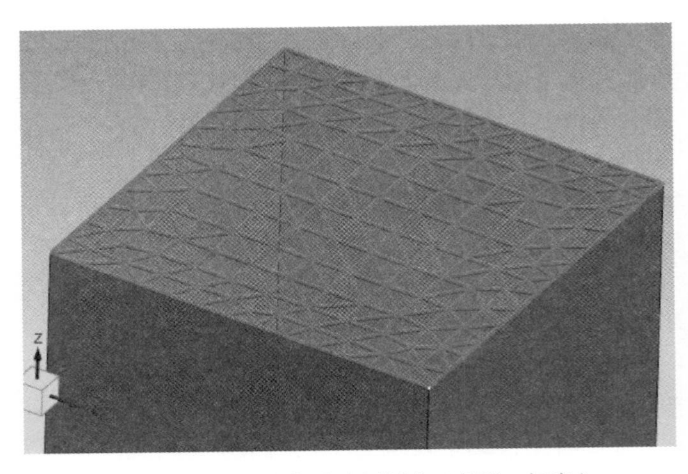

图 4-24　曲面晶格（重新划分三角形、恒定）

g. 将【模式】设置为【可变】，即在低曲率区域创建指定大小的小平面网格，在高曲率区域创建较小的小平面网格。

h. 将【锐边】设置为【软锁定】，即尽可能保留锐边。g、h 步骤的参数设置如图 4-25 所示。创建的晶格如图 4-26 所示。

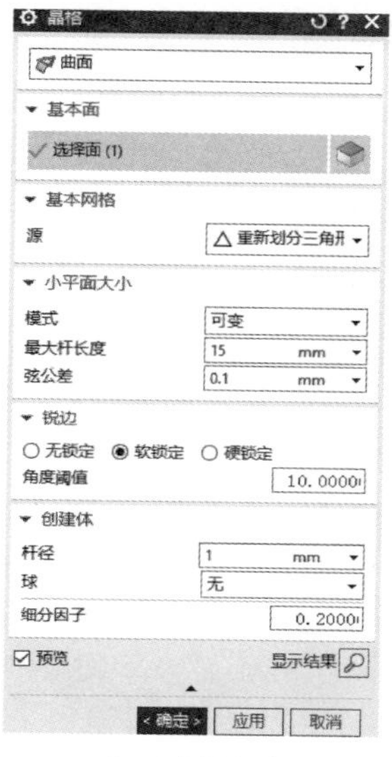

图 4-25 曲面【晶格】对话框 3

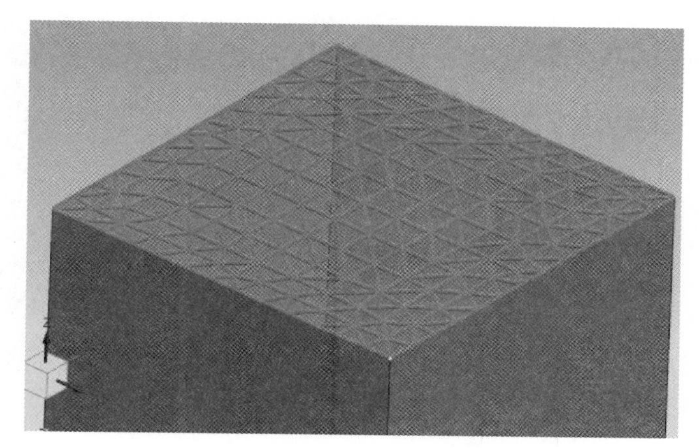

图 4-26 曲面【晶格】(重新划分三角形、可变)

4）选择【四面体填充】，即将【晶格】的小平面边在外部用作节点并在内部添加四面体结构，以此使用该晶格填充包容体。四面体填充晶格的设置与曲面【晶格】的设置相似，但是四面体填充晶格的锐边锁定效果比较明显，可以切换锁定模式来观察变化。图 4-27 所示为选择【四面体填充】时的【晶格】对话框。图 4-28 所示为四面体填充【晶格】。

图 4-27 四面体填充【晶格】对话框

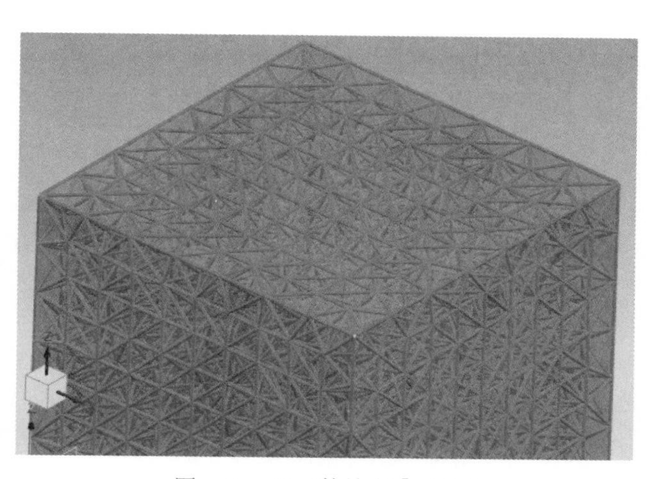

图 4-28 四面体填充【晶格】

5)【过滤晶格】功能如下。在【晶格】对话框中选择【单位填充】，选择创建的立方体为边界体，设置【晶格类型】为【PseudoSierpinski】，勾选【均匀立方体】，将【边长】设置为【25mm】,【杆径】为【1mm】，单击【确定】，并在部件导航器中将【块】设为不可见，最终显示的晶格如图 4-29 所示。

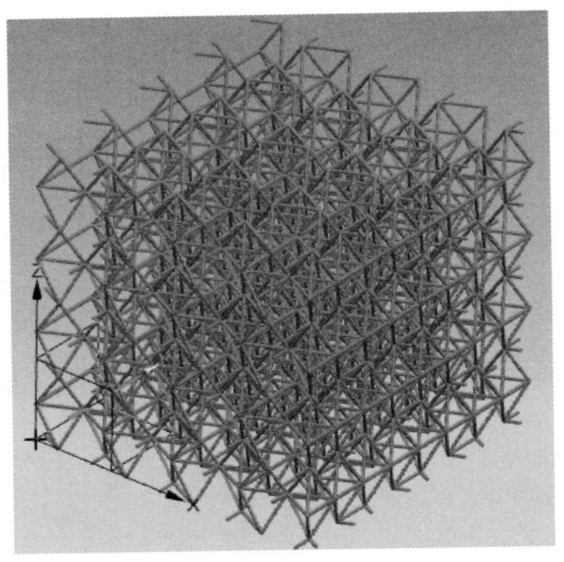

图 4-29 PseudoSierpinski 单位填充晶格

① 单击【过滤晶格】按钮（图 4-30a），打开【过滤晶格】对话框（图 4-30b），勾选【预览】选项，并选择刚创建的晶格。

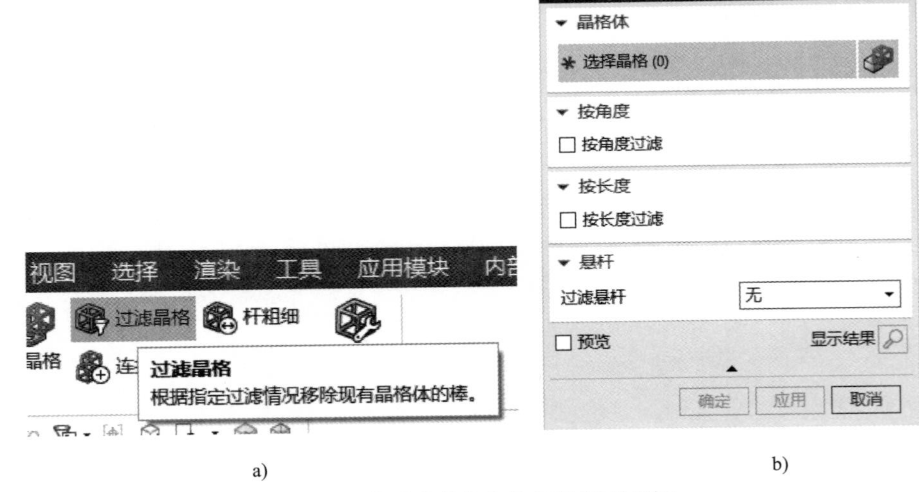

a)　　　　b)

图 4-30 【过滤晶格】按钮及其对话框

② 勾选【按角度过滤】，即移除与打印平面所成角度低于指定值的所有杆，这样进行增材制造时无须支撑结构。勾选【预览】时，蓝色的杆将会被过滤掉，可单击【显示结果】进行观察。图 4-31 所示为具体的参数设置与显示结果。

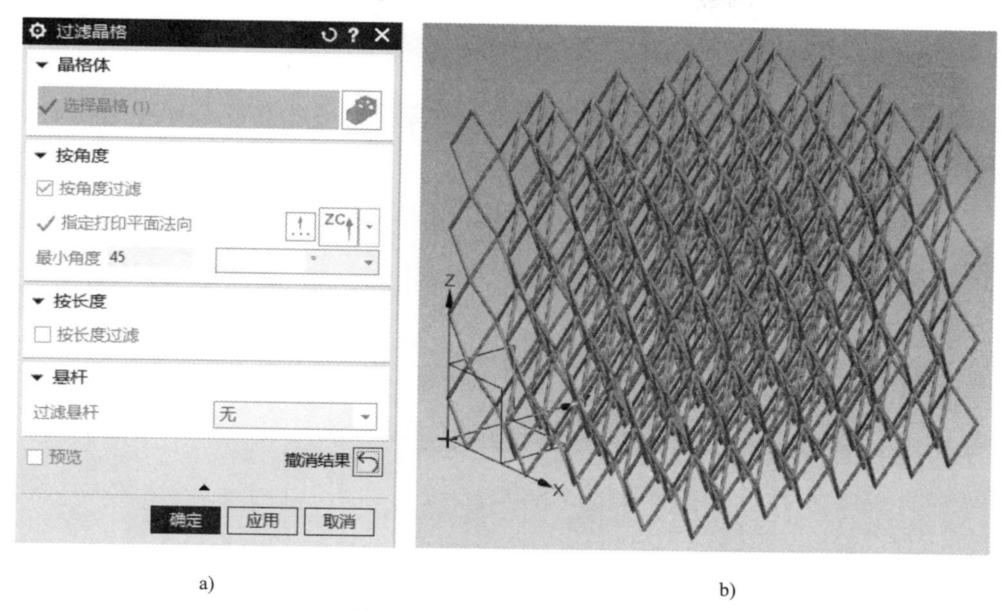

a) b)

图 4-31 按角度过滤晶格结果

③ 取消勾选【按角度过滤】，勾选【按长度过滤】，并设置【最大杆长度】为【15mm】。勾选【预览】，蓝色的杆将会被过滤掉，可单击【显示结果】进行观察。图 4-32 所示为具体的参数设置与显示结果。

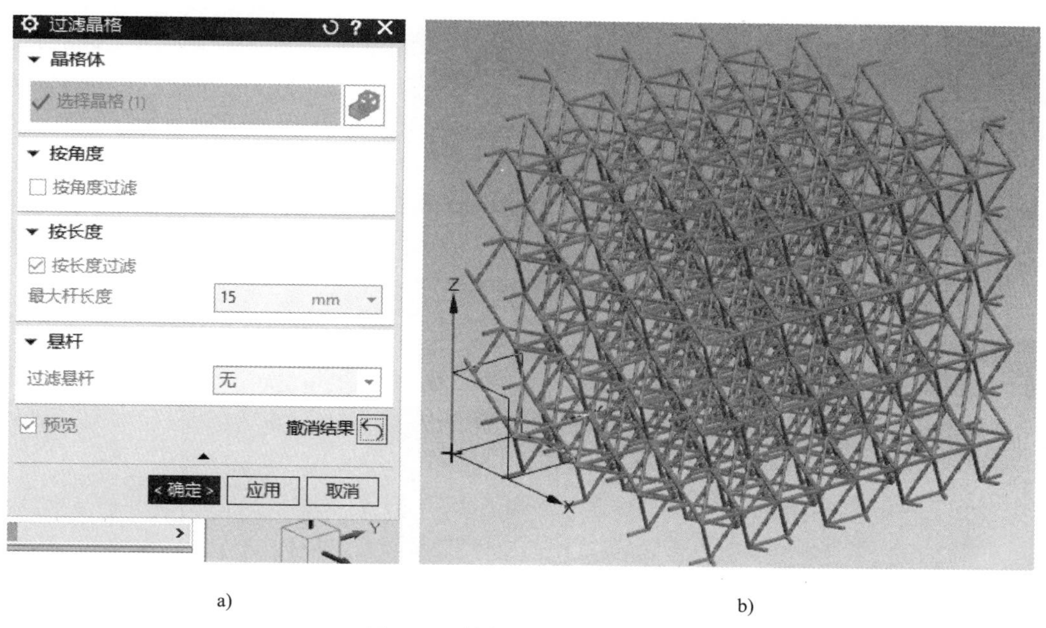

a) b)

图 4-32 按长度过滤晶格结果

④ 取消勾选【按长度过滤】，设置【过滤悬杆】为【第一级】，即两端都没有与晶格相连的所有杆将被反复移除，直到它接触到第一个歧义顶点。图 4-33 所示为具体的参数设置与显示结果。如果在【过滤悬杆】下拉列表中选择【迭代】选项，则两端都没有与晶

格相连的所有杆都将被反复移除，直到没有悬杆为止。

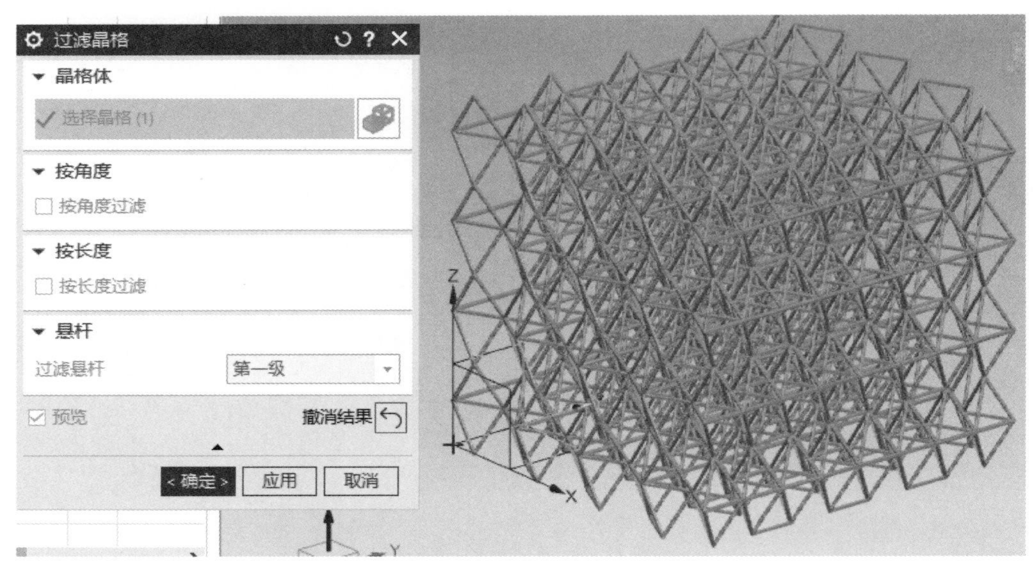

图 4-33　过滤悬杆后的晶格

6）创建一个表面晶格来演示【连接晶格】的功能。在部件导航器中将【块】设为可见。

① 单击【晶格】按钮，选择【正形单位】晶格，选择【BiTriangle】作为【晶格类型】，勾选【均匀立方体】，并将【边长】设置为【25mm】，【偏置】设置为【15mm】，其他值保持默认设置。单击【确定】关闭对话框，在立方体上表面生成表面晶格，如图 4-34 所示。

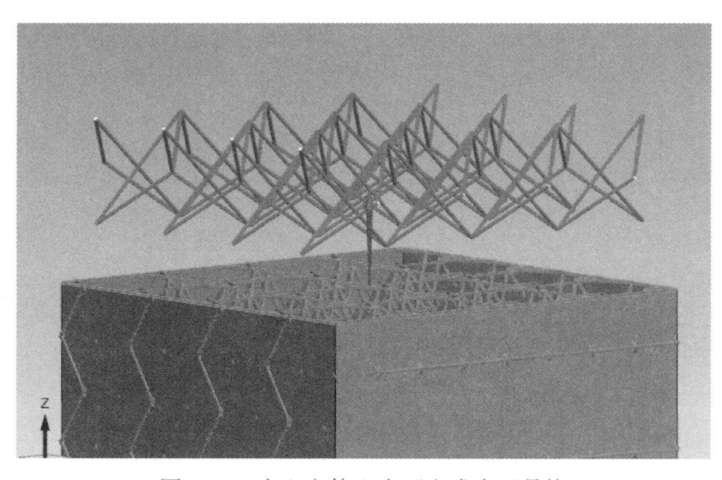

图 4-34　在立方体上表面生成表面晶格

② 在部件导航器中关闭【块】的可见性，并单击【连接晶格】按钮。选择表面晶格作为【晶格（1）】，选择体晶格作为【晶格（2）】。并将【最大检查距离】设置为【20mm】，即要在两个晶格之间创建的杆的最大长度为 20mm，大于偏置距离。将【每个

顶点的杆数】设置为【2】，并将【杆尺寸】设置为【可变】，即新杆为圆柱体，其直径为到节点的平均直径。单击【确定】关闭对话框。图 4-35 所示为具体的参数设置。图 4-36 所示为完成连接的晶格。

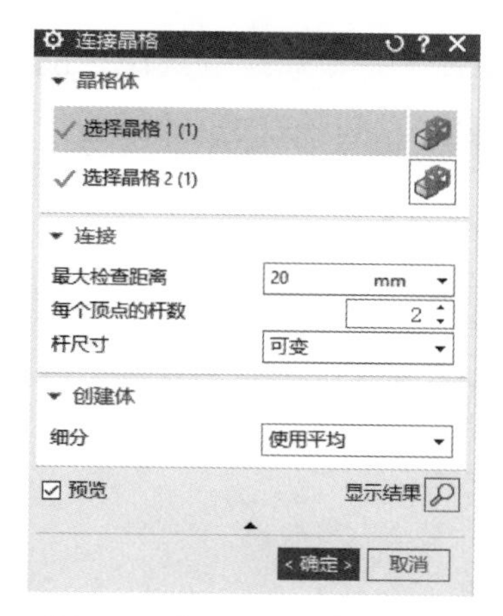

图 4-35 【连接晶格】对话框

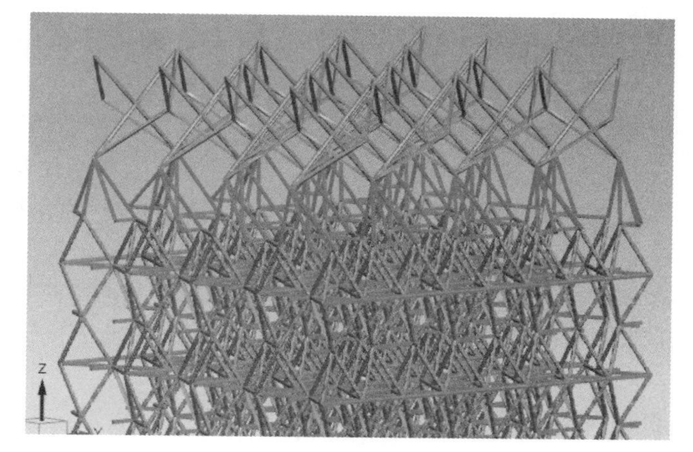

图 4-36 完成连接的晶格

图 4-37 所示为晶格构型流程，一共分为六个步骤，具体介绍如下。

1）准备所需的任意子体积，用来创建填充格。先寻找可以作为起点的构造，再根据需要使用【移动面】和【偏置区域】同步工具减小体积。

2）创建所需的表面晶格，有两种类型，第一种是普通表面晶格，它以所选表面孔为中心，是一种杆和节点的三角形网格。创建这种表面晶格，首先选择表面，然后根据需求重新网格化和设定最大杆长，最后调整杆直径和细分系数。

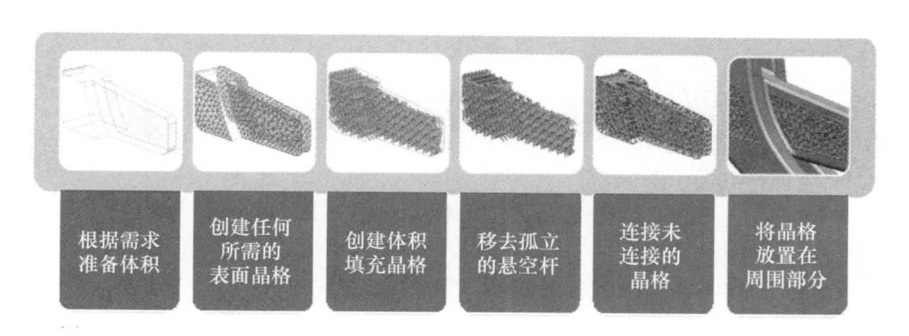

图 4-37 晶格构型流程

第二种是单位共型晶格，它位于所选面的顶部，是一种方形或立方晶胞。创建单位共型晶格，首先选择表面，然后选择单位晶格样式，接着指定是否还有其他图层、设置 UV 布局的参数化方法，为体格检查或热传递应用随机分配节点位置，然后调整杆直径和细分系数，删除断开的晶格区域。

3）创建体积填充晶格，同样有两种类型。第一种是四面体填充晶格，它包括表面网格，是适应体积的杆和节点的三角形网格。创建这种体积填充格的方法跟创建普通表面晶格方法相同。

第二种是单位填充晶格，它由晶胞组成，是杆和节点组成的三维立体网格。创建单位填充晶格时，首先选择体积，然后选择单位晶格样式，设置体积内的连接模式，为体格检查或热传递应用随机分配节点位置，然后调整杆直径和细分系数，删除断开的晶格区域。

4）移去孤立的悬空杆，即卸下无支撑或者方向不合适的杆。首先选择晶格体，指定相对于构建平面的最小角度和指定最大杆长，然后请求对悬空杆进行一次过滤或迭代过滤。

5）连接未连接的晶格。将一组实体中的杆添加到另一组中，连接两个晶格体，具体操作为：首先选择两组晶格体，然后设置检查距离以控制连接长度，指定每个节点的连接杆数，指定杆尺寸及指定输入体的处理。

6）将晶格放置在周围部分，可将晶格与周围物体结合，分开存放，先设置将要打印的实体的可见性，然后目视检查结果。

4.3 晶格构型体积定义

打开“Open_Bracket_NX11.prt”部件文件，如图 4-38 所示，对其创建晶格，在该模型中，用晶格结构填充内部空腔，这将避免清理内部支撑结构时出现的问题，因为晶格是永久性的。部件形状已经全部创建完毕，在这种情况下，需要确定将哪些形状保留为部件导航器中的单独主体，这样就可以将它们用作晶格构造辅助工具。

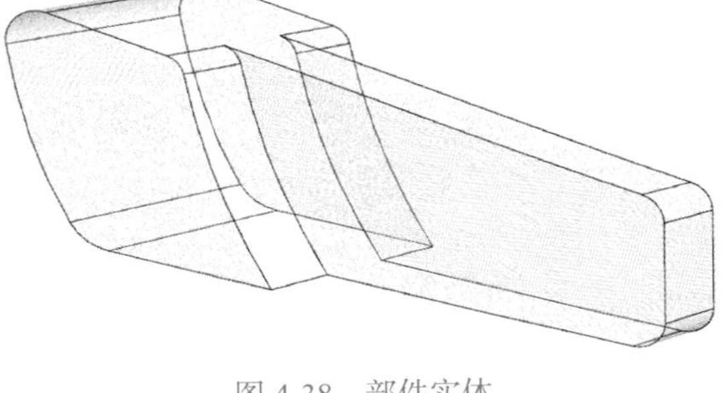

图 4-38 部件实体

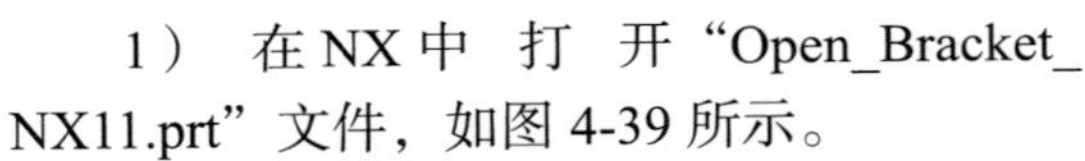

1）在 NX 中打开“Open_Bracket_NX11.prt”文件，如图 4-39 所示。

2）在部件导航器中将【拉伸（17）】特征设置为不可见，可以看到该部件中需要的实体，如图 4-40 所示。

图 4-39 “Open_Bracket_NX11.prt”文件中的模型

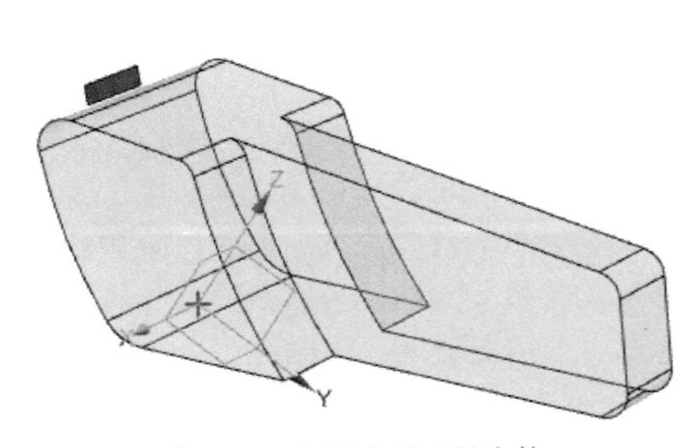

图 4-40 部件中需要的实体

4.4　产生晶格体

四面体晶格结构通常用于轻量化的组件，且能保持结构的完整性。四面体晶格结构有两种关键类型：一种是基于表面的，另一种是体积填充的。这两种晶格结构类型都包含在晶格命令中。下面对这些晶格结构进行具体的介绍。

1．创建面晶格

面晶格需要在体晶格之前创建，这是因为体晶格比较复杂并且经常会带有很多悬杆，使我们不能直观地观察晶格是不是需要的形状。

1）单击【晶格】，打开【晶格】对话框（图 4-41），选择【曲面】晶格，将【源】设置为【使用现有的】，【最大杆长度】设置为【10mm】，【细分因子】设置为【0.2】。

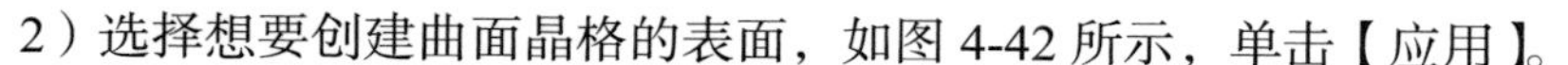

2）选择想要创建曲面晶格的表面，如图 4-42 所示，单击【应用】。

图 4-41　曲面【晶格】对话框

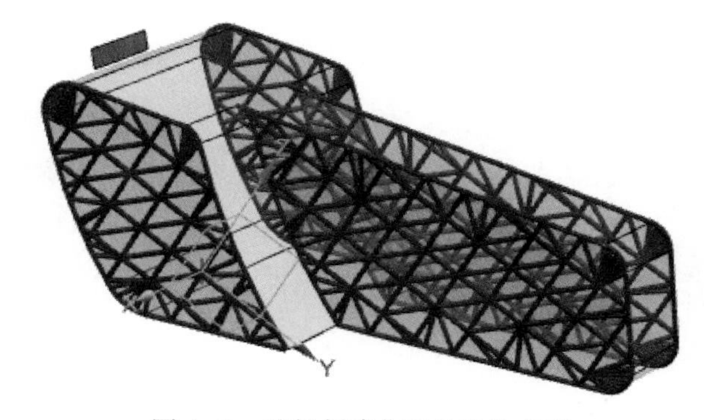

图 4-42　选择创建曲面晶格的表面

2．创建体积填充晶格

1）在部件导航器中关闭【晶格（22）】的可见性，即刚创建的面晶格。在【晶格】对话框（图 4-43）中选择【单位填充】，来创建体晶格。

2）设置【晶格类型】为【BiTriangle】，【边长】为【10mm】，并选择图 4-44 所示的实体作为【边界体】，其他值保持默认设置，单击【确定】。

图 4-43　体【晶格】对话框

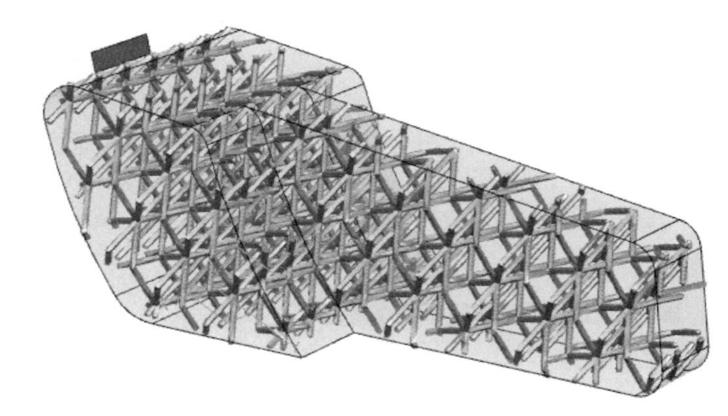
图 4-44　选择实体创建晶格

4.5　连接晶格体

在某些情况下，结构设计中可能包含许多不同的晶格，包括体积填充晶格和表面晶格，因此需要将晶格结构连接在一起。这就需要使用【连接晶格】功能。

1）将两个晶格连接在一起，先选择第一个晶格并单击鼠标滚轮，如图 4-45 所示。再选择另外一个晶格，如图 4-46 所示。生成连接预览图，如图 4-47 所示。

图 4-45　选择第一个晶格

图 4-46　选择第二个晶格

图 4-47　晶格连接预览

连杆是将表面晶格连接到体积填充晶格的杆，显示为蓝色。在【连接晶格】对话框中，根据需要调整【最大检查距离】和【每个顶点的杆数】，然后单击【确定】，生成图 4-48 所示调整后的晶格连接预览。

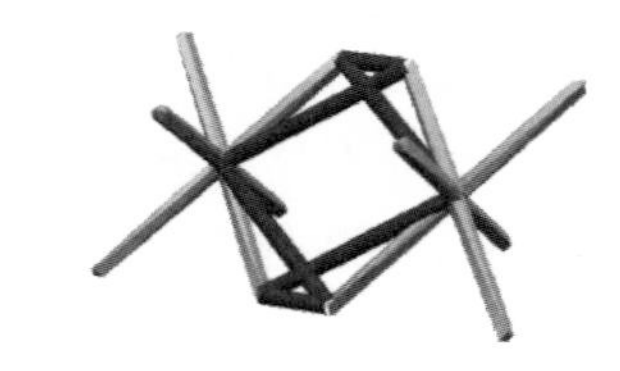
图 4-48　调整后的晶格连接预览

2）连接刚创建的体晶格和面晶格。在这里可以先过滤晶格，移除悬杆；也可以先连接晶格，这两步的先后顺序不会影响最后的结果。

① 单击【连接晶格】，打开【连接晶格】对话框（图 4-49）。将【最大检查距离】设置为【10mm】,【每个顶点的杆数】设置为【2】,【杆尺寸】设置为【可变】。

②【选择晶格 1】选择面晶格，【选择晶格 2】选择体晶格，单击【确定】，连接完成的晶格如图 4-50 所示。

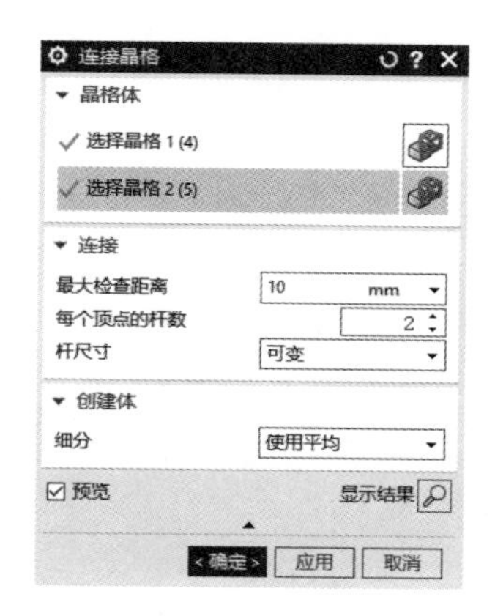

图 4-49 【连接晶格】对话框

图 4-50 连接体晶格和面晶格

4.6 清理晶格体

在零件导航器中有两个晶格组。其中表面晶格使外表面看起来整齐，而模型内部是体积填充晶格。

当隐藏表面晶格并仅查看内部体积填充晶格时，可以看到它是单位晶格的阵列，并且在由创建它的体积被修剪的地方显得不规则。有些杆沿其长度被修整了一些。而且，高亮显示的晶格主体并未在顶部显示这些片段。通过设置修剪量可以将它们完全修剪掉，使其与格架的其余部分完全分开。

这种粗糙的晶格是要滤除某些晶格的原因之一。滤除实质上意味着删除晶格杆。使用【过滤晶格】功能时，首先要选择晶格体，如图 4-51 所示。这些蓝色的预览杆就是悬空的杆，需要将其删除，如图 4-52 所示。最后得到晶格体如图 4-53 所示。

图 4-51 选择晶格件

图 4-52 删除晶格杆

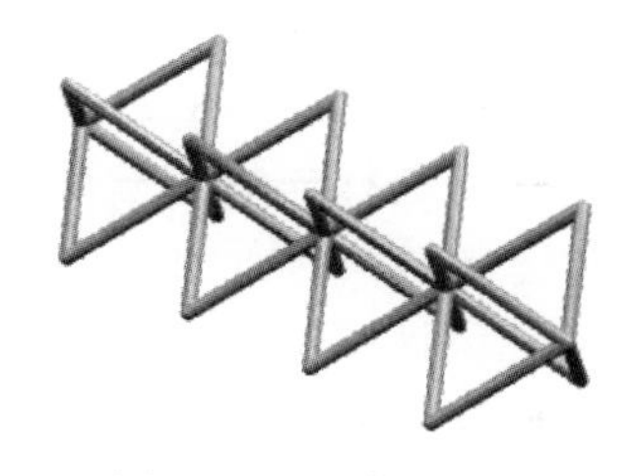

图 4-53 剩余晶格体

使用【过滤晶格】功能可以识别不需要或不适合的杆，以进行去除或过滤。下面介绍如何过滤生成连接晶格的悬杆。

1）单击【过滤晶格】，打开【过滤晶格】对话框，如图4-54所示。将【过滤悬杆】设置为【第一级】。

2）【选择晶格】选择连接的晶格，单击【确定】，关闭对话框。过滤完的晶格如图4-55所示。

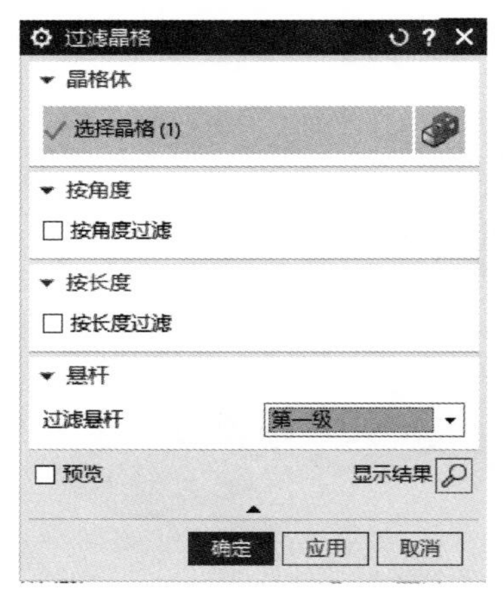

图4-54 【过滤晶格】对话框

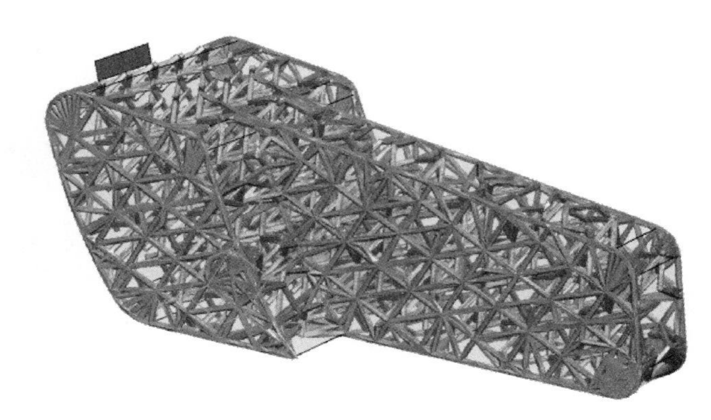
图4-55 过滤悬杆后的晶格

3）在部件中查看晶格。在部件导航器中将【拉伸（17）】特征设为可见，观察晶格。图4-56所示为创建完晶格的部件模型。

图4-56 创建完晶格的部件模型

4.7 自定义晶格体

NX提供了多种类型的晶格单元，可用于创建单位填充或单位共型晶格。这些晶格类型使用选定的晶格单元作为构建块，并排列这些晶格单元的阵列以覆盖目标晶格区域。这些晶格单元中的杆布置旨在最好地满足某些特定的设计要求，如强度要求高，易于建造；支持医疗植入物的骨生长；有高的传热效率等。

除了NX提供的单位晶格之外，用户还可以创建自己定义的单位晶格，如图4-56所示。

首先选择一些参考几何体，然后打开【单位晶格编辑器】对话框，指定杆的直径，然后仅选择该参考几何图形上的点以创建杆。

在设计单位晶格时，可以编辑现有单元以获取新单元；可以创建许多不同的杆，直到生成所需的单位晶格；可以显示单位晶格的图案，以查看其在设计中的状态；可以保存单位晶格类型，以便可以再次使用，只要对其进行命名并保存即可。图4-57所示为自定义晶格示例。

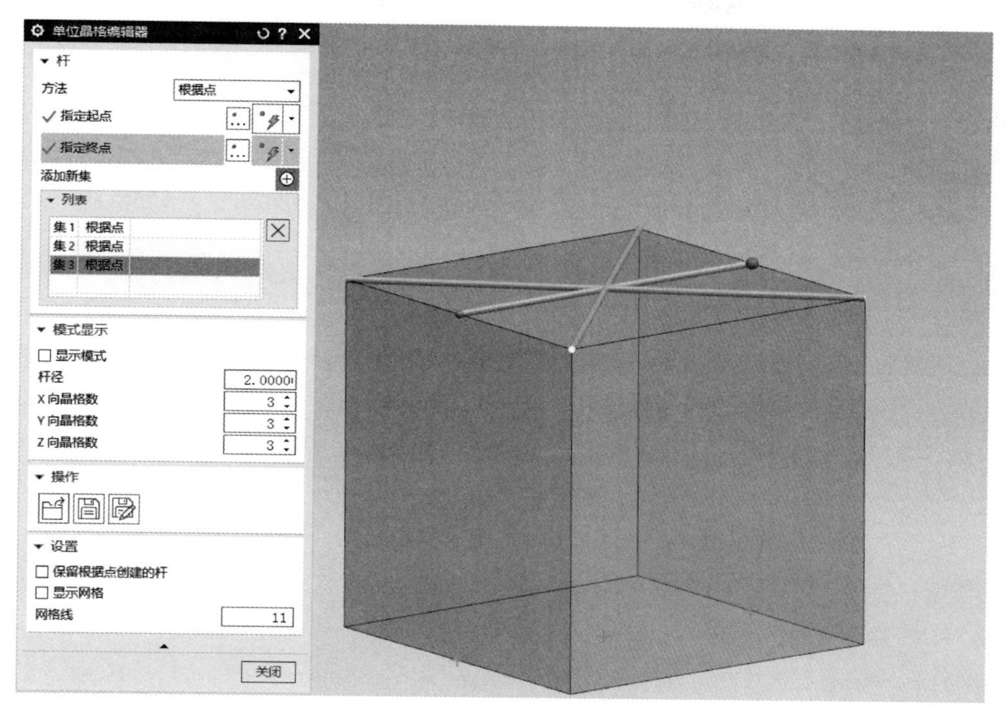

图 4-57 自定义晶格示例

基于逆向工程的三维打印

逆向工程是一种产品设计技术再现的过程，即对某一项目中的产品进行逆向分析及研究，从而演绎并得出该产品的处理流程、组织结构、功能特性及技术规格等设计要素，以制作出功能相近，但又不完全一样的产品。

本章会以修复汽车发动机变速器零件上的一条裂缝的逆向工程案例，来介绍在NX中如何使用逆向工程技术。基于导入的扫描几何数据，使用逆向工程技术来修复裂缝。图5-1所示为汽车发动机变速器零件。

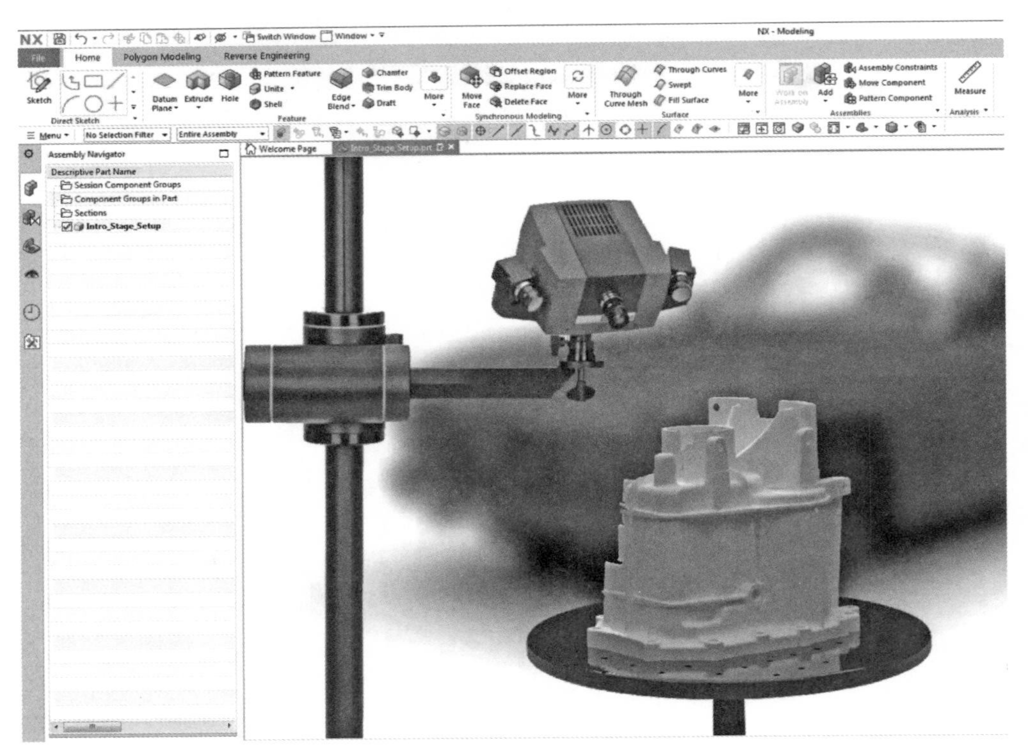

图5-1　汽车发动机变速器零件

NX可以将诸如STL等格式的扫描数据作为收敛体（Convergent body）来处理，这些数据可以直接并入下游流程中。但是，在某些区域中，可能需要数据有更高的准确性，并且由于一些原因，可能需要更正数据。在本章的示例中，将以STL格式的文件的形式扫描零件。但当JT格式的文件可用时，推荐使用JT格式的文件，因为JT格式的文件具有很好的互操作性和自适应性，在需要重复处理时，这两种特性极为有用。如在航空发动机等其他行业中，JT格式的文件也在被广泛应用。

5.1 零件修复案例

由于某些原因，变速箱轴的出口区域和变速箱壳体的轴承座已经被磨损破坏，如图5-2所示。由于没有更多的备件，所以需要修复损坏的零件。通过扫描零件与分析，该零件可以通过使用材料沉积工艺来填充裂纹，然后将其加工回原始的精确形状。

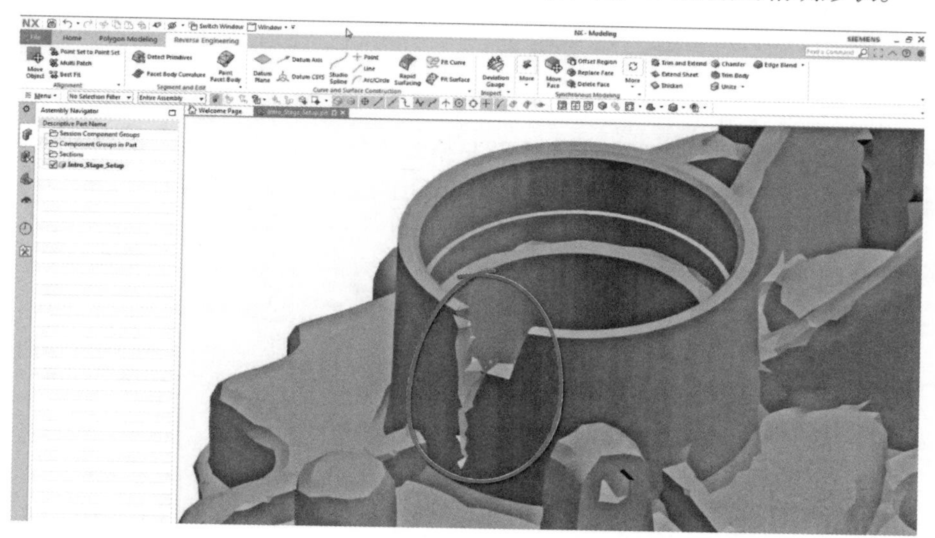

图 5-2 有缺陷的轴承座

针对图 5-2 中的导入体，将介绍几种数字化快速修复零件的方法。如果零件不是损坏程度太大，只需使用多边形建模来修复裂缝和缺失的部分，如图 5-3 中的亮绿色区域。但

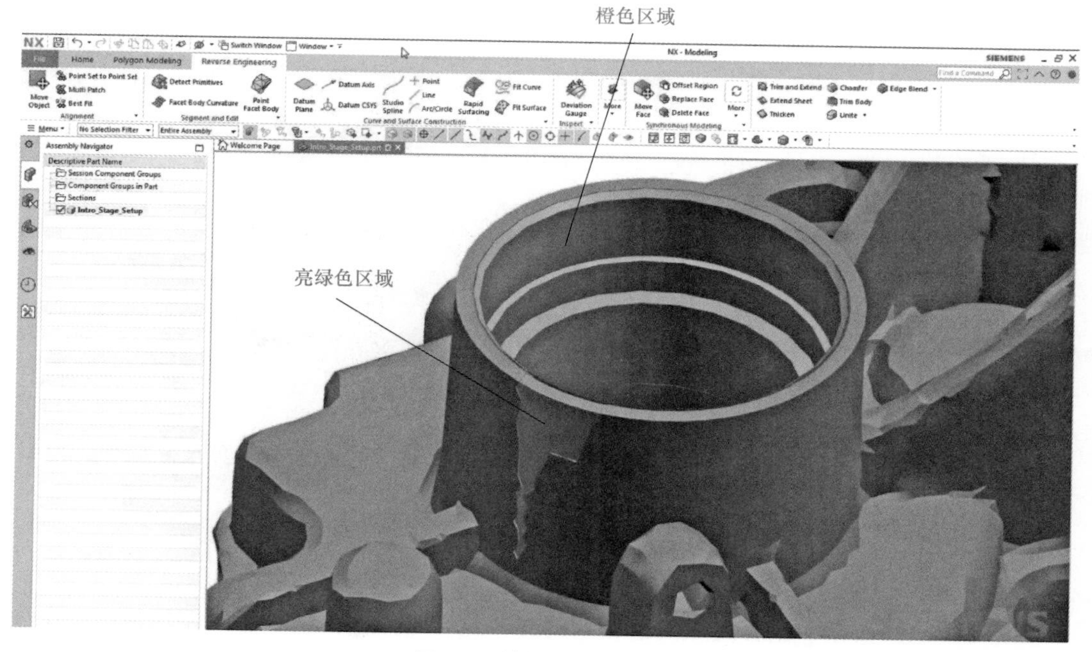

图 5-3 修复后的导入体

是，如果表面精度和轴承座的形状和位置精度很重要，那么还需进行逆向工程，图 5-3 中的橙色区域代表同步建模的部分。因此，确定需要修复的目标后，具体的解决方案为：使用多边形建模工具直接修复实际的扫描数据并重新创建丢失的片段，从而开始对扫描的目标零件进行直接修复。

5.2　案例操作步骤

1）首先将扫描数据导入 NX。扫描数据的文件位于扫描数据文件夹中。在扫描过程中选择【输入】，此处输入的将是特定的 STL 格式文件，如图 5-4 所示。导入的结果是一个收敛体（图 5-5），将在功能列表中显示，并且可能会合并到下游流程中。

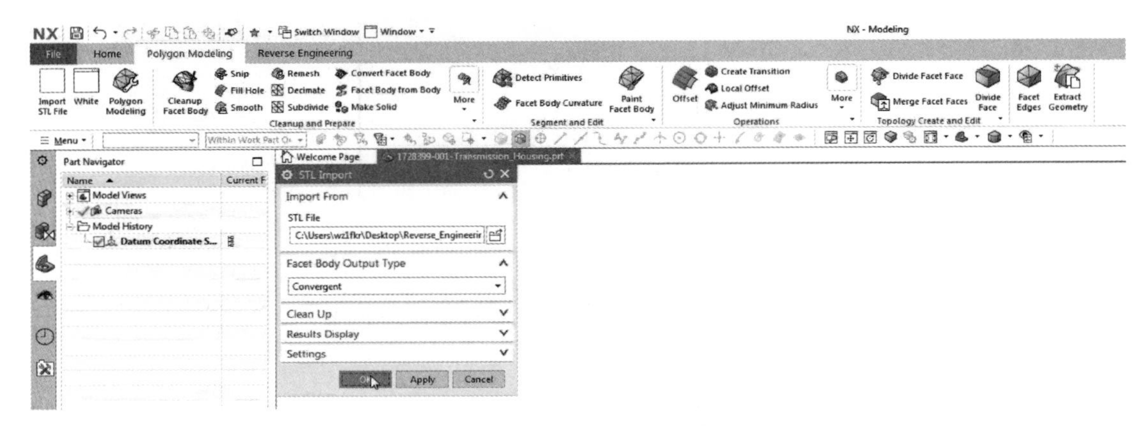

图 5-4　导入 STL 格式文件

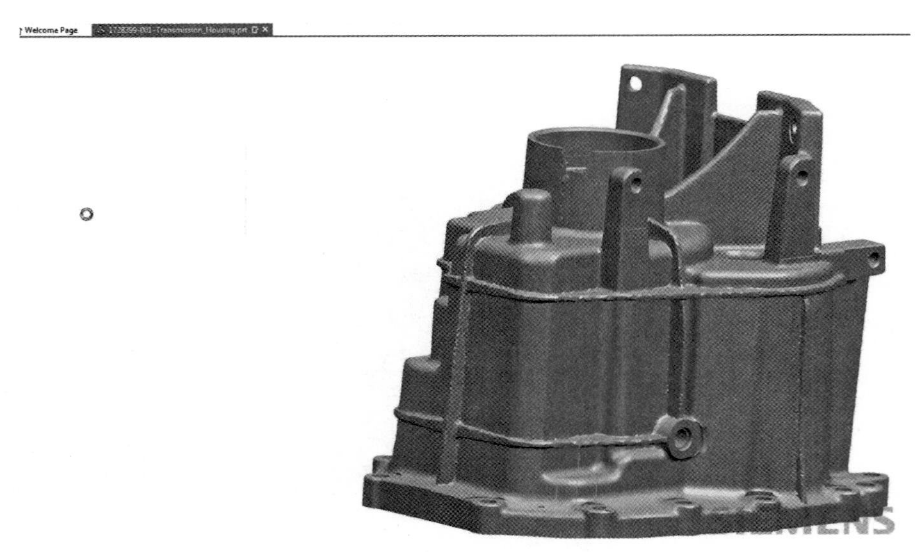

图 5-5　导入体

2）由于扫描数据中包含实际裂缝和缺失部分的帽盖区域，因此需要先移除帽盖区域，因为不需要帽盖区域，并且会在实际维修中去除它。

① 通过使用【多边形建模】(［Polygon Modeling］) 选项卡中的【剪断】功能，将沿着裂缝和缺失的边沿划分收敛体，如图 5-6 所示。

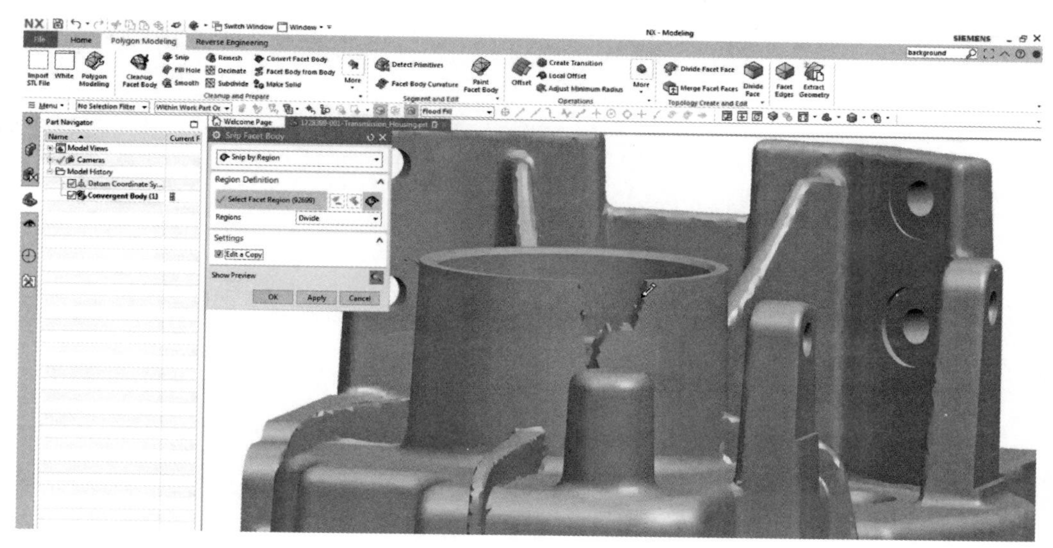

图 5-6　切割区域

② 通过使用【多边形建模】智能选择规则的组合，可以轻松地定义沿哪个边缘划分收敛体（图 5-7）。在【剪断小平面体】对话框中，将结合使用选择规则、切线切面、粗笔刷和填充命令。

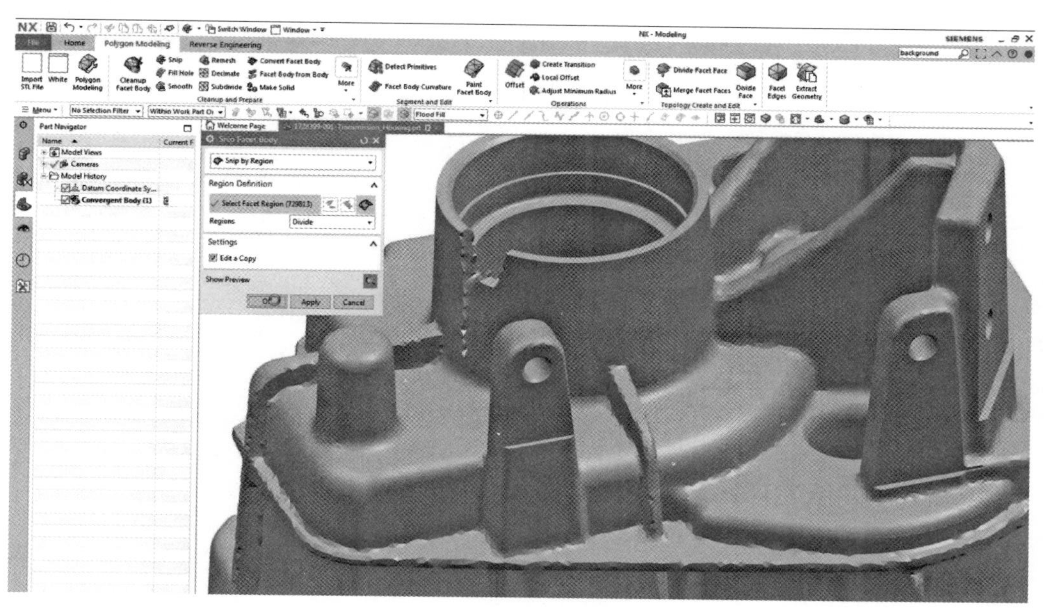

图 5-7　划分收敛体

③ 在辐射状区域中，可以看到切线面并没有完全拾取，因此，填充将选择整个收敛体。将选择规则设置为【粗笔刷】，并手动定义边界的边缘，如图 5-8 所示。一旦选定并明确定义了边界面，将切换为填充并最终确定选择。

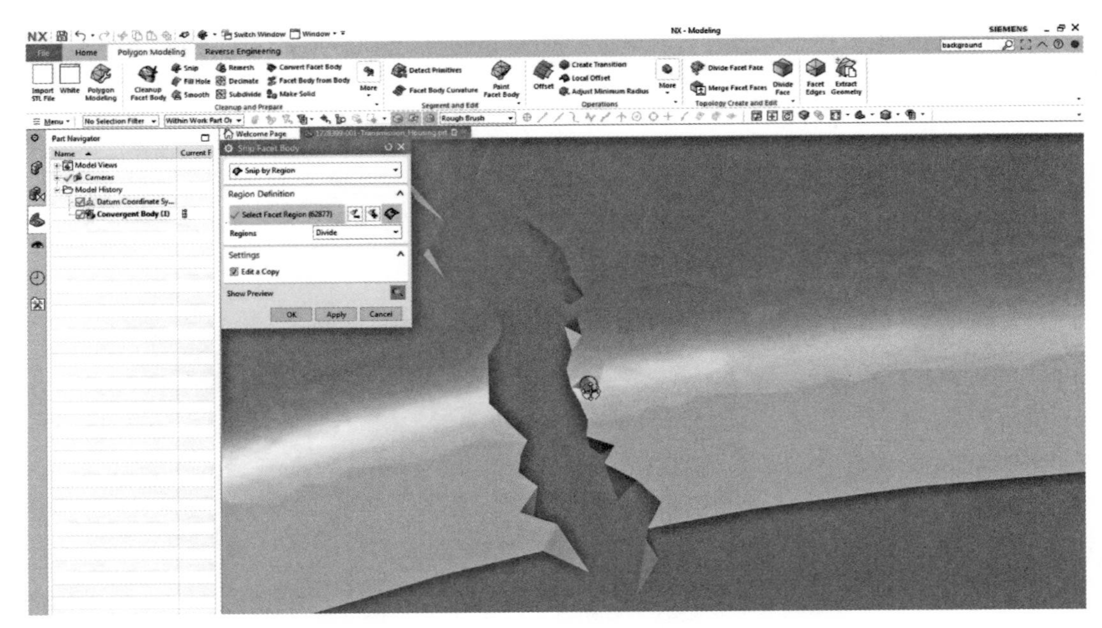

图 5-8　使用粗笔刷细化裂纹

3）单击【确定】，现在将根据要求将收敛的主体分为两个。由于不再需要帽盖区域，只需删除它即可清楚地看到要修复的损伤，因此提取收敛体的边缘曲线，并为清楚起见，将其设置为红色（图 5-9）。由于缺少几何图形，需要使用直接连接到损坏区域的现有几何图形位来创建一些支撑几何图形。因此，将再次使用片段创建轴向出口顶部的副本，以创建将重复使用区域的有限副本。在执行带有复制功能的【剪断】命令时将获得附加副本，同时删除了不需要的副本。

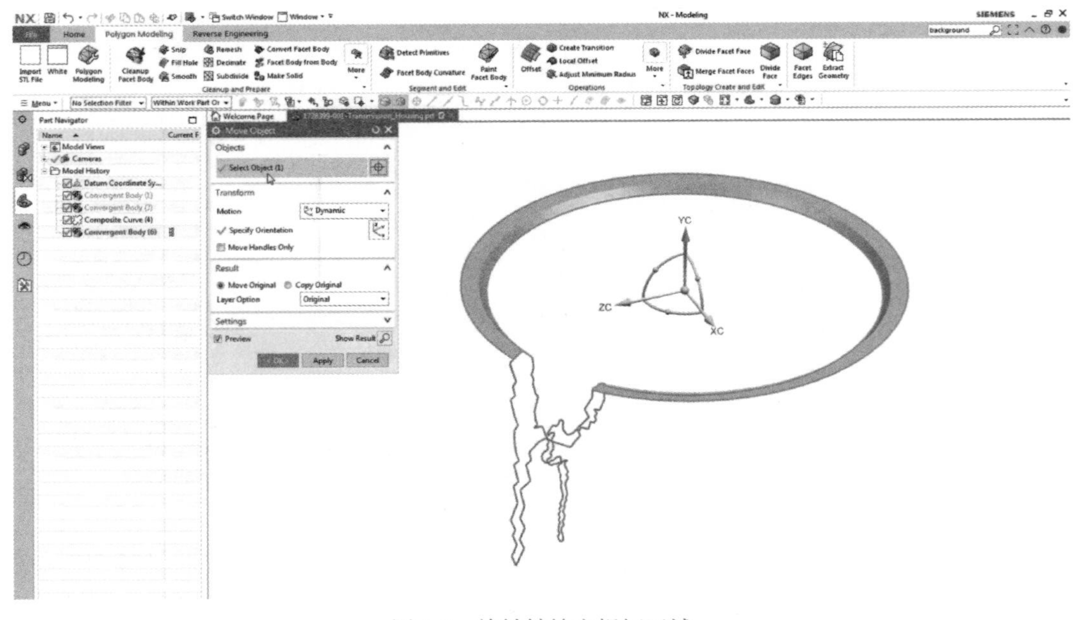

图 5-9　旋转轴填充损坏区域

4）旋转轴向出口顶部的剩余收敛体，使其完全覆盖间隙和缺失区域，如图 5-10 所示。

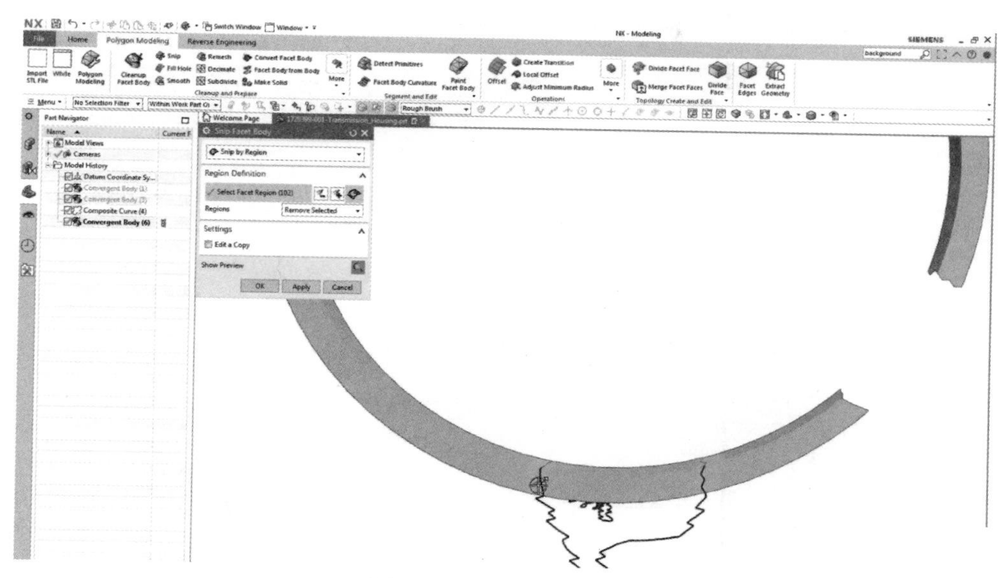

图 5-10　剪断裂纹以连接

5）剩下的较小的要填充的孔，将使用【多边形建模】命令将两个收敛体合并为一个，只需选择要参与的两个收敛体以及长的边，合并时将执行各个主体上的边缘。

6）有了合适的支撑几何结构之后，开始填充间隙和孔，首先通过选择间隙来闭合孔，通过使用【填充孔】命令来执行，要注意控制内部较尖锐的边缘形状以填充外部较大的切屑区域，在轴向使用【桥接缝隙】填充主区域并保持圆柱曲率形状（图 5-11 和图 5-12）。继续使用【桥接缝隙】选项在尖角区域周围创建局部过渡，这为了在执行最后的填充孔操作时控制尖角。

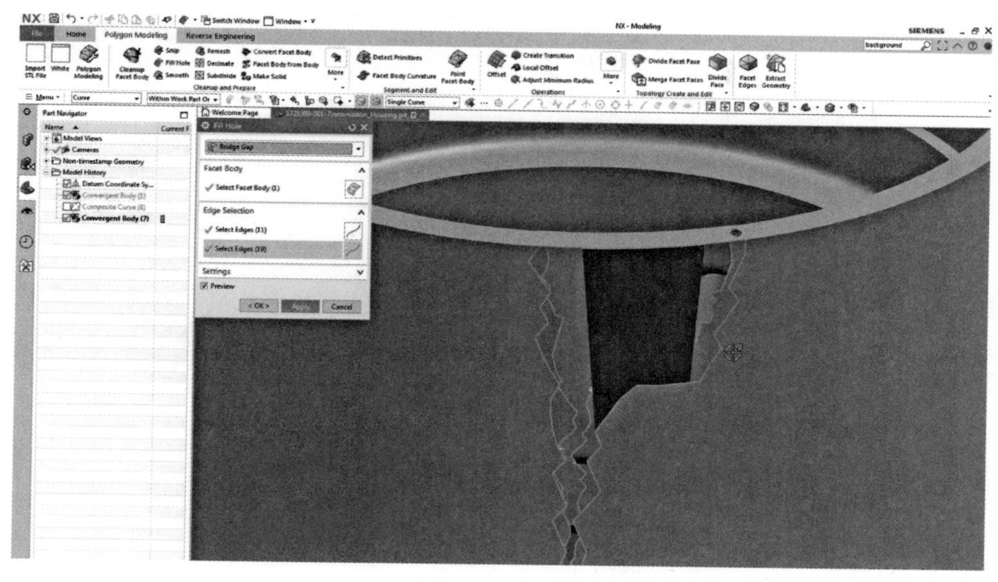

图 5-11　分割孔

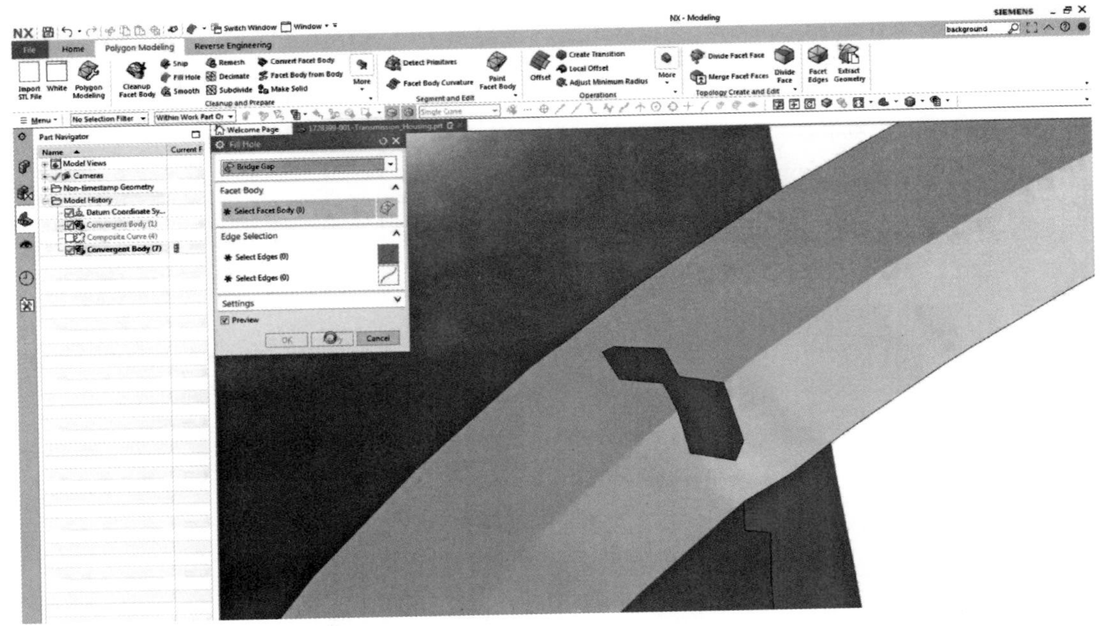

图 5-12　在直角附近桥接

7）使用【填充孔】功能同时填充所有剩余的孔（图 5-13）。

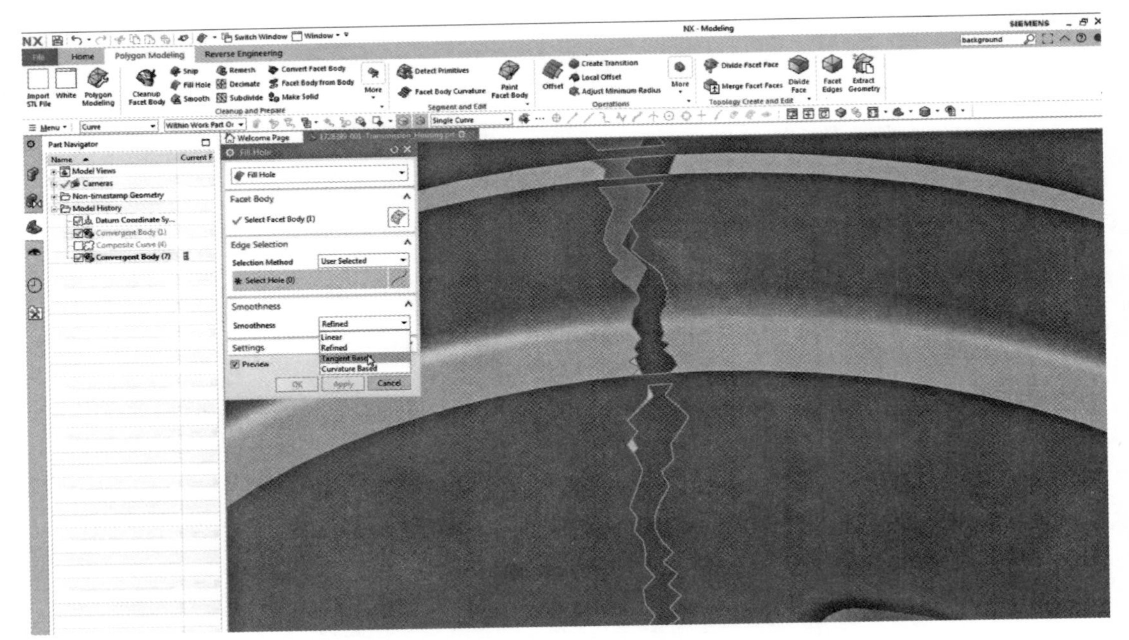

图 5-13　填充孔

根据整体特征，设置各种过渡约束或平滑度。这里将从切线开始。在选择孔并填充孔时，注意到切线底部不太适合填充目的，如果可以接受，则会产生凹凸状，因此将【光顺性】更改为【改善的】，以找到更好的结果。

轮辋上仍然有两个小孔，可将那些孔留在最后，以展示该收敛体目前是片状物体。通过使用【填充孔】功能填充最后两个小孔，并检查以查看收敛体的状态。再次对其进行剖切（图 5-14），可表明收敛体已经是达到预期要求的实体。

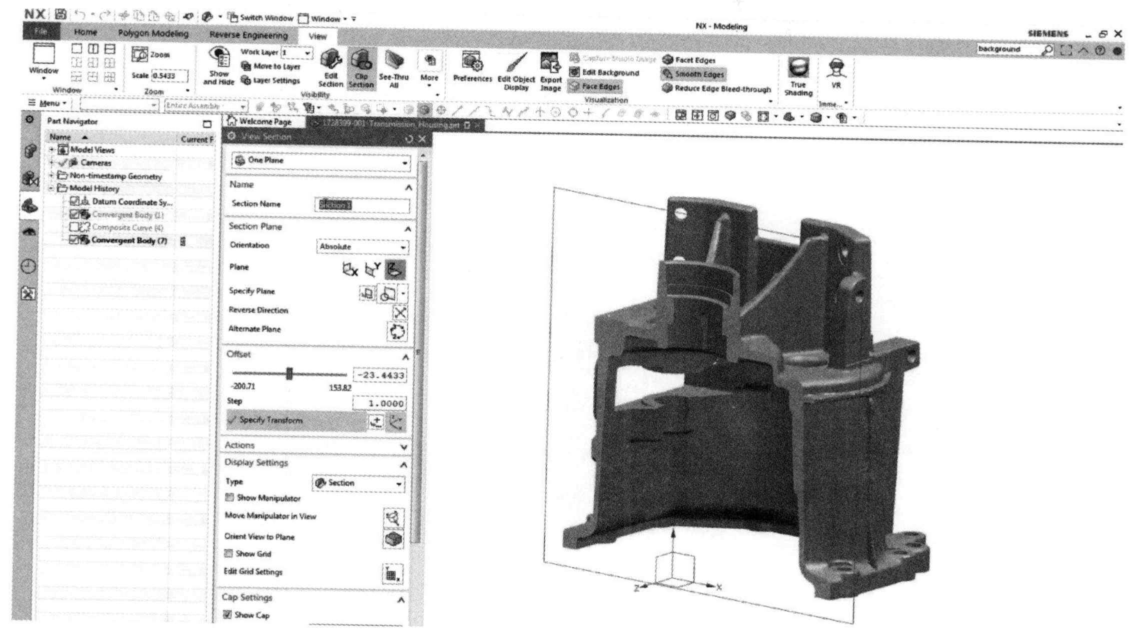

图 5-14　剖面图

本节介绍了快速对物理零件的损坏部分进行数字逆向工程，并通过使用 NX【多边形建模】功能直接修复满足设计要求。在许多情况下这已经满足要求，但是在某些情况下需要更高的准确性，并且需要参数化修改设计，从而进入下一部分。

*5.3　逆向工程快速建模和优化

查看扫描数据后，需要重建实际的轴向出口和轴承座区域，以获得最大的精度，并与特定轴相互作用的其他轴和齿轮具有正确的关系。这里使用材料沉积成型来填充整个轴座并将其机加工回更精确的状态，通过在轴安装区域中为每个特征创建曲面来完成。

1）首先使用【多边形建模】工具将收敛物体巧妙地分为两部分，沿着顶部的倒角边缘进行选择，使用【粗笔刷】来控制内部选择的部分，最后使用【填充】选择两者之间的所有部分（图 5-15）。选择完成后将相应地收敛收敛体（图 5-16）。

2）为了基于收敛体进行智能选择和快速生成曲面，将对收敛体进行颜色编码，红色表示平面、蓝色表示圆柱、黄色表示圆锥形曲面（图 5-17）。

3）在使用颜色编码的扫描数据的支持下，开始对扫描数据的实际分析形状进行逆向工程，通过使用配合表面和选择配合来在变速箱壳体内部创建圆柱形状的圆筒，选择圆柱形状的有限蓝色代码区域，快速创建与选择相对应的圆柱面。

4）查看结果略有偏差，这是由于面片曲率颜色编码的区域有点粗糙。代表圆柱体的蓝色与其他颜色相互干扰的区域，这些区域由于选择不一致而导致结果有些偏离。我们选择了一个附加选项来直接设置颜色编码，以便获得期望的精确结果。除了检测基本体和面片曲率之外，还可以手动操作颜色编码以更好地进行符合设计目的的修改。只需设置或继承要更改的颜色，然后通过设置适当的选择规则，开始选择要重新着色的区域。（后续详细操作参考案例操作步骤视频）

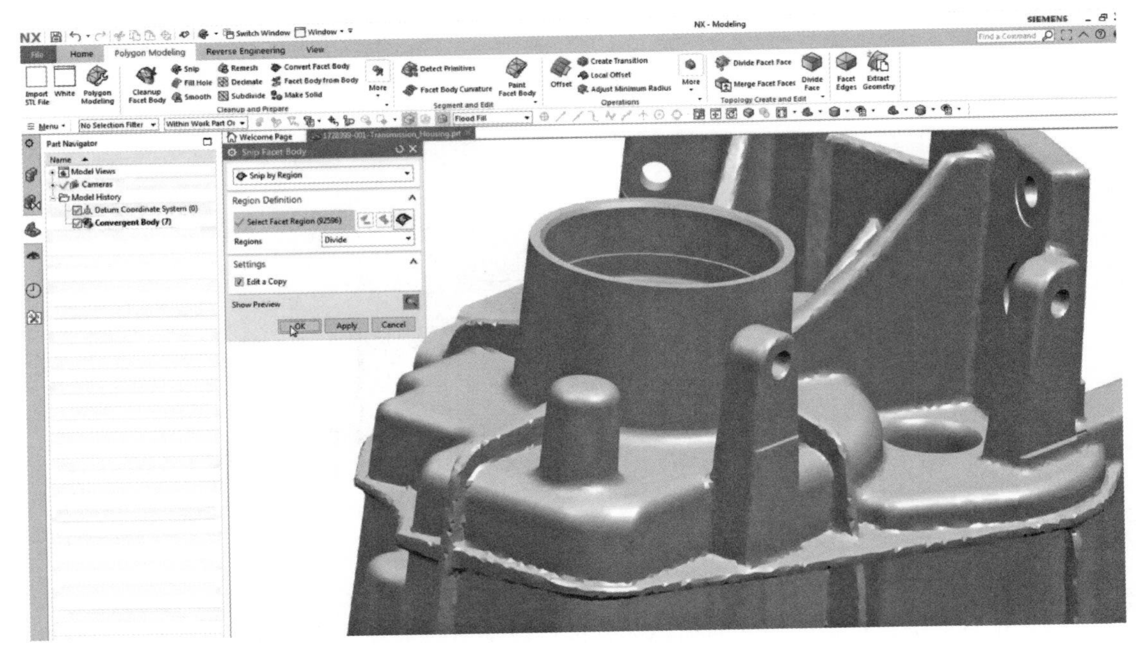

图 5-15　剪断内部

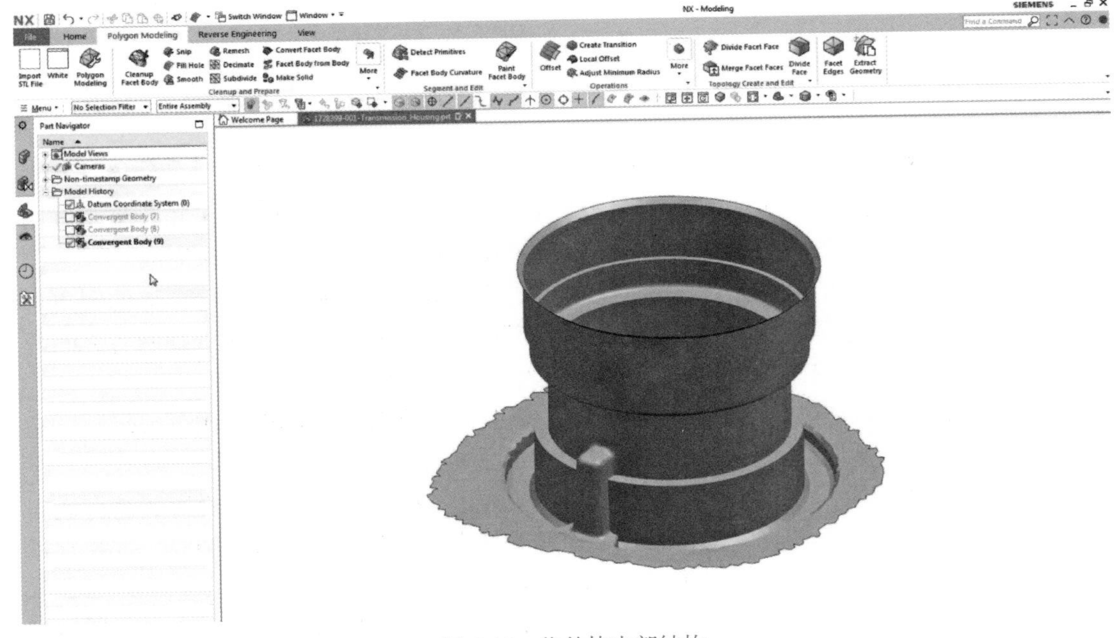

图 5-16　收敛体内部结构

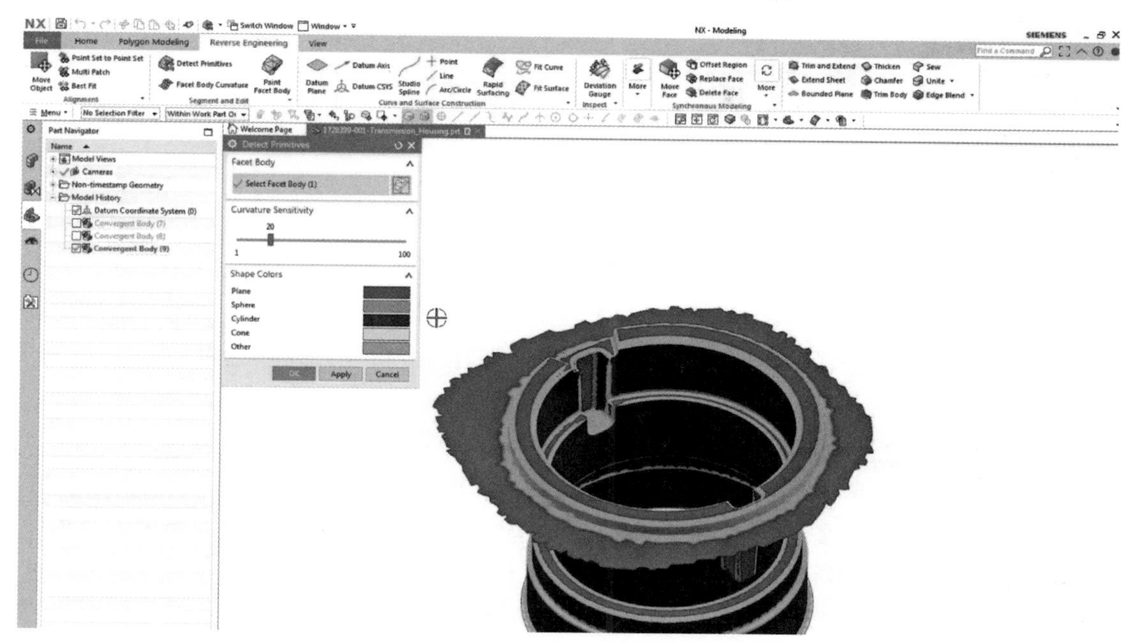
NX
Switch Window
Window
NX - Modeling
SIEMENS
File
Home
Polygon Modeling
Reverse Engineering
View
Point Set to Point Set
Multi Patch
Best Fit
Move Object
Alignment
Detect Primitives
Facet Body Curvature
Point Facet Body
Segment and Edit
Datum Plane
Datum Axis
Datum CSYS
Studio Spline
Point
Line
Arc/Circle
Rapid Surfacing
Fit Curve
Fit Surface
Curve and Surface Construction
Deviation Gauge
Inspect
More
Move Face
Offset Region
Replace Face
Delete Face
Synchronous Modeling
Trim and Extend
Extend Sheet
Bounded Plane
Thicken
Chamfer
Trim Body
Sew
Unite
Edge Blend
Menu
No Selection Filter
Part Navigator
Name
Model Views
Cameras
Non-timestamp Geometry
Model History
Datum Coordinate System (0)
Convergent Body (7)
Convergent Body (8)
Convergent Body (9)
Welcome Page
Detect Primitives
Facet Body
Select Facet Body (1)
Curvature Sensitivity
20
1
100
Shape Colors
Plane
Sphere
Cylinder
Cone
Other
OK
Apply
Cancel

图 5-17 检测体素

第6章 创成式设计及拓扑优化

第 2 章对创成式设计与拓扑优化进行了基本的介绍，本章将对这一概念进行更深入的介绍，并基于 NX 的一系列案例介绍创成式设计与拓扑优化的实际操作方法。

6.1 创成式设计和拓扑优化概述

每个零件的设计都源于一系列的要求，如分配空间的多少、承担载荷的多少以及零件和周围的结构如何连接等。此外，还要考虑制造工艺和零件材料的要求，在传统的设计过程中，不仅要考虑整体的组装需求，还要考虑如何把零件加工出来，这些都给零件形状的设计带来了明显的约束。

创成式设计是一种不考虑制造过程的设计方法，旨在消除基于过程的形状约束，并产生经过优化设计的几何形状来满足定义的操作负载要求。由于没有考虑到制造过程，产品形状看起来有很大的不同，并因为材料的重定位而得以能够承载负荷。这些形状是通过迭代计算方法产生的，该方法能够在给定负载的情况下优化组件的强度，同时减少质量和体积。图 6-1 所示为相同组件的创成式设计与传统设计的对比。

设计要求

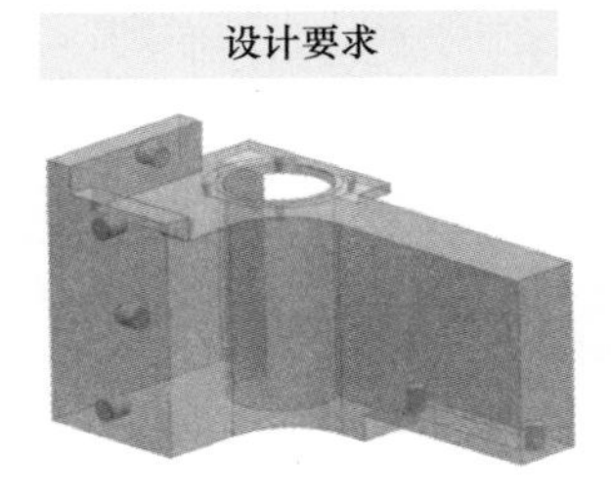

传统设计

创成式设计

图 6-1　相同组件的创成式设计与传统设计的对比

图 6-1 中采用两种设计方法设计的组件占据了相同的空间，与周围的结构有着相同的连接。但是，创成式设计的形状与它的负载有更直接的关系。

事实上，创成式设计的组件是通过用迭代计算寻求的最优方式生成出来的。在迭代计算的过程中，将反复尝试减少材料对满足载荷要求的影响。所以，创成式设计往往和拓扑优化结构紧密关联在一起。

根据给定的一组加载条件优化结构形状并不是一个新概念。这是一个通过迭代计算得到的应力解决方案，其中初始形状逐步被修改，以删除低应力材料和重构高应力材料。其结果是一个分面模型，采用的可能是负载和应力解决方案指定的任何形状。

在 NX 中，拓扑优化是在工作部件或程序集的上下文中完成的，是基于设计空间的特殊部分。设计空间（图 6-2）定义了构件的允许体积及其与周围结构的连接。设计中可以定义多个设计空间，它们之间也可以相互连接。设计空间的定义是选择任何实体或任何封闭面体，优化器只在给定的设计空间内工作。因此，在优化期间要考虑的任何事情都必须在设计空间内定义。

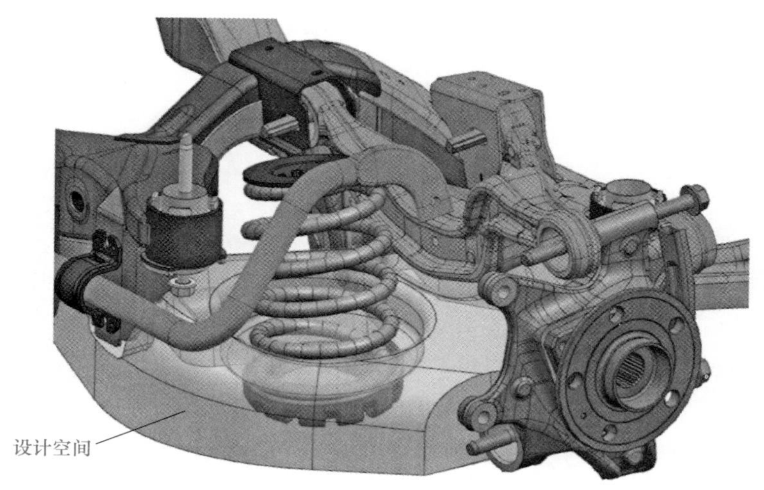

图 6-2　设计空间

1．约束

在设计空间中，基于设计空间的特性，有以下几种约束类型：

1）固定，使物体不能在任何方向移动。

2）嵌入，使物体只能绕单个方向旋转。所有其他运动都受到约束。

3）线性滑块，使物体只能在一个方向滑动。所有其他运动都受到约束。

4）平面滑块，使物体能在一个平面内的任何方向滑动。除了在 X、Y 两个线性方向的运动外，所有其他的运动都受到约束。

四种约束类型如图 6-3 所示。

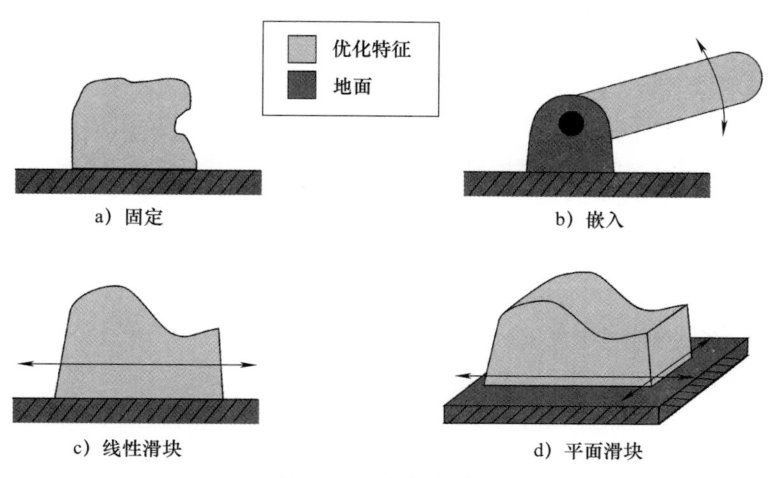

图 6-3　四种约束类型

2. 负载

负载可以分为沿矢量方向的力、面的正交方向上的压力、旋转物体上的转矩、轴承负荷沿矢量方向应用到一个旋转的特征，沿向量方向强迫位移，如图 6-4 所示。可以定义多个负载用来表示不同的操作条件。NX 中的优化器在进行拓扑优化时将考虑所有提供的负载情况，即优化设计被配置为承受所有定义的负载。

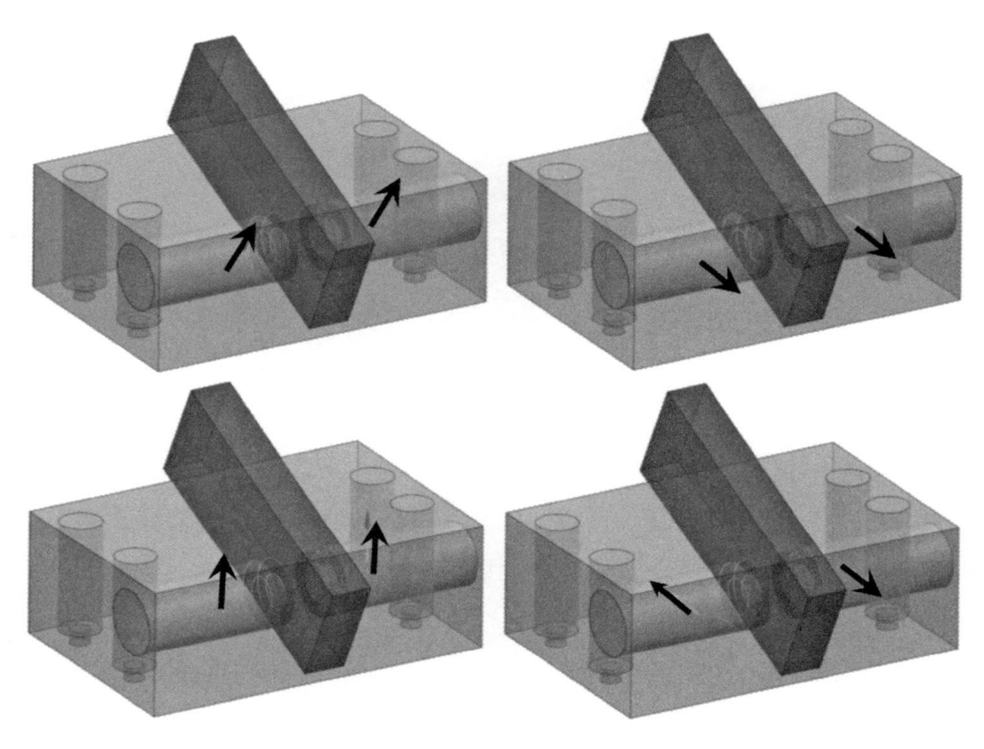

图 6-4 负载的应用类型

在 NX 中，由拓扑优化解决方案提供的创成式设计从定义的设计空间开始。设计空间以优化特性的形式包含附加信息，或为优化提供过程操作的附加主体。这些优化特性提供保留和排除信息，迫使优化器保留或排除某些空间。优化特性还提供了约束和负载，使优化器能够计算和优化设计空间中的压力。

最后，优化结果是一个新的多面体，其结构经过拓扑优化可以根据给定的容量限制处理给定的负载。

下面将通过一系列案例对拓扑优化过程及创成式设计进行讲解。

6.2 拓扑优化案例 1

打开“cantilever_bracket_1.prt”文件，按如下步骤进行操作。

<table>
<tr><th>简要操作步骤</th><th>操作图示</th></tr>
<tr><td>1）选择【Topology Optimization】（拓扑优化）中的【Manage Bodies】（管理主体），并在其对话框中单击【Add To List】（添加到表），选择【Design Space Extrude】（设计空间挤压），在【Body Setup】（主体设置）选项组中选择【Design Space】（设计空间），单击【OK】。
2）在【Topology Optimization】（拓扑优化）中单击【Assign Materials】（分配材料），在【Materials】（材料）选项组中选择【Aluminun_2014】，单击【OK】，图 6-5 所示为添加完材料的模型。</td><td>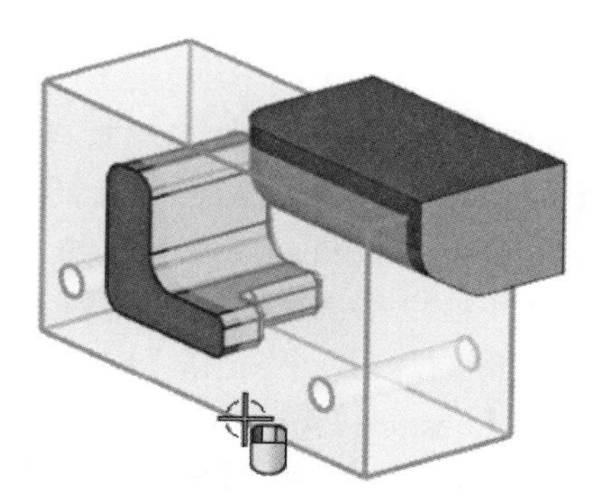
图 6-5　添加材料</td></tr>
<tr><td>3）定义孔，以此作为优化特征，同样在【Topology Optimization】（拓扑优化）中单击【Manage Bodies】（管理主体），选择【Design Space Extrude】（设计空间挤压）特征，然后在【Body Setup】（主体设置）选项组中选择【Manage Optimization Features】（管理优化功能），选择【Add All Auto Recognized Features】（添加所有自动识别的功能）并确认【SIMPLE HOLE】（简单孔）特征被添加，选择【SIMPLE HOLE（3：1A）】。
4）在【Feature Properties】（特征属性）的【Constraint To Ground】（地面约束）选项组中找到【Type of Constraint】（约束类型）下拉菜单并选择【Fixed】（固定），在【Geometry】（几何学）选项组中的【Offset Thickness】（偏移厚度）文本框中输入【0.5】，在特征列表中选择【SIMPLE HOLE（6：1A）】，在【Offset Thickness】（偏移厚度）文本框中输入【0.5】，按 <Enter> 键。定义孔后的模型如图 6-6 所示。</td><td>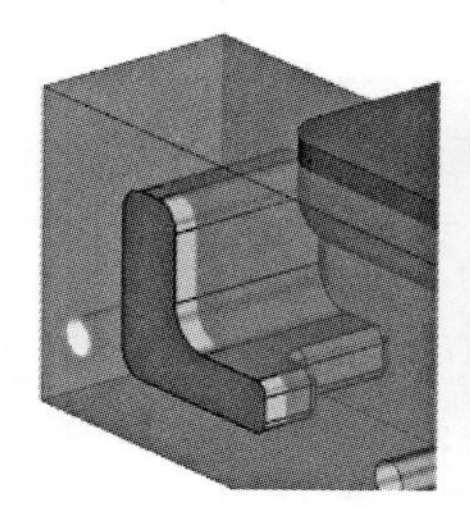 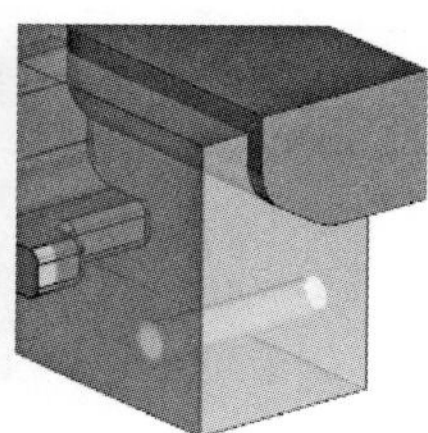
图 6-6　定义孔</td></tr>
</table>

下面定义周边零件的优化特征，按如下步骤操作。

简要操作步骤	操作图示
在【Feature List】(特征列表）中单击【Add】(添加)，在零件导航器中选择特征节点【Keep Out 1】和【Keep Out 2】，在【Select Optimization Features】(选择优化特征）对话框中单击【OK】，在【Feature List】(特征列表）中选择【EXTRUDE (9)】，在【Feature Properties】(特征属性）的【Geometry】(几何学）选项组中确认【Keep In/Out】被设置为【Out】，再在【Feature List】(特征列表）选项组中选择【EXTRUDE (12)】，同样在【Feature Properties】(特征列表）的【Geometry】(几何学）选项组中确认【Keep In/Out】被设置为【Out】，在【Manage Optimization Features】(管理优化特征）对话框中单击【OK】。图 6-7 所示为完成周边零件优化特征定义的模型。	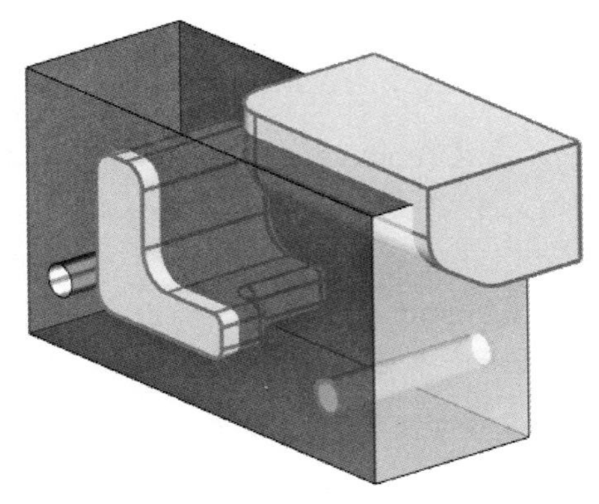 图 6-7　定义周边零件的优化特征

完成以上操作后，需要定义负载条件，按如下步骤操作。

简要操作步骤	操作图示
在【Body Setup】(主体设置）选项组中单击【Manage Load Cases】(管理负载)，在【Features List】(特征列表）中选择【SIMPLE HOLE (6：1A)】。此时，在【Loads】(负载）选项组的【Magnitude】(数量）文本框中输入【100】，可根据需要改变矢量方向，在编辑区中按图 6-8 中的顺序选择端点，然后在【Manage Load Cases】(管理负载）对话框中单击【OK】，在【Manage Bodies】(管理主体）对话框中单击【OK】。	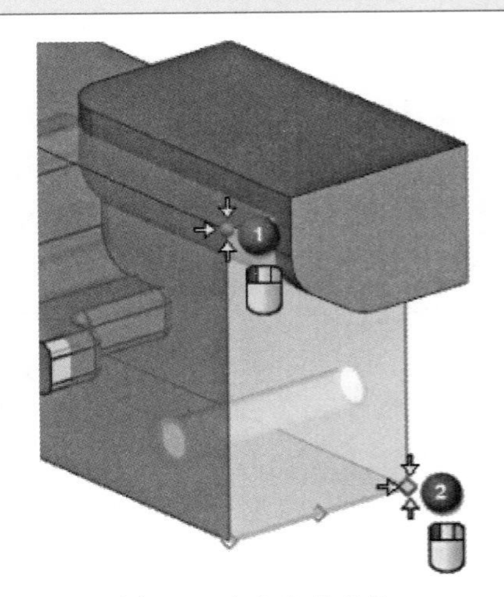 图 6-8　定义负载条件

至此，所有的关键元素定义都已完成，可以运行NX优化了。在【Topology Optimization】（拓扑优化）选项卡中单击【Topology】（拓扑）中的【Setup Optimization】（设置优化），在【Parameters】（参数）选项卡中的【Optimization-Type】（优化－类型）下拉列表中选择【Minimize strain energy subject to mass target】（根据质量目标最小化应变）。然后在【Select Global Resolution】（选择全局分辨率）选项组中单击【Estimate Optimization Parameters】（估计优化参数），再把【Fast/Coarse】（快速/粗略）设为10%左右，并把【Optimization Constraints】（优化约束）选项组中的【Mass Target】（质量目标）设为【0.0015kg】，如图6-9所示。最后，单击【Run Optimization】（运行优化）开始优化了。

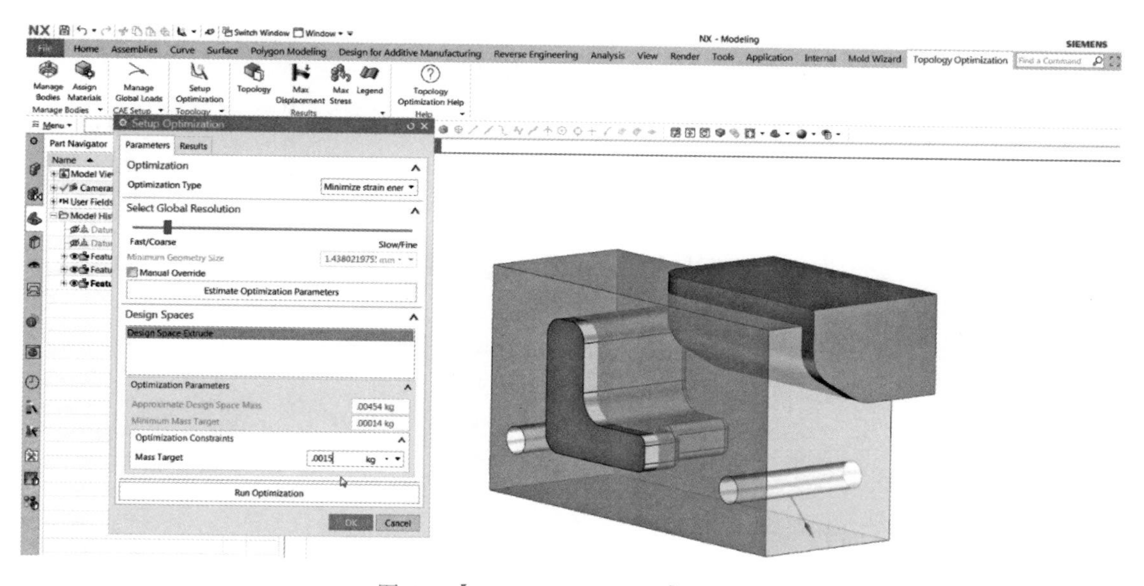

图6-9 【Setup Optimization】对话框

优化过程需要花费一些时间，但可以在【Results】（结果）选项卡中看见迭代计算的过程【Diagram of Converge】（图表）和【Log】（日志）在实时变化，如图6-10所示。

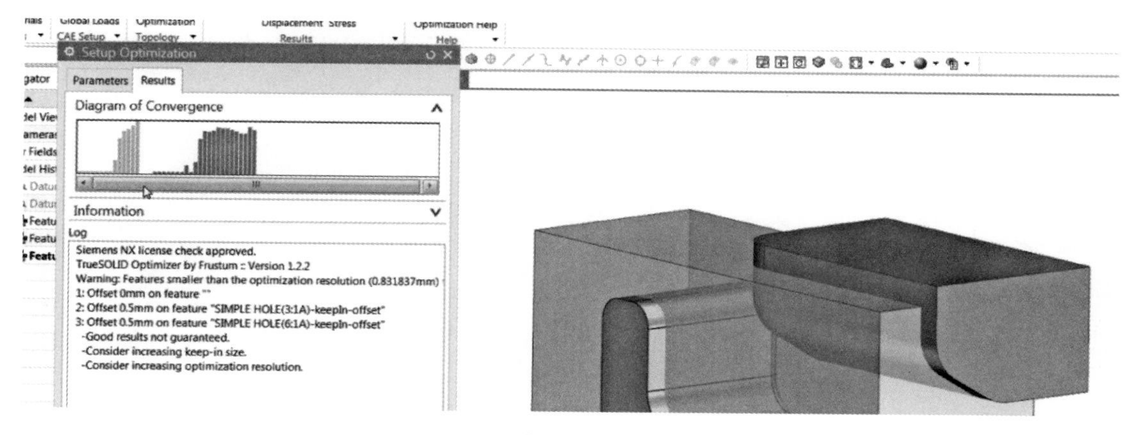

图6-10 【Results】选项卡

简要操作步骤	操作图示
1）当状态显示【Finished】（完成）后，单击【OK】，然后在【View】（视图）选项卡中单击【Show and Hide】（显示和隐藏），在【Solid Bodies】（实体）中选择【Hide Solid Bodies】（隐藏实体），最后把【Rendering Style】（渲染风格）设为【Shaded】（使阴暗），这时在窗口中能看见图 6-11 所示的优化后的模型，可以旋转不同的角度进行查看。 2）将该模型另存为“cantilever_bracket_1_Shaded.prt”文件，在后续的案例中使用它。	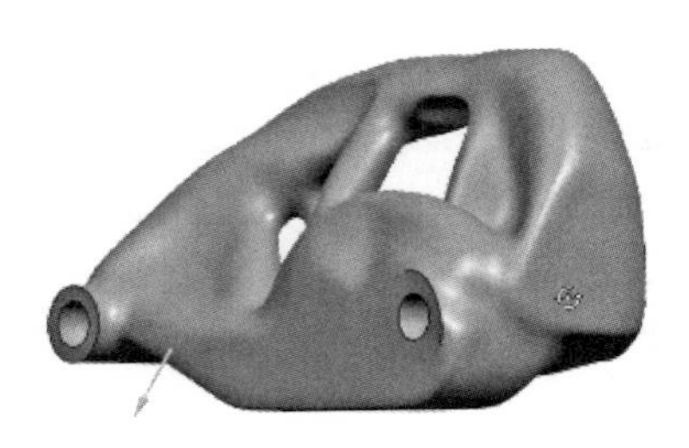 图 6-11　优化后的模型

6.3　拓扑优化案例 2

在案例 2 中将更全面地介绍拓扑优化的几种仿真结果，并介绍如何在设计过程中使用这些信息。

1）首先打开案例 1 中保存的模型文件“cantilever_bracket_1_Shaded.prt”，或者直接打开“cantilever_bracket_2.prt”文件。

2）进行权衡分析，根据应力、体积和位移进行优化。可以在【Topology Optimization】选项卡中查看这些分析结果，单击【Result】工具栏中的【Topology】，如图 6-12 所示。

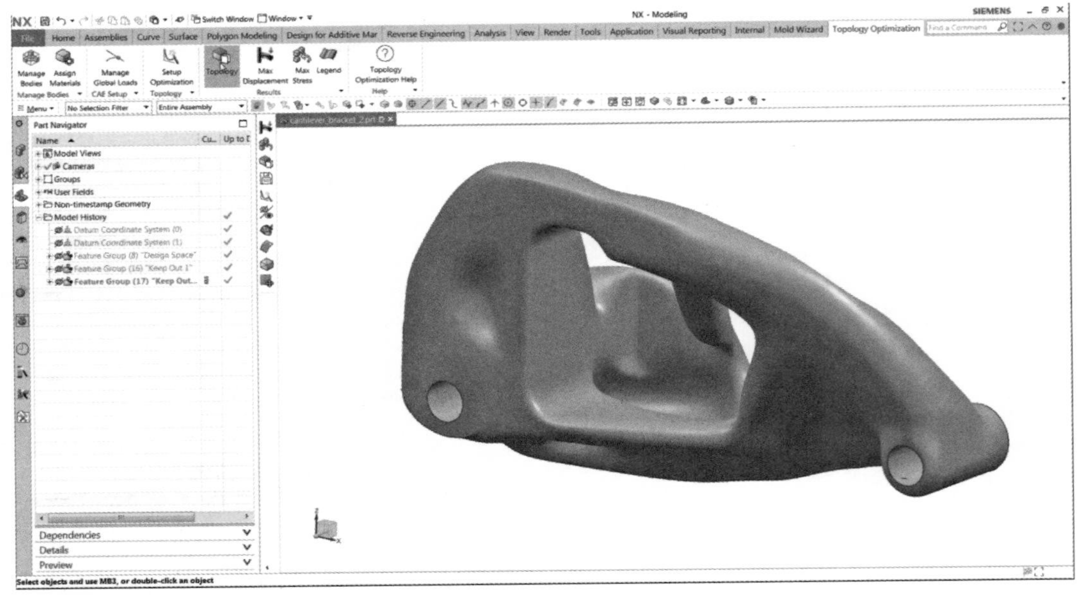

图 6-12 【Topology】命令

3）在图 6-13 中可以看到分面模型。这是【Max Displacement（最大位移）】的结果，显示为一个彩色的轮廓。图左上角的图例显示施加的力所产生的最大位移为 0.028mm。模型被固定到地面的部分位移为零。

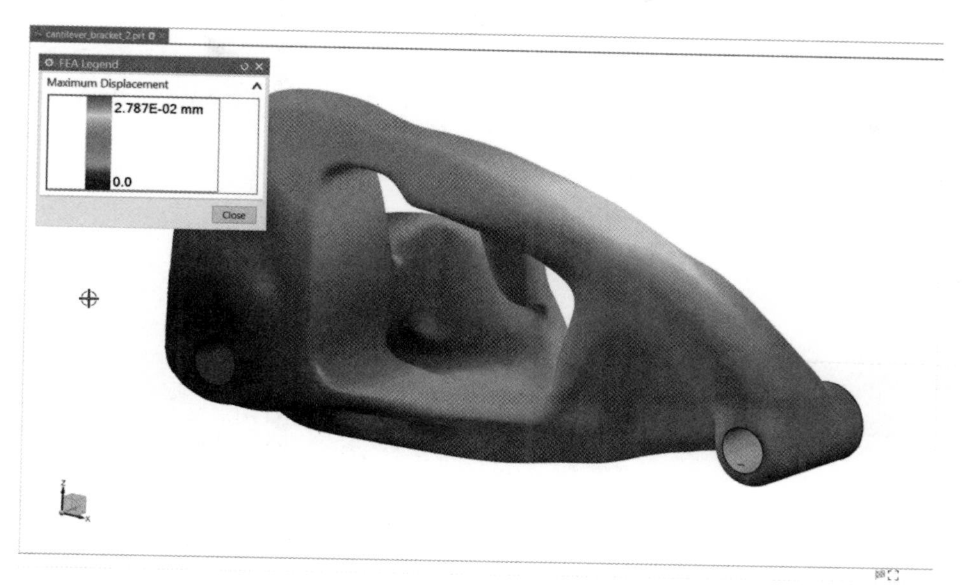

图 6-13 【Max Displacement】分析结果

4）单击【Max Stress】（最大应力），图形区显示【Max Stress】的分析结果，如图6-14 所示。其显示为一个彩色的轮廓。红色表示材料的破坏应力，蓝色或绿色表示区域压力，图例中不同的颜色对应不同大小的压力。

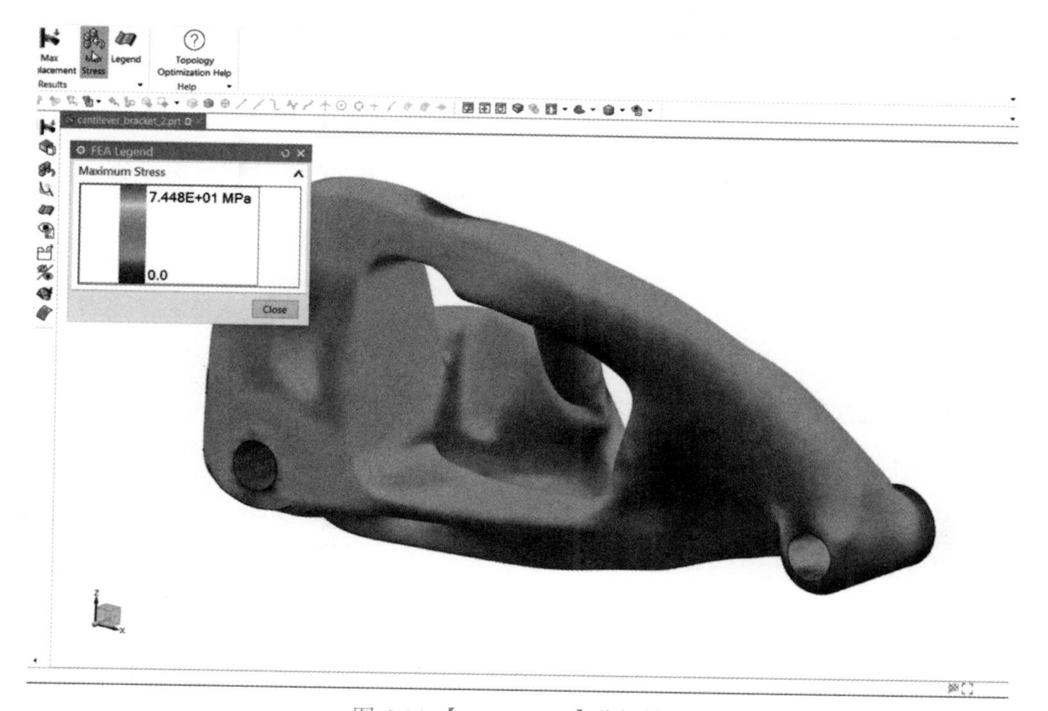

图 6-14 【Max Stress】分析结果

5）优化后的小平面体出现在 NX 导航器（轻量级）的【Non-timestamped Geometry】文件夹中。这里实际上有三个【Lightweight Body】的小平面体，其中一个用于几何图形，另外两个着色用以提供轮廓显示，如图 6-15 所示。

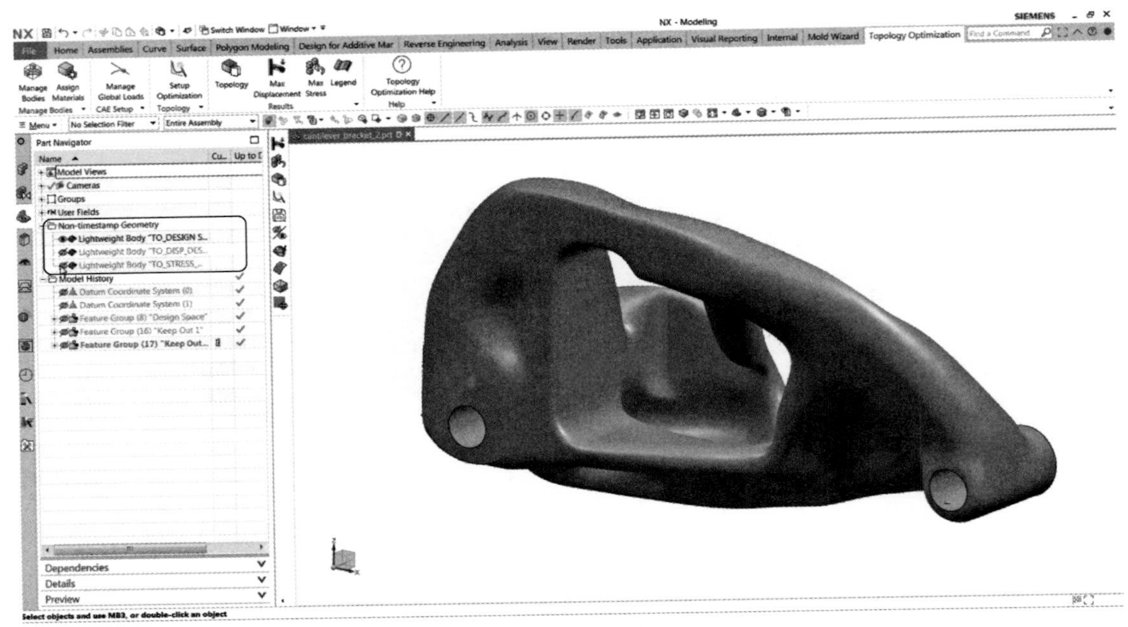

图 6-15　三个小平面体

6）当单击【Results】工具栏中不同的按钮（图 6-16）时，实际上是在切换这些小平面体，以及显示分析结果的图例。

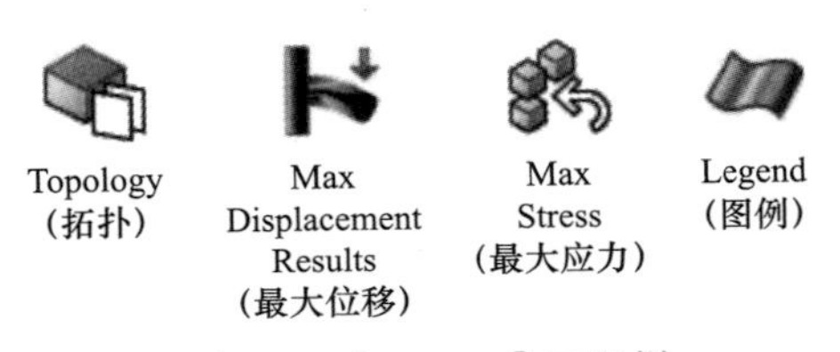

图 6-16　【Results】工具栏

注意

当查看小平面体的属性时，会发现其包括最终迭代计算得到的最大位移、最大应力和体积，如图 6-17 所示。

如果要进行一个不同类型的优化，如进行最大化固有频率类型的优化，能够看到这些计算频率的自身属性。

针对给定质量目标最小化应变问题，有三种类型的优化可供使用。在优化过程中有一个质量目标作为优化约束。如果根据一个安全系数以最小化体积，将有一个安全系数用于设置优化约束。因为安全系数是一个非常简单的数值，所以软件对其没有估算功能，只需要输入这个优化类型所需的安全系数即可，如图 6-18 所示。

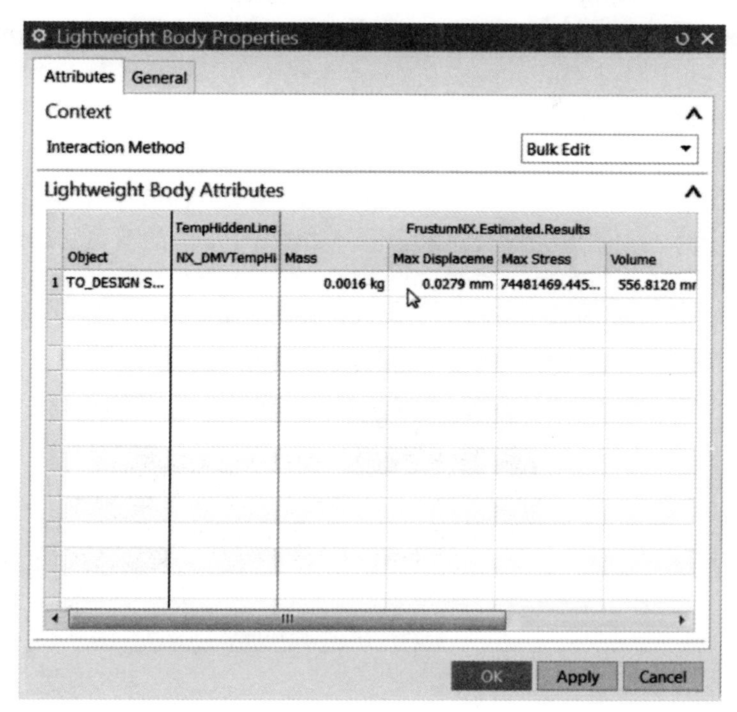

图 6-17 【Lightweight Body Properties】对话框

图 6-18　设置安全系数

前面已经介绍了三种优化类型中的给定质量目标最小化应变。其计算是基于线性的应力分析，计算的是应力和位移。

在此优化过程中求解器以最有效的方式使用指定的质量，以追求整体刚度或最小整体运动。

第二种优化类型为根据材料安全系数最小化体积。这种优化类型同样使用线性的应力分析来进行优化分析。在【Setup Optimization】中指定一个安全系数，作为限制应力的一种方法。这种优化类型允许应力超过应力极限，在考虑安全应力的前提下，要求的是最小体积。

比较前两种优化类型的压力分析结果（图 6-19a、b），可以看到在第一种优化类型中，优化器在给定质量时，它将应力保持在低水平，如图 6-19a 中的蓝色和绿色区域所示。在第二种优化类型中，优化器在去除了更多的材料，直到大部分材料处于最大应力水平。此时的安全系数为 1.0，因此应力正好位于故障点，如图 6-19b 中的红色区域所示。

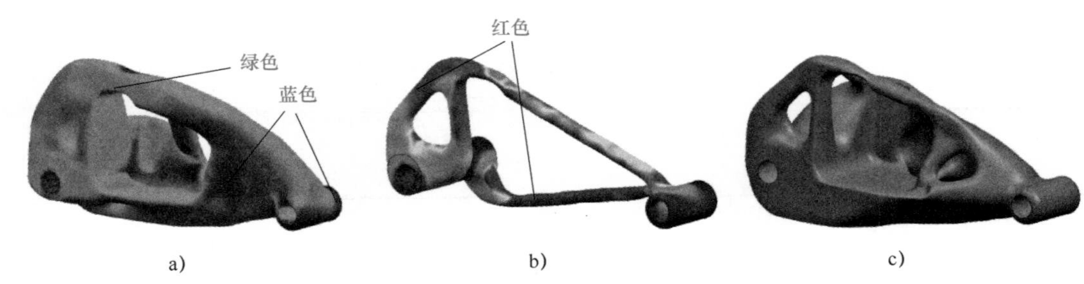

图 6-19　三种优化类型的优化结果

第三种优化类型为给定质量目标最大化固有频率，即计算组件的第一柔性模态或其最低固有频率。优化器与以前一样处理给定的质量，但目标是将其第一个灵活模式提升到尽可能高的频率。这种类型的优化有助于防止过度振动和疲劳，通过移动使固有频率远离工作频率。这是一类更复杂的分析，所以这种类型的优化需要更长的时间，需要进行许多迭代计算，并收敛于一个解决方案。由于优化过程进行的是法向模态分析，因此没有给出位移和应力的等值线结果。质量和计算的固有频率是作为小平面体的属性提供的。图 6-19c 所示为第三种优化结果。

6.4　拓扑优化和约束

本节介绍如何应用额外的设计约束来进一步影响优化结果。拓扑优化产生的设计与制造方法无关，只与有效地处理应用负载有关。通过本节的学习，将看到初始设计通过一些可选的约束得到了优化，用户可以将这些约束应用到优化解决方案中，这些优化解决方案考虑了组件如何构建的一些方面，包括增材制造。

图 6-20 所示为不同类型的设计约束。可以将约束应用于所选的设计空间，以便优化器在迭代该设计空间的拓扑解决方案时考虑约束。这些约束中有一些可帮助增材制造构建的零件。

1）对称约束可能更多地与功能需求相关，而不是与流程需求相关。但是对称约束可以应用到设计空间。当组件需要具有镜像几何图形时，可以应用平面约束。可以使用一个或两个对称平面作为约束条件。图 6-21 所示为使用双对称平面的结果。

当设置设计空间为【需要全局对称】时，应用对称约束可通过一个设计空间的 1/2 或 1/4 来实现全局对称。如果未指定【需要全局对称】，则设计空间为整个组件，优化器将按要求提供对称解决方案。图 6-22 所示为指定与未指定【需要全局对称】的结果对比。

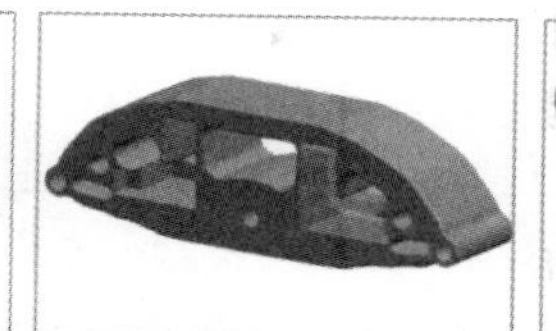

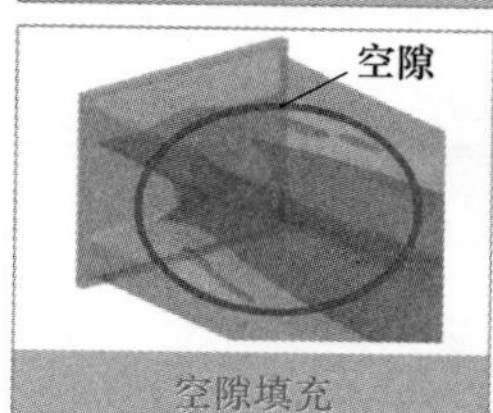

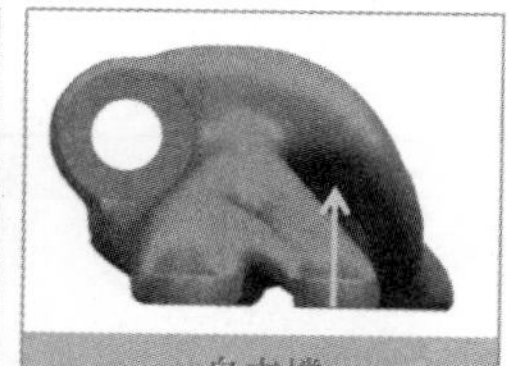

图 6-20　不同类型的设计约束

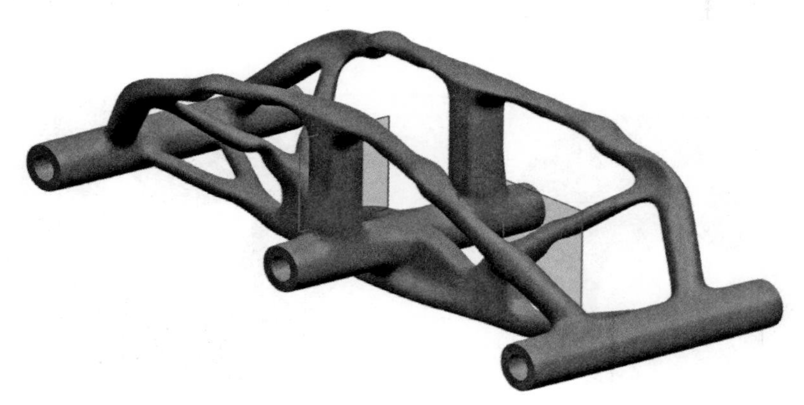

图 6-21　双对称平面

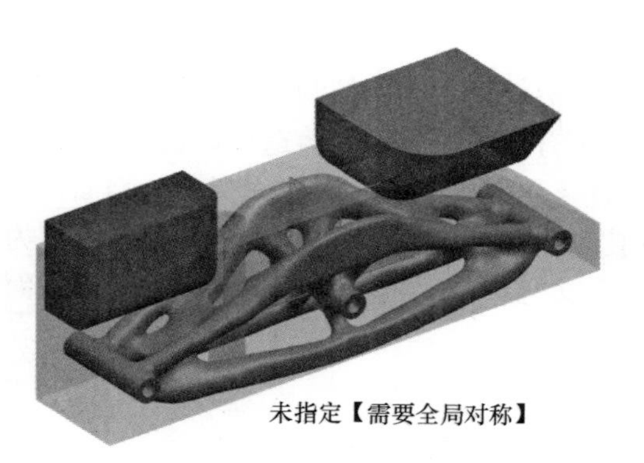

图 6-22　指定与未指定【需要全局对称】的结果对比

当通过一根轴和一些特征来创建圆形时，需要应用旋转对称约束。图 6-23 所示为一个具有六个对称特征的模型。

2）与平面对称约束的应用类似，旋转对称约束可以通过指定设计空间为【需要全局模式】来实现全局对称。通过应用设计空间的一部分来实施全局对称。优化结果作为最后一步，重复地在平面上进行平滑。

图 6-23　具有六个对称特征的模型

如果未指定【需要全局模式】，则设计空间表示整个组件，优化器将根据要求尽可能地提供对称解决方案。但是由于几何形状的多面性，其对称性并不能达到要求。图 6-24 所示为指定与未指定【需要全局模式】的结果对比。

指定【需要全局模式】

未指定【需要全局模式】

图 6-24　指定与未指定【需要全局模式】的结果对比

3）沿矢量方向拉伸约束是一种沿矢量方向保持恒定截面的约束。

4）打样约束可以为铸造或锻造一个组件提供设计约束。

优化器提供了三种方法来指定分型面，这些分型面通过与构件几何图形的交点来定义几何图形所依据的分型线。这三种方法分别为优化器自动生成分型面；指定一个简单的平面来定义分型面；根据选择表面来定义分型面。图 6-25 所示为三种定义分型面的方法。

a）自动

b）指定一个平面

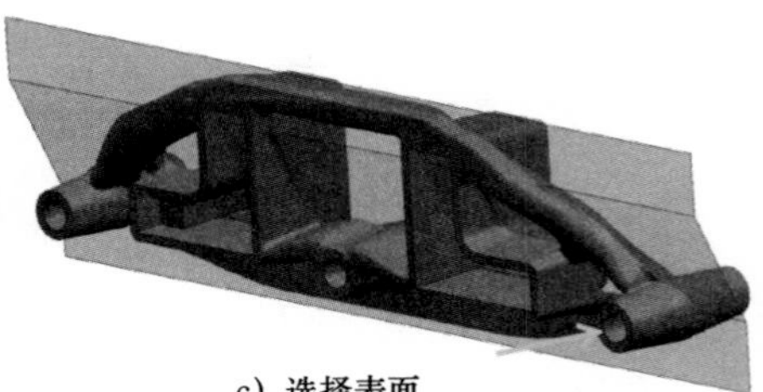

c）选择表面

图 6-25　三种定义分型面的方法

图 6-26 所示为两种不同目标质量的铸件优化设计。在这两种情况下，都定义了分型面，设计空间是相同的整体形状，具有相同的【保留】和【排除】体积。优化器按预期的要求优化刚度，也确保提供要求的分析条件。

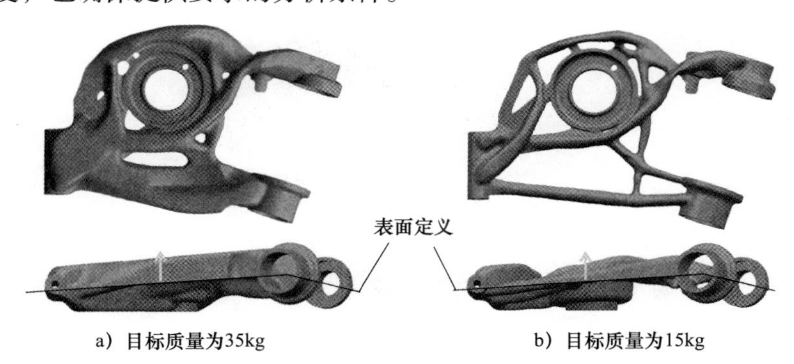

图 6-26　定义两种目标质量铸件的分型面

5）空隙填充约束是一个简单的约束，用于避免内部空间可能会形成不可创建的空隙。这个约束有助于确保增材制造成功。

6）材料扩展约束：创成式设计的几何结果，通过拓扑优化的迭代分析后往往呈现有机的外观，沿着加载路径出现的材料像树枝或支柱。这种沿着加载路径的材料组织可以使用材料扩展约束来设计。材质扩展约束的强弱是通过调整 0 ~ 100% 之间的滑块来控制的。设置较高的百分比值进一步增加了向杆式拓扑结构发展的趋势。关于不同的百分比值的设置对应的结构形式，做出下述总结。

① 设置为 0% 时，没有效果。

② 设置为 30% 时，倾向于挖空固体区域。

③ 设置为 60% 时，倾向于产生薄壁结构。

④ 设置为 100% 时，倾向于将材料最大程度的分散成类似支柱的结构。

材料扩展约束可以为附加过程提供更多的空间，使粉末能够逸出，但也会产生更多的悬垂结构，可能会使支撑要求复杂化。因此，这个约束条件可能需要经过试验才能获得最理想的结果。图 6-27 所示为设置 30%、60% 和 100% 时的优化结果。

图 6-27　设置 30%、60% 和 100% 时的优化结果

7）悬垂预防约束也有助于增材制造工艺方法。在给定矢量的情况下，3D 打印机会寻找阴影下方的材质，并将其填充成垂直的网。这种类型的悬臂，即一段材料处于另一段材

料的阴影下，在金属粉末加工过程中可能会出现问题。它可能需要在这些区域之间构建支撑结构，将使组件变得复杂。通过使用悬垂预防约束可最小化结构的这种复杂性。图 6-28 所示为有、无悬垂预防约束的对比。

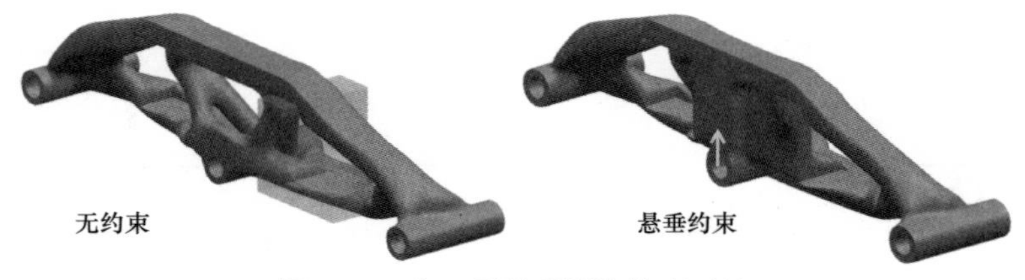

图 6-28　有、无悬垂预防约束对比

8）自支撑约束：将形状限制为自支撑约束有助于消除更多的支撑结构。通过给出构建向量和定义流程所能承受的斜度的允许自支撑角，可以得到一个优化的解决方案，该解决方案能够在没有支撑结构的情况下进行模型的构建。图 6-29 所示为自支撑约束模型。

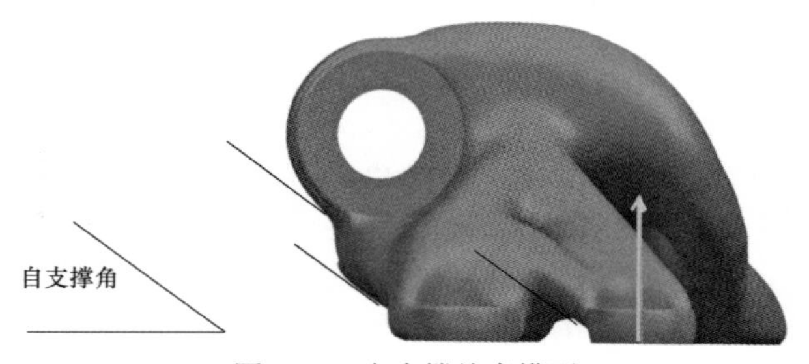

图 6-29　自支撑约束模型

因此在拓扑优化中，除了优化特性提供的约束之外，还需要影响最终优化设计形状特征的额外设计约束。在下面的章节中，将提供多个案例以供参考。

6.5　拓扑优化案例 3

本节通过一个主架结构介绍如何进行对称约束的拓扑优化。

（1）首先打开模型文件“45700_pivot_bracket_1.prt”与“45700_pivot_bracket_2.prt”，在第二个模型文件中将指定模型的设计空间并定义孔作为优化特征，按如下步骤操作：

简要操作步骤	操作图示
1）首先，选择【Topology Optimization】中的【管理主体】，并在其对话框中单击【管理主体】。 2）然后在图形窗口中选中图 6-30 所示的挤压特征体。 3）在【管理主体】对话框中单击【添加到列表】 4）在主体列表中选择【基本挤压】命令。 5）在【主体设置】选项组中勾选【设计空间】复选框。 注意：基本挤压功能的材质设置为【Aluminum_6061】。	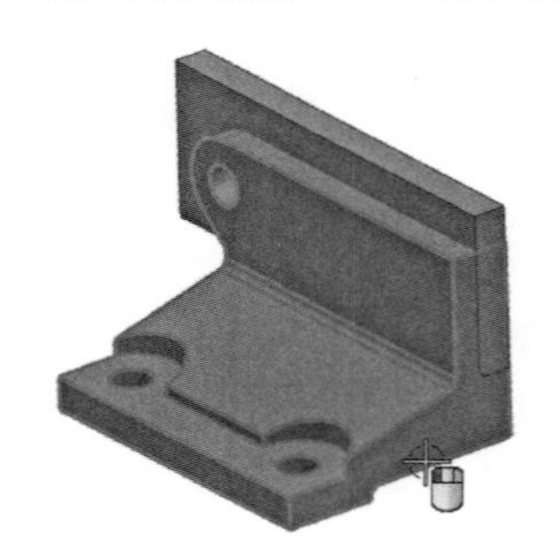 图 6-30　添加挤压特征

（续）

简要操作步骤	操作图示
6）在主体列表中选择【基本挤压】命令。 7）在【体定义】选项组中单击【管理优化】。 8）在【管理优化】对话框中单击【添加所有自动识别功能】。 9）在【特征列表】选项组下，检查添加的孔特征。 10）从特征列表中，选择【简单孔（8：1A)】结果如图6-31所示。	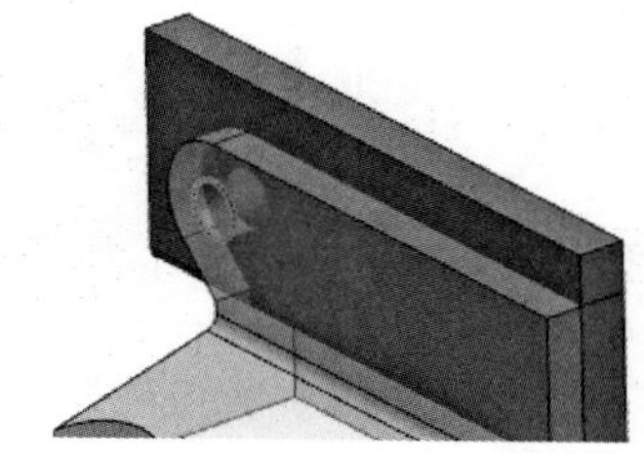 图6-31　添加孔特征

（2）下面需要定义设计空间中的【无效】区域，来表示模型中的缝隙与间隙。

简要操作步骤	操作图示
1）在功能列表中单击【添加】。 2）在图形窗口中，选择挤压特征，如图6-32所示。 3）在【选择优化特征】对话框中，单击【确定】。 4）在【特征列表】中选择【挤压（12)】。 5）在【特征属性】的【几何】中，验证列表是否设置为【无效】。 6）在【管理优化功能】对话框中单击【确定】。	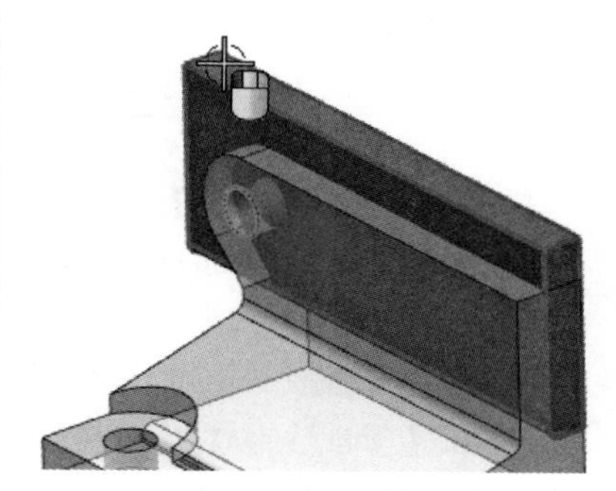 图6-32　选择挤压特征

（3）然后需要定义负载并详细介绍施加于基孔上的力。

简要操作步骤	操作图示
1）在【管理主体】对话框中的【主体设置】选项组中单击【管理负载用例】。 2）在【特征列表】中选择【钻孔（6：1A)】。 3）在【负载】中的【量值】框中输入【1200】，按〈Enter〉键。 4）根据需要选择是否单击【指定向量】。 5）在图形窗口中，选择图6-33中所示的边缘。注意：确保选择的边缘远离控制点。 6）在【特征列表】中选择【扩孔（6.2A)】。	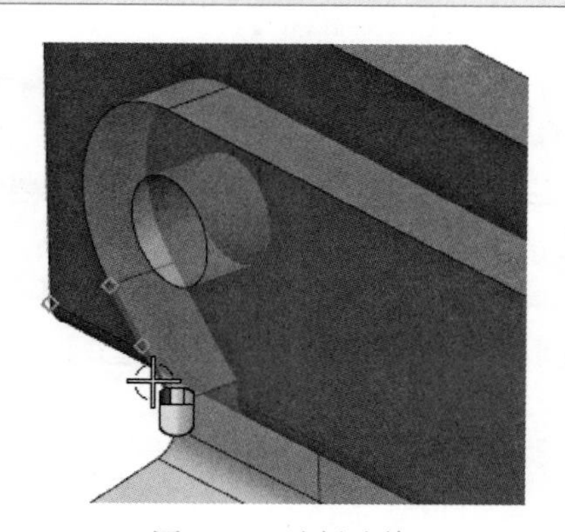 图6-33　选择边缘

（续）

简要操作步骤	操作图示
7）在【负载】中的【量值】文本框中输入【1200】，按〈Enter〉键。 8）根据需要选择是否单击【指定向量】。 9）在图形窗口中，再次选择图 6-33 所示的边缘。 10）在【管理负载用例】对话框中单击【确定】。	

（4）现在可以定义对称约束，先为支架定义一个平面对称约束。

简要操作步骤	操作图示
1）在【管理主体】对话框中的【主体设置】中单击【管理设计约束】。 2）在【约束】中的【类型】列表中选择【平面对称】。 3）单击【添加约束】。 4）在约束列表中选择【平面对称】。 5）在图形窗口中选择图 6-34 中所示的平面。 6）在【管理设计约束】对话框中单击【关闭】。 7）在【管理主体】对话框中单击【确定】。	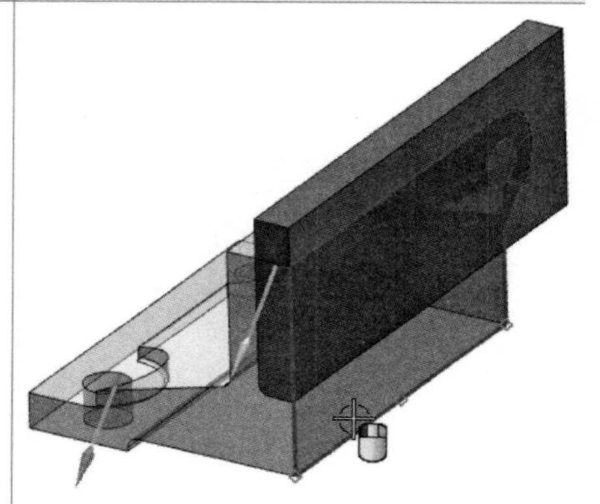 图 6-34　选择平面

（5）有了约束与优化特征，还需要对优化参数进行定义。

简要操作步骤	操作图示
1）在【拓扑优化】选项卡中的【拓扑】工具栏中单击【设置优化】。 2）在【优化类型】列表中选择【满足材料安全系数的最小体积】。 3）在【选择全局分辨率】中，将滑块调整到【快速 / 粗略】侧的大约 5% 处。 4）在【设计空间】中的【优化约束】中，将【材料安全系数】设置为【2.0】，按〈Enter〉键。 5）单击【运行优化】。 6）在【结果】页面，观察【图表】和【日志】关系图中显示的实时数据。 注意：优化可能需要 10min 才能完成。	 图 6-35　优化后的支架

（续）

简要操作步骤	操作图示
7）当状态显示完成时，在【日志】中观察生成的安全系数值。 8）单击【OK】。 9）选择【查看】选项卡中的【可见】工具栏中的【显示和隐藏】。 10）在【实体】中单击【隐藏实体】。 11）在编辑区中检查支架的优化设计（图 6-35）。	

（6）检查在最大负载情况下优化设计的位移和应力。

简要操作步骤	操作图示
1）选择【拓扑优化】选项卡中的【结果】工具栏中的【最大位移】。 2）查看图 6-36 所示位移最大的区域。	位移最大 图 6-36　最大位移结果
3）选择【拓扑优化】选项卡中的【结果】工具栏中的【最大应力】。 4）查看图 6-37 中所示压力最大的区域。 5）关闭模型	 图 6-37　最大应力结果

第 7 章 增材制造前处理

本章将详细地介绍增材制造的过程（图 7-1），包括如何使用软件来设置、编辑和生成增材制造项目的加工程序。增材制造工艺的加工编程大致可分为以下几步：

1）建立打印环境。

2）创建模型需要的支撑结构。

3）根据需要使用模式和嵌套功能安排多个组件。

4）将最后生成的打印文件发送到打印机。

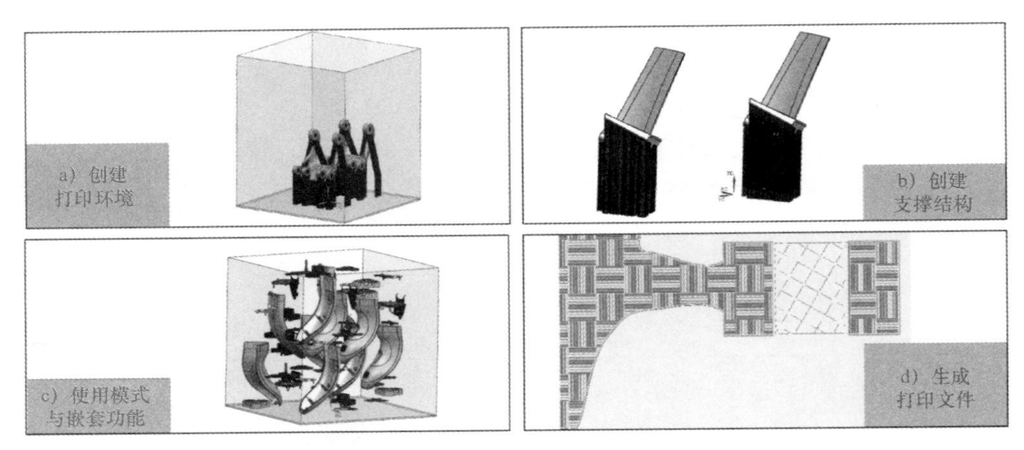

图 7-1　增材制造的过程

7.1　建立打印环境

在此将通过一个案例，介绍如何创建打印环境，包括如何安装与配置所需的软件，如何定义构建处理器配置文件和初始化托盘。

1. 安装配置软件

打开 NX 安装目录，打开【mach】→【auxiliary】→【mfgam】文件夹。在【mfgam】文件夹中找到【Build Processor Interface.exe】可执行文件。运行此文件来安装构建处理器管理器，用于查看任何已安装的 3D 打印机配置文件及其构建处理器（图 7-2）。

下面需要安装构建处理器。这些构建处理器同样在【mfgam】文件夹中，在本章中会用到这些文件。

1）开始安装时除了一个大的【Add a Machine】按钮在屏幕的中心外，没有任何内容是可见的。

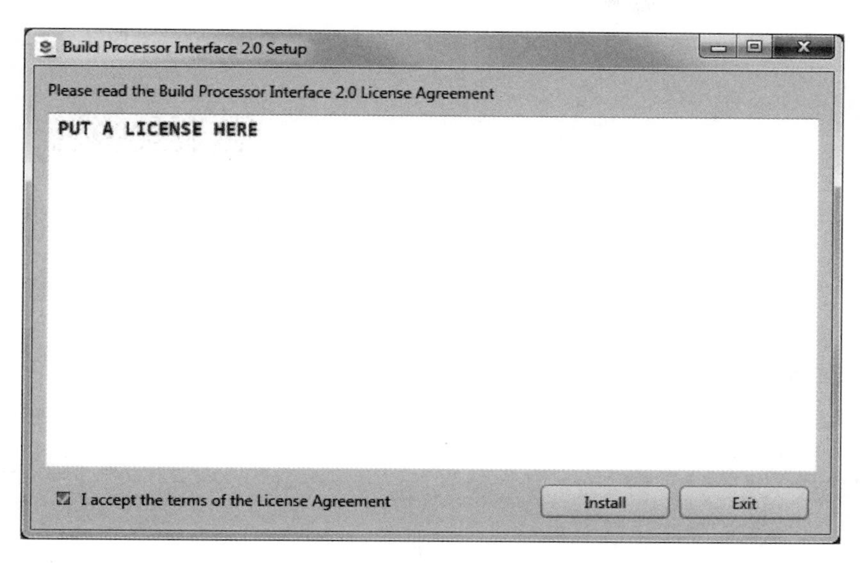

图 7-2 【Build Processor Interface 2.0 Setup】窗口

2）图 7-3 所示为一些其他先前安装的 3D 打印机配置文件，它们引用的构建处理器与演示构建处理器不同。在这两种情况下，都需要使用【Add a Machine】命令在管理器中选择一个新的 3D 打印机配置文件。

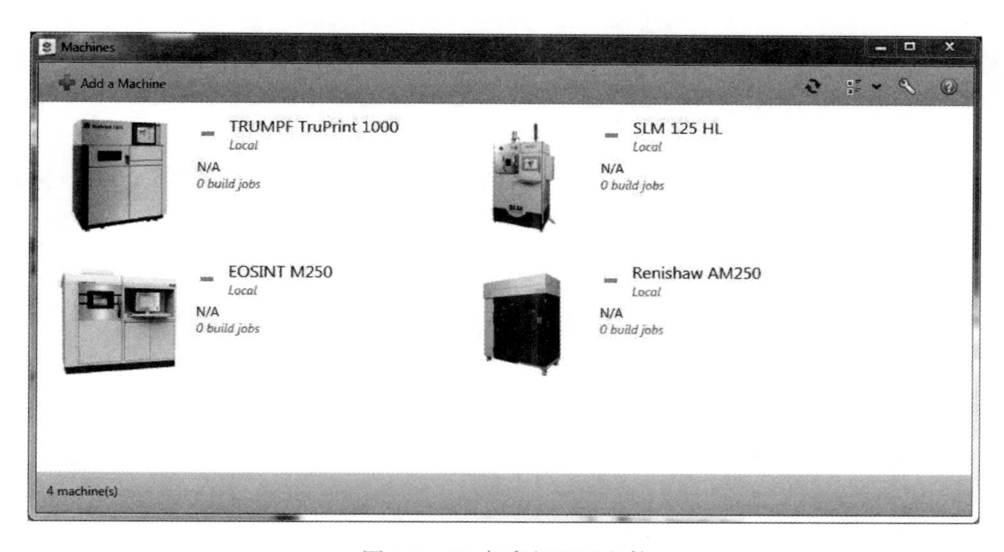

图 7-3　3D 打印机配置文件

3）在图 7-4 所示的窗口中选择所需的机器。窗口中包含着管理器可以识别的所有打印机类型。

在本例中，有五个机器选项与演示构建处理器相关，可以选择其中任何一个添加到管理器视图中。

4）运行【mfgam】文件中【DemoBuildProcessor-x64】应用程序。然后重新启动机器。

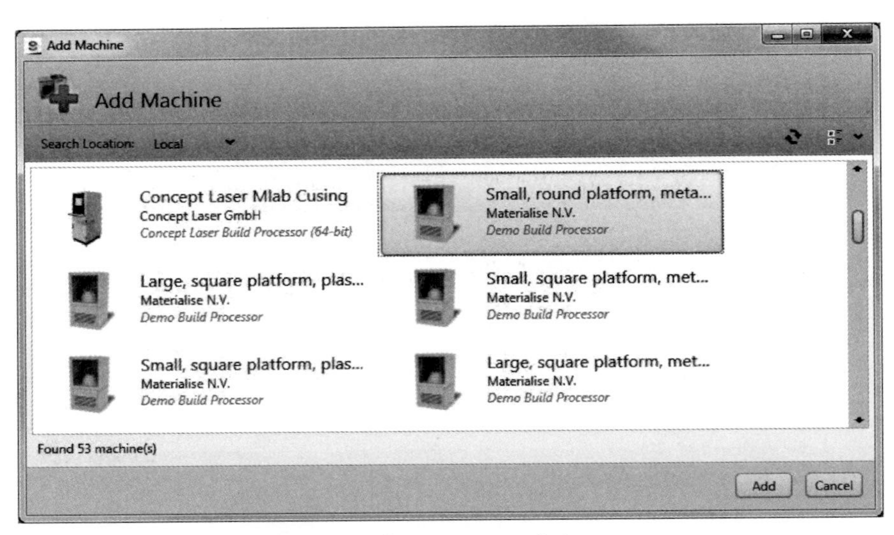

图 7-4 【Add Machine】窗口

演示构建处理器需要有 NX 的许可证才能使用它来生成输出文件。演示构建处理器实际上不会创建可运行的文件。如果要创建并输出可运行的文件，需要一个官方的构建处理器连接打印机。它将以与演示构建处理器相同的方式进行安装，并包含在构建处理器管理器中。在购买官方的构建处理器时会提供其许可证。演示构建处理器的许可证也可以直接获得。要申请许可证，可转到机器配置页面并单击下面的许可证按钮，如图 7-5 所示。

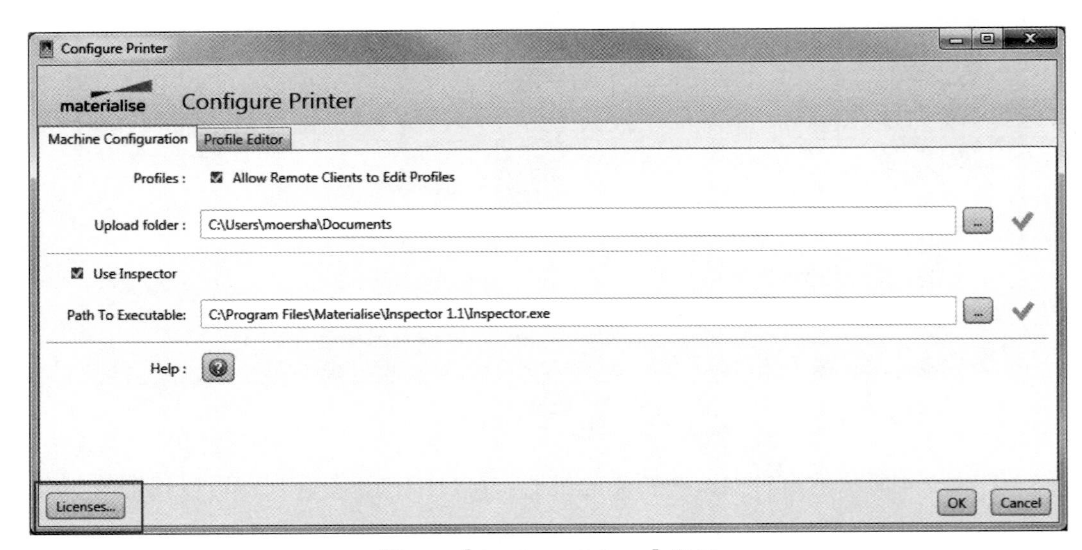

图 7-5 【Configure Printer】窗口

5）最后要安装的是【Inspector_1.1.0.167_x64.msi】应用程序，它同样在【mfgam】文件夹中。安装完成后，程序的路径应该显示在【Path to Executable】文本框中，如图 7-5 所示。这将是启动切片查看器的方式。

注意

如果在安装构建处理器时出现【Unexpected open contours after slicing】错误提示，选择【Profile Editor】选项卡，并勾选【Gap Fill】即可，如图 7-6 所示。

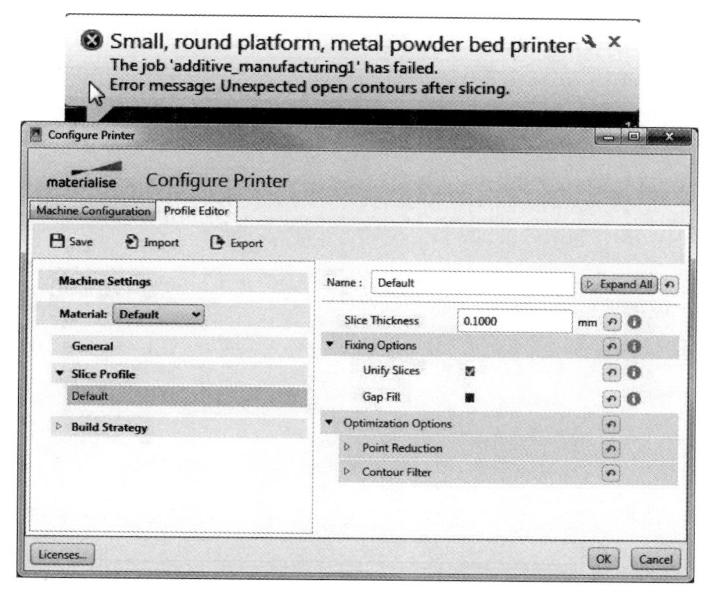

图 7-6 消除错误提示

以上介绍的安装过程只需要执行一次。当购买了额外的构建处理器时，这些处理器将被安装并添加到构建处理器管理器中。

2. 定义构建处理器配置文件

启动【Build Processor】程序，单击【Add & Machine】按钮，选择小正方形的金属粉末打印机。在【Description】文本框中输入【small demo】，并设置【Machine Location】，如图 7-7 所示。

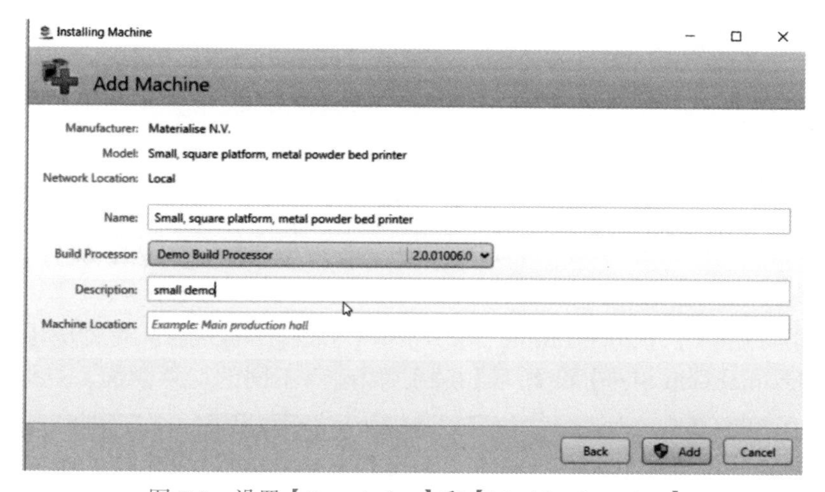

图 7-7 设置【Description】和【Machine Location】

根据需要可以多次添加相同的打印机，因为每个 3D 打印机都有自己的配置文件。实际操作中可能有许多相同类型的打印机。

可以查看添加的打印机的属性以及设置的名字和描述。还可以对其设置访问权限。

1）打开【Configure Printer】窗口，对打印机进行设置，如图 7-8 所示。选择【Profile Editor】选项卡，可以将输出文件发送到指定的文件夹，该文件夹可以是打印机的自动输入文件夹。

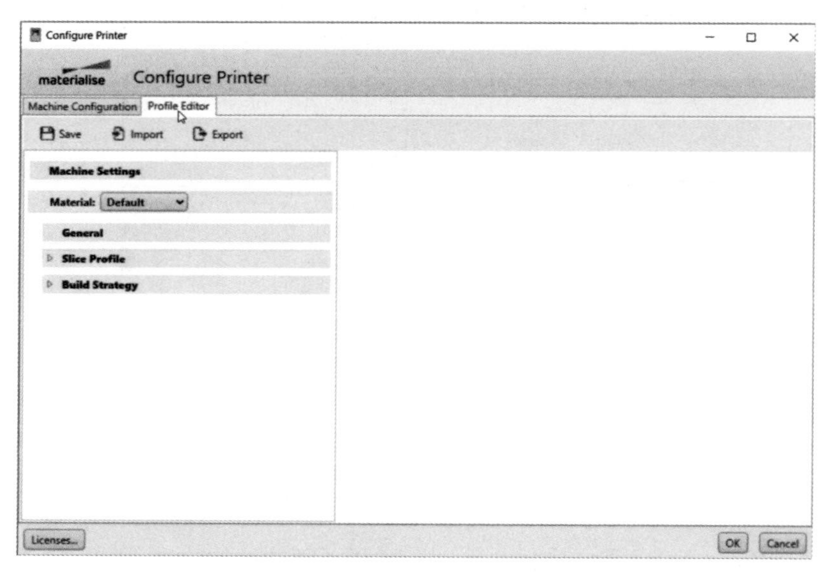

图 7-8 【Configure Printer】窗口

2）在【Profile Editor】选项卡中可以对【Machine Settings】【Material】【General】【Slice Profile】和【Build Strategy】进行编辑或自定义。

3）在【Material】选项组中，可以对材料进行重命名。然后，可以修改它的一般属性。具体操作如图 7-9 所示。

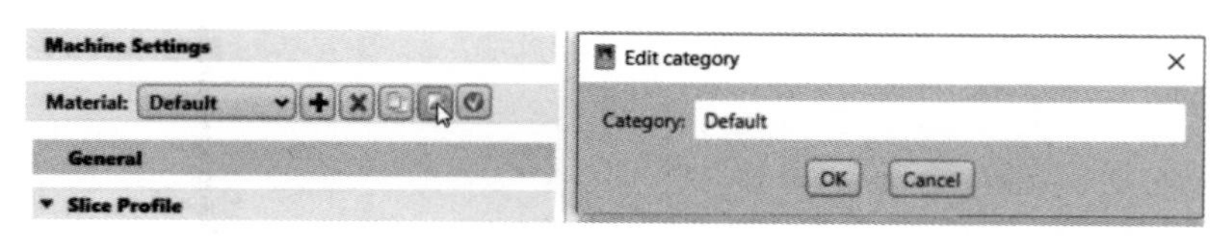

图 7-9 重命名材料

4）选择【Material 1】，并打开它的切片配置文件【Slice Profile】，重命名为【Slice Profile 1】，把它的厚度【Slice Thickness】设置为【0.1】，其他选项默认设置。具体操作如图 7-10a 所示。

还可以再添加一个【Slice Profile 2】，将其【Slice Thickness】设置为【0.12】，并将最大间隙【Maximal Gap Size】设置为【0.2】，以建立不同的切片剖面。具体操作步骤如图 7-10b 所示。

5）更改默认的构建策略【Build Strategy】。将其命名为【Build Strategy 1】，将边界距离【Border Distance】更改为【0.02】。具体操作如图 7-11 所示。

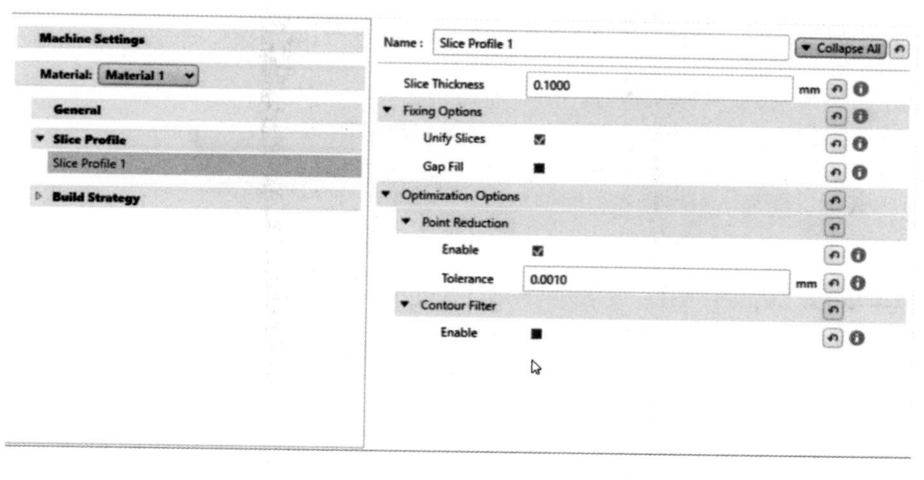

a)

Machine Settings
Material: Material 1
General
Slice Profile
Slice Profile 2
Slice Profile 1
Build Strategy
Name : Slice Profile 2
Expand All
Slice Thickness 0.1200 mm
Fixing Options
Unify Slices
Gap Fill
Maximal Gap Size 0.20000 mm
Optimization Options
Point Reduction
Contour Filter

b)

图 7-10 设置切片配置文件

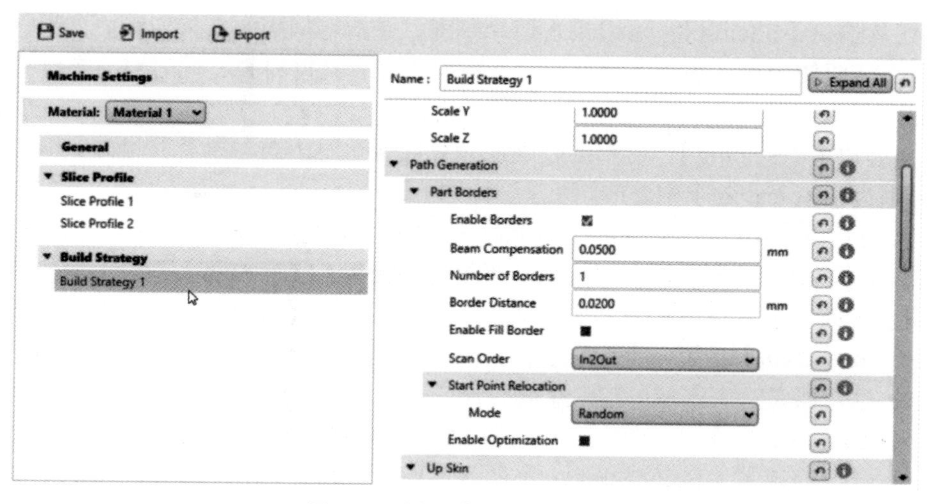

图 7-11 设置【Build Strategy】

6）单击添加按钮，创建【Build Strategy 2】。具体操作如图 7-12 所示。

图 7-12　添加【Build Strategy 2】

选择【Build Strategy 2】，设置边框数【Number of Borders】为【2】，并将边框距离【Border Distance】设置为【0.05】。具体操作如图 7-13 所示。

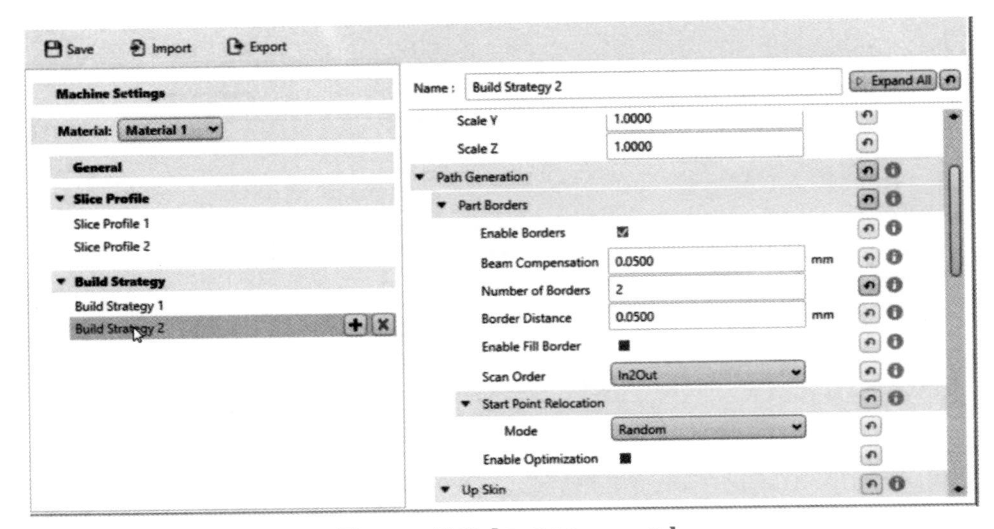

图 7-13　设置【Build Strategy 2】

此时构建了两个切片配置文件【Slice Profile】，并为【Slice Protile 1】构建了策略【Bulid Strategy】。通过这种方式，可配置所有构建处理器能够完成的操作。

构建策略【Build Strategy】由以下四个部分组成：

1）切片信息【Slicing】：可以指定切片厚度，并指定扫描的支持层级。如果需要扫描更高层级，需要使用更高的激光功率或一些方法来融合几层材料，同时对支撑结构的精度要求不能太高。

2）重缩放【Rescaling】：材料的收缩或非线性变化时，当需要其分量向一两个方向收缩时，可以在【Rescaling】中修改。

3）路径生成【Path Generation】：【Part Border】取决于填充区域的轮廓。【Up Skin】【In Skin】和【Down Skin】是指切片相对于组件的位置。【Up Skin】是最上面的一层，代表组件的上表面，下一层的构建是在熔融粉末上的松散粉末上；【In skin】表示组件体内部的层；【Down Skin】是第一个融合层，代表一个向下的表面，在这个表面下面的层是松散的粉末，这一层是这个区域的第一个融合层。

4）扫描【Scanning】：可对用于在切片中跟踪几何图形轮廓的激光进行设置。

至此，已经完成了【Build Strategy】的基本配置。现在打开 NX 并加载一个增材制造项目。

【Large Squave Platform】在NX构建托盘中有两个选项，选择大型方形托盘。为这个托盘选择一个3D打印机。在【Select 3D Printer】列表中包括两台3MF打印机和一台STL打印机。它们没有与之关联的实际构建处理器。除了这些之外，还有刚才在构建处理器管理器中查看的机器。具体的操作如图7-14所示。

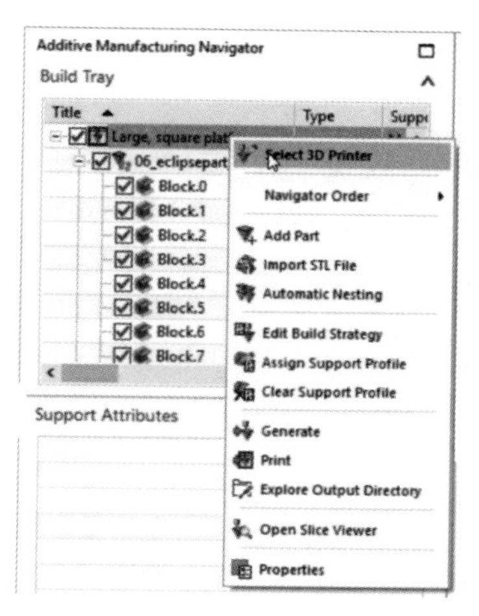

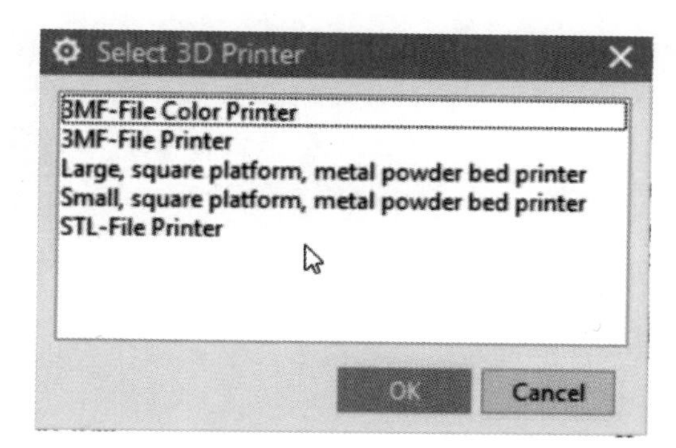

图7-14 选择3D打印机

使用选定的打印机，可以编辑构建托盘的构建策略【Edit Build Strategy】，图7-15所示为可用于该打印机的材料、片配置文件和构建策略选项。

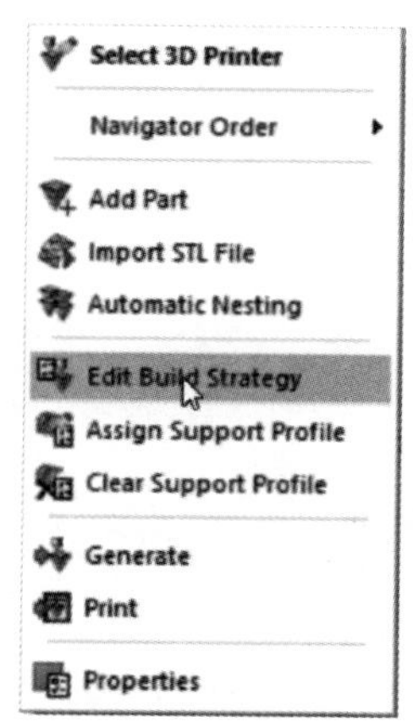

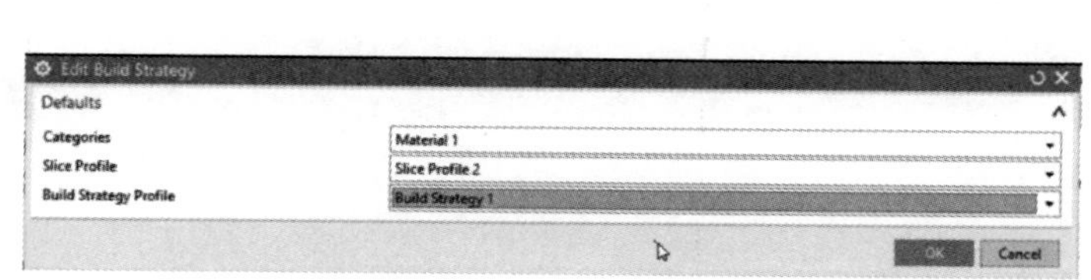

图7-15 【Edit Build Strategy】对话框

3．初始化托盘

1）启动NX，创建一个新的NX部件文件。选择【增材制造】选项卡，创建一个新文件，选择【空的构建托盘】，命名文件并指定它的文件夹。

2）进入增材制造环境后，选择3D打印机关联到构建托盘。【Select 3D Printer】中的3MF和STL打印机是开箱即用打印机，而大型的方形平台金属打印机【Large quare Platform，metal powder bed printer】是在构建处理器管理器中加载的，在这里选择它，它使用的是Demo构建处理器。此处可以随时更改3D打印机的选择。

当选择打印机时，会得到该打印机的相关几何图形。图形区中有一个构建板，还有一个构建空间，组件必须放入其中才能在这台 3D 打印机上打印。3D 打印机的坐标系统也是可见的，如图 7-16 所示。

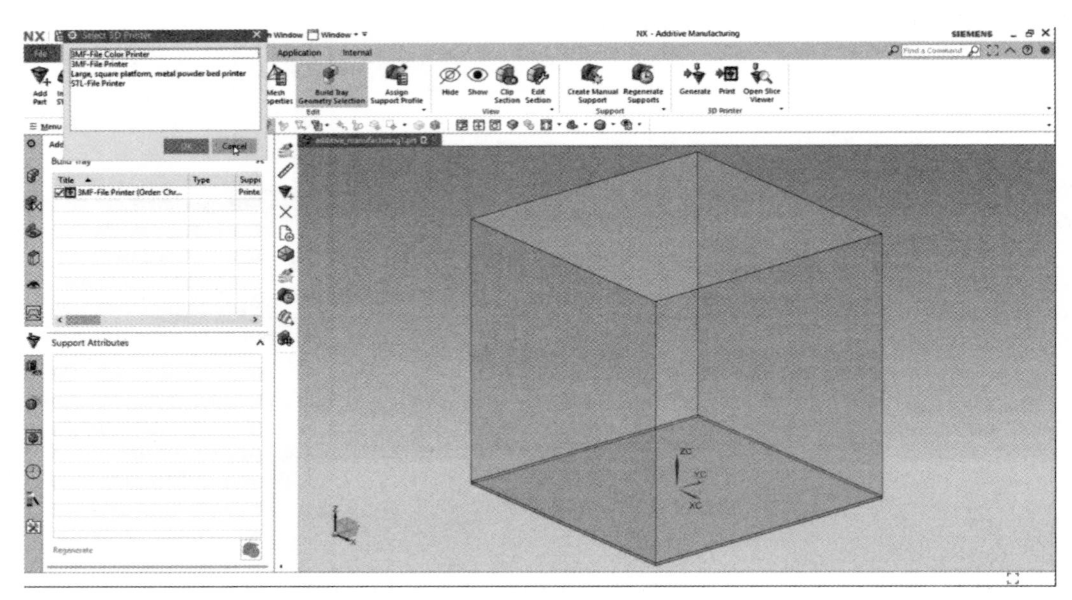

图 7-16 选择 3D 打印机

3）向构建托盘添加部件。

使用【Add Part】命令添加一个 NX 部件，或者使用【Import STL File】命令引入一些扫描的几何图形。添加完模型文件后，图形区如图 7-17 所示。此时，NX 会询问【是否要添加约束】，因为这是一个新的组装项，选择【否】。

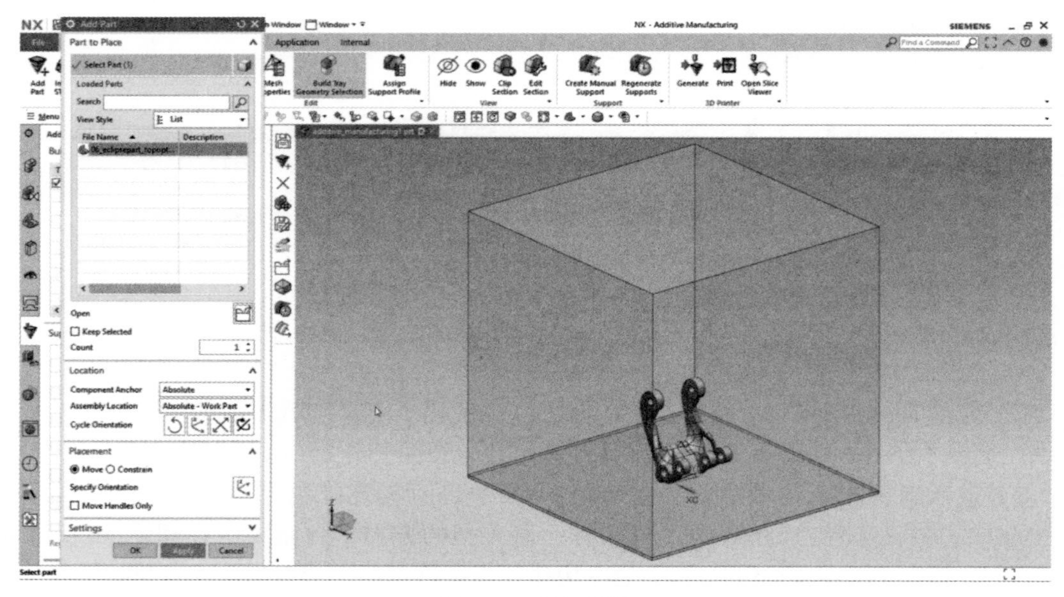

图 7-17 添加部件

4）在打印空间中添加了组件，就可以使用【移动组件】命令【Move Component】移动它们。选择组件，单击【Specify Orientation】，如图 7-18 所示，设置 X、Z 值，使组件向后倾斜，并向上移动。然后在增材制造导航器【Additive Manufacturing Navigator】中会出现添加模型的链接，如图 7-19 所示。

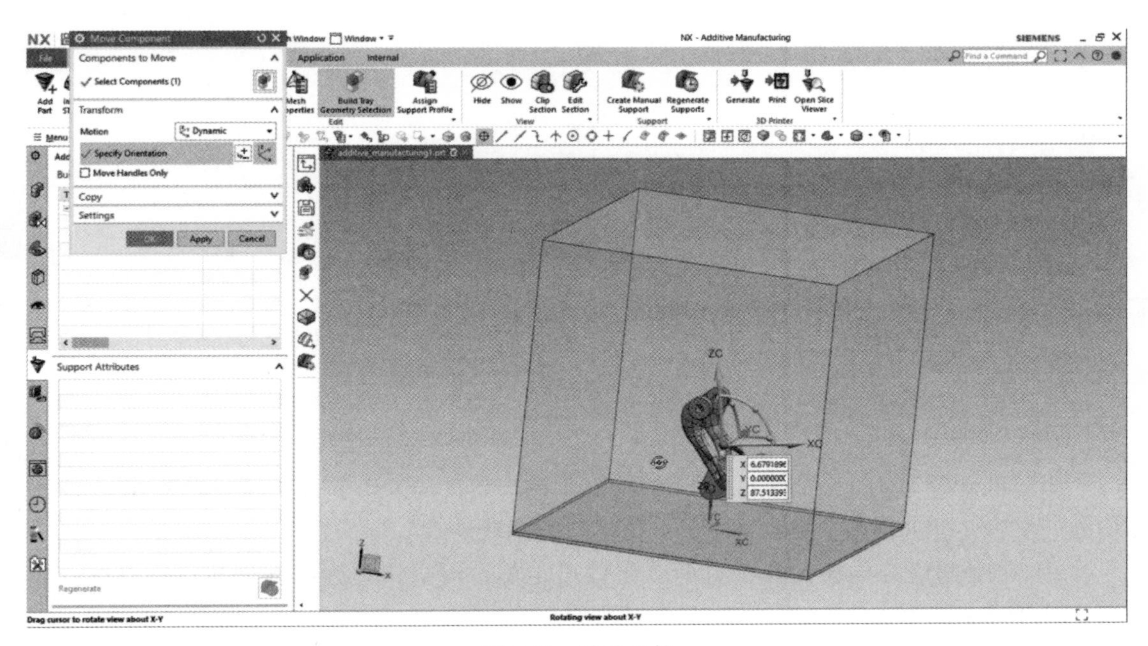

图 7-18 移动组件

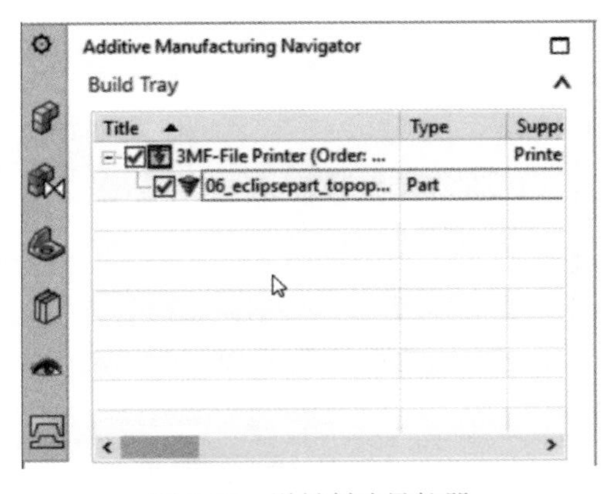

图 7-19 增材制造导航器

7.2 设计支撑

自动支撑设计是为增材制造项目构建结构支撑的一种快速方法。

1）打开 NX 导航中的支撑结构库。在本例中设置了两个库，一个命名为【my default】，另一个命名为【perforation】，如图 7-20 所示。

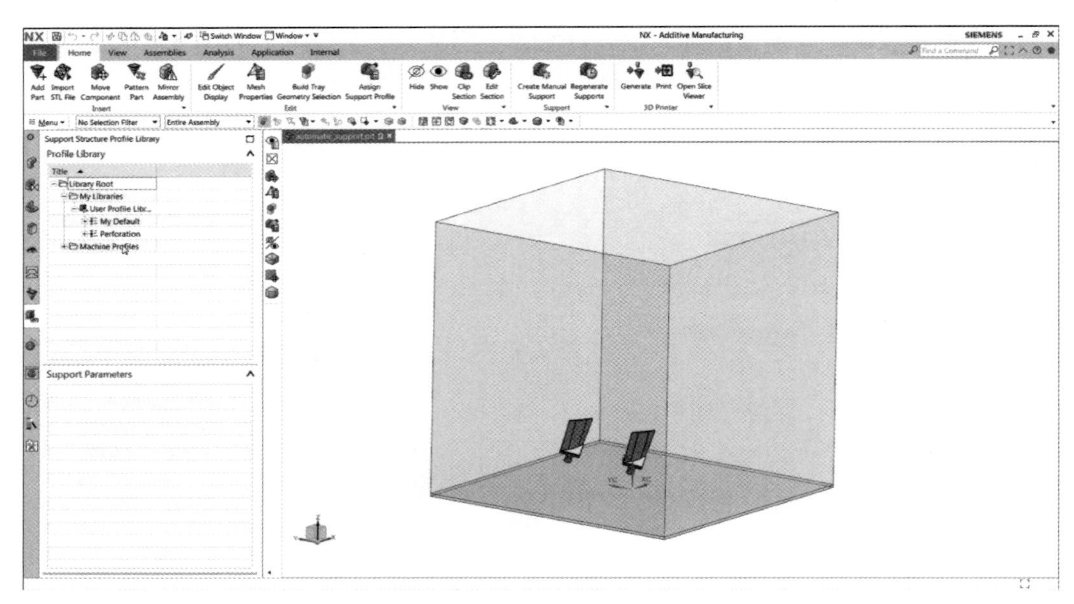

图 7-20 创建支撑结构库

用鼠标右键单击【My Default】，并选择【作为默认的支撑配置文件分配】。在支撑结构库的配置文件列表中，只有一个可以被指定为【默认值】。

2）在刚创建的构建托盘中有两个组件可定位，可以快速为组件创建自动支撑，如图7-21所示。

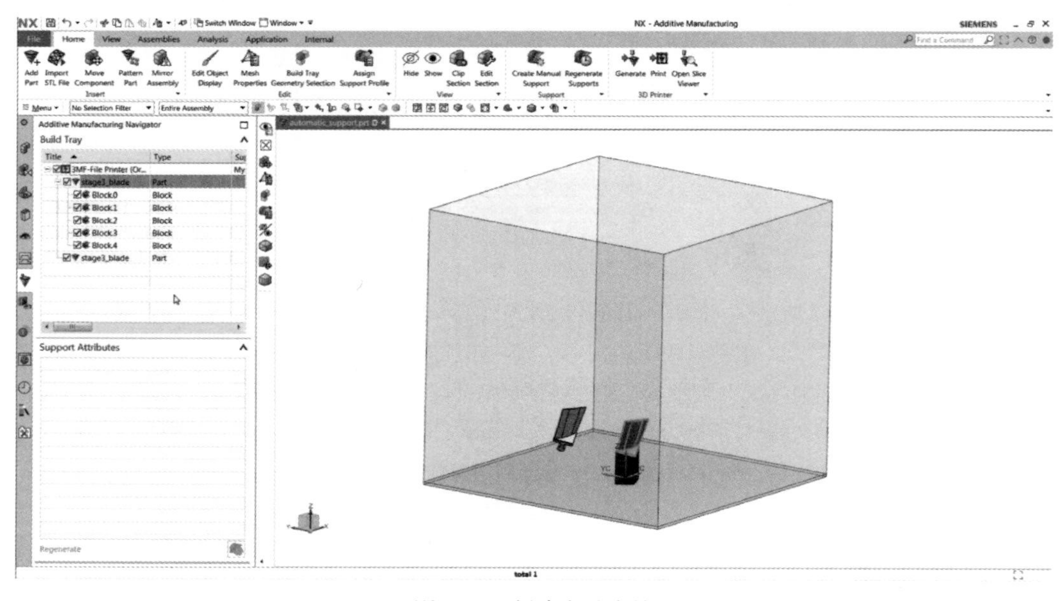

图 7-21 创建自动支撑

3）选择要支撑的组件，单击鼠标右键，使用【创建自动支撑】命令，根据默认的支撑配置文件构建支撑结构。

这些支撑有轮廓结构和内部结构，这些都在与每个支撑相关的属性列表中被列出和定义，如图 7-22 所示。每个支撑都具有相同的属性，因为它们都是以相同的配置文件生成的。

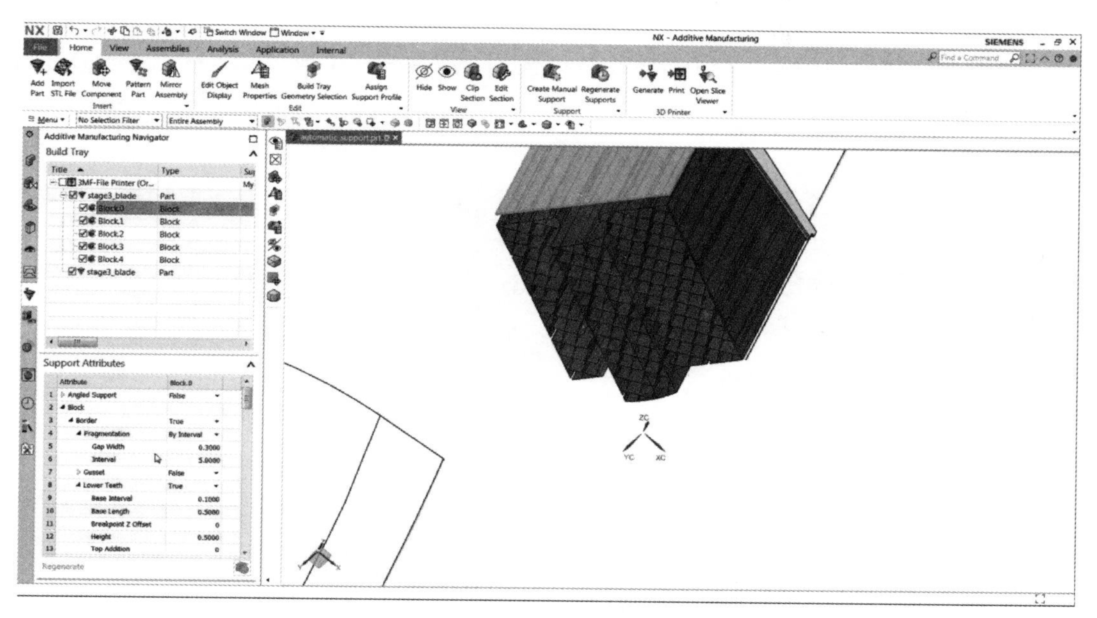

图 7-22　支撑属性列表

在支撑结构库中指定【Perforation】配置文件作为默认文件。完成支撑结构库的更改后，在另一个构建托盘组件上使用【创建自动支撑】，新支撑与以前的支撑有很大的不同，一个使用默认的结构，另一个结构为穿孔剖面。图 7-23 所示为两种支撑结构，很容易通过左边支撑包含的大的穿孔来区分。

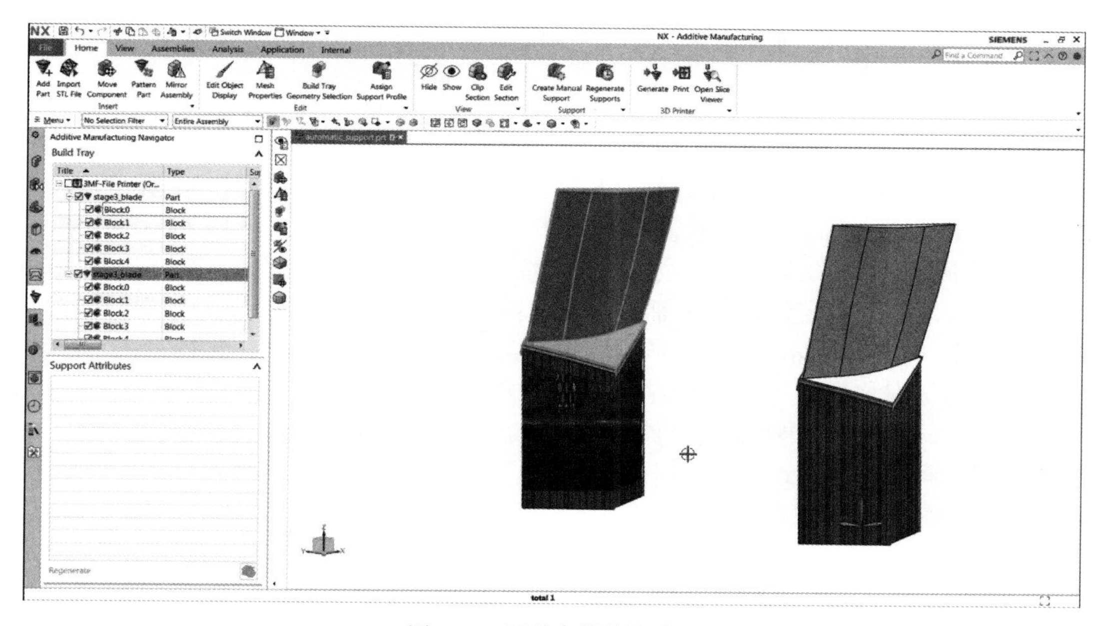

图 7-23　两种支撑结构对比

7.3 空间布置

在本节中，将介绍构建托盘上阵列组件的模式，以便一次生成多个组件；如何在组件的模式中创建异常组件；在不需要支撑结构的情况下，如何在整个结构中嵌套三维组件。

1. 阵列组件的模式

模型一般布置在 XY 平面，这有利于构建多个相同的部件，尤其是需要构建托盘支撑的金属部件。

图 7-24 所示为构建托盘中心的一个小组件，可以使用右键菜单中的命令或工具栏中的阵列组件命令【Pattern Part】对其进行阵列。

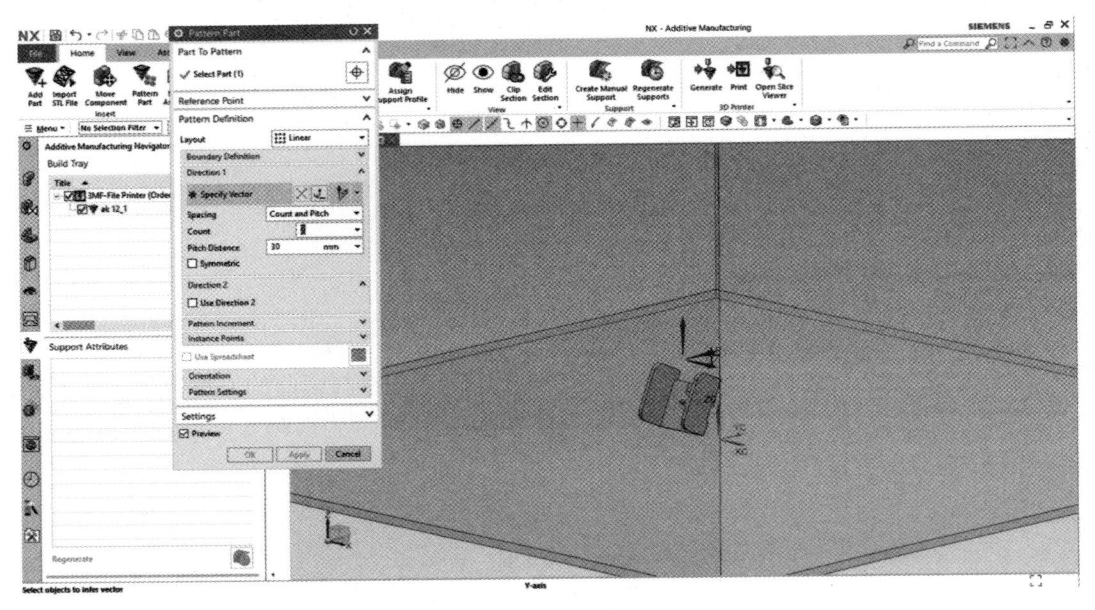

图 7-24 添加模型

设置指定矢量【Specify Vector】为 Y 轴，选择线性模式【Linear】，设置组件间隔【Pitch Distance】为 30mm，组件数量【Count】为 2。图 7-25 所示为阵列完成后的结果。

使用快捷键〈Ctrl+Z〉撤销阵列操作。然后为组件创建自动支撑。再打开【Pattern Part】对话框，设置指定矢量为 X 轴，设置间隔为 50mm，数量为 3，并勾选对称模式【Symmetric】。图 7-26 所示为第二次阵列的结果。

如果勾选了对称模式，就会沿着指定矢量的正反两个方向进行阵列。然后勾选使用方向 2【Use Direction 2】。再次使用不同的指定矢量来进行阵列，选择指向矢量为 Y 轴，设置数量为 2，间隔为 30mm。单击【OK】，在两个指定矢量方向均得到对称的阵列结果，如图 7-27 所示。

在进行阵列之前，先构建支撑会节省大量工作。

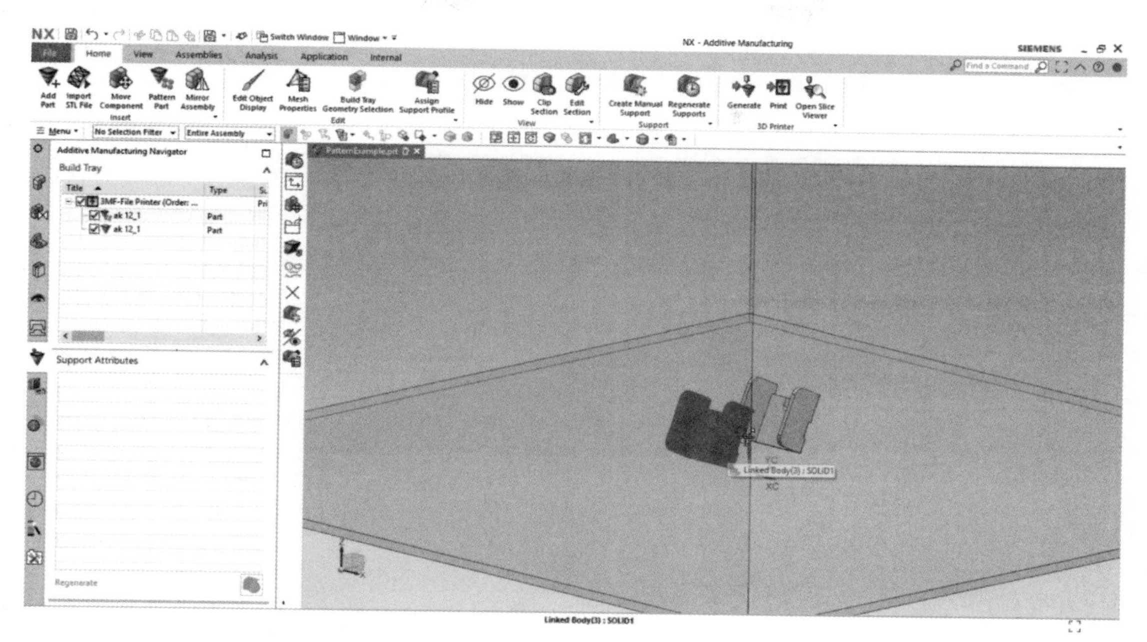

图 7-25　阵列结果

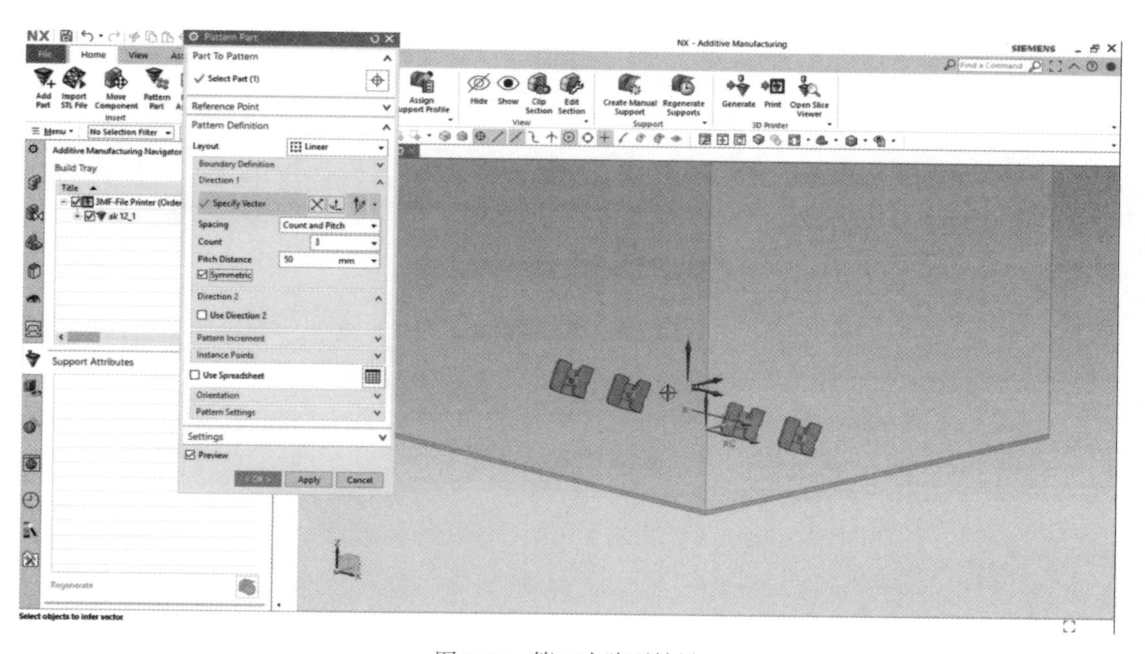

图 7-26　第二次阵列结果

还有其他的阵列模式可以尝试，如螺旋【Spiral】。选择螺旋模式时，需指定一条平面法线。在本例中，设置圈数【Turns】为 3，径向螺距【Redial Pitch】为 50mm。其余参数设置和阵列结果如图 7-28 所示。

如果将径向螺距更改为 30mm，则会稍微压缩螺旋半径，总体得到的阵列特征会更少。除螺旋模式外，还有其他几种模式。

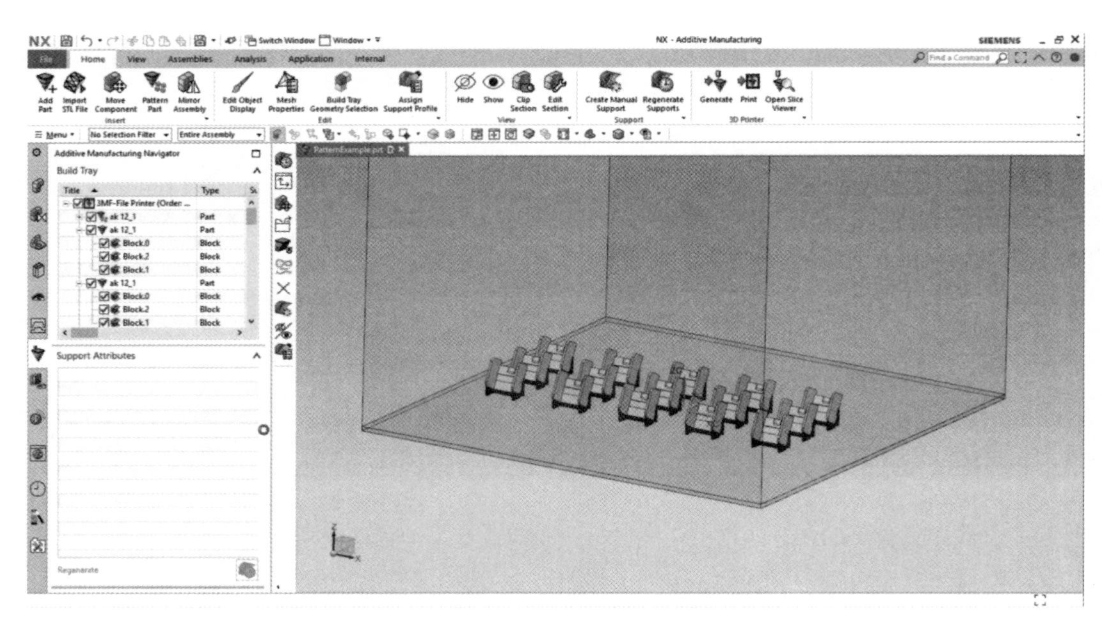

图 7-27　第三次阵列结果

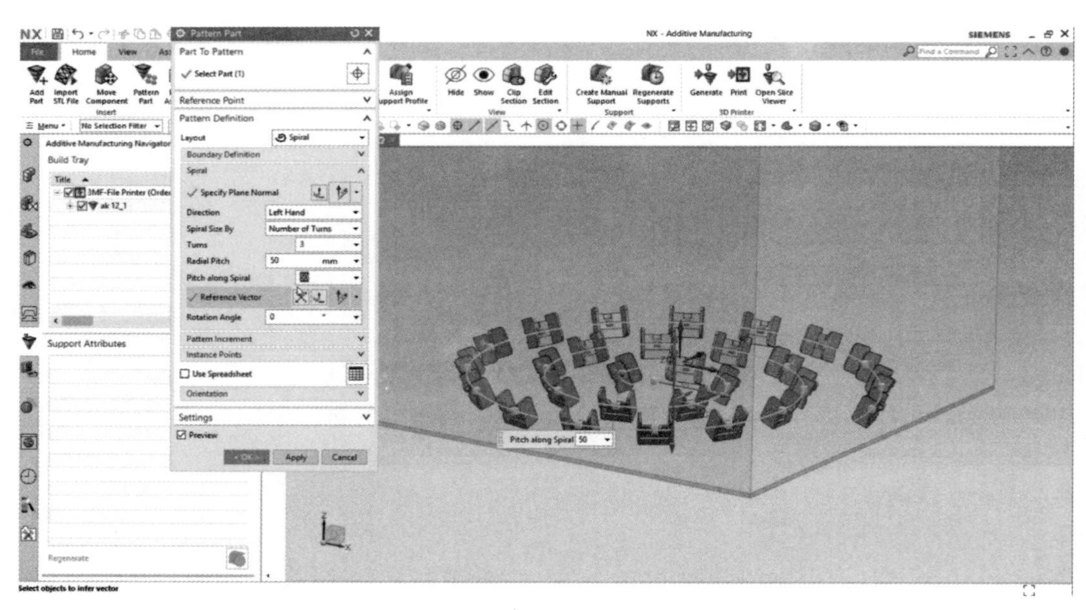

图 7-28　螺旋阵列

2．创建异常组件

图 7-29 所示为一个构建托盘阵列特征的实例，它是以基本节点创建的 5×3 阵列特征。

注意

当鼠标光标悬停在【Build Tray】中的选项上时，对象图标和带有名称的图像显示的是阵列基本节点，其他实体只显示常规的部分映像。

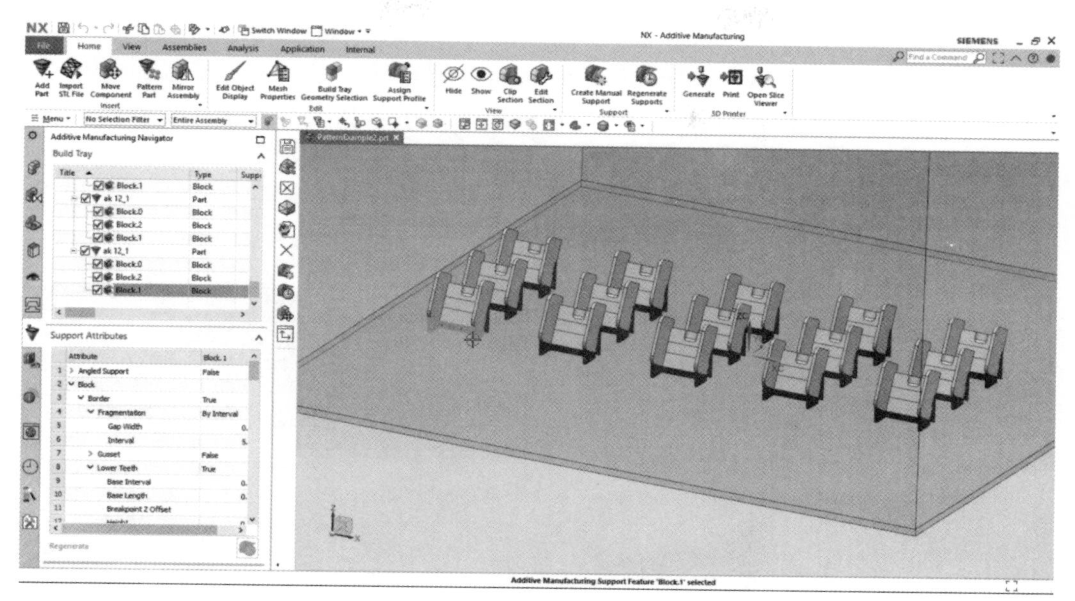

图 7-29　5 × 3 阵列特征

可以在导航器或图形区中进行模型的选择，从图形中选择一个支撑，它将立即在导航器中突出显示并出现其属性。选择图 7-29 中的支撑，将其对应的模型用作第二次阵列的基础。

把这个模型阵列新的一行。设置指定矢量为 Y 轴，然后使其反向，让它指向新的一行。取消勾选对称模式和方向 2，将间隔设置为 30mm。在新行中创建一个新模型，如图 7-30 所示。

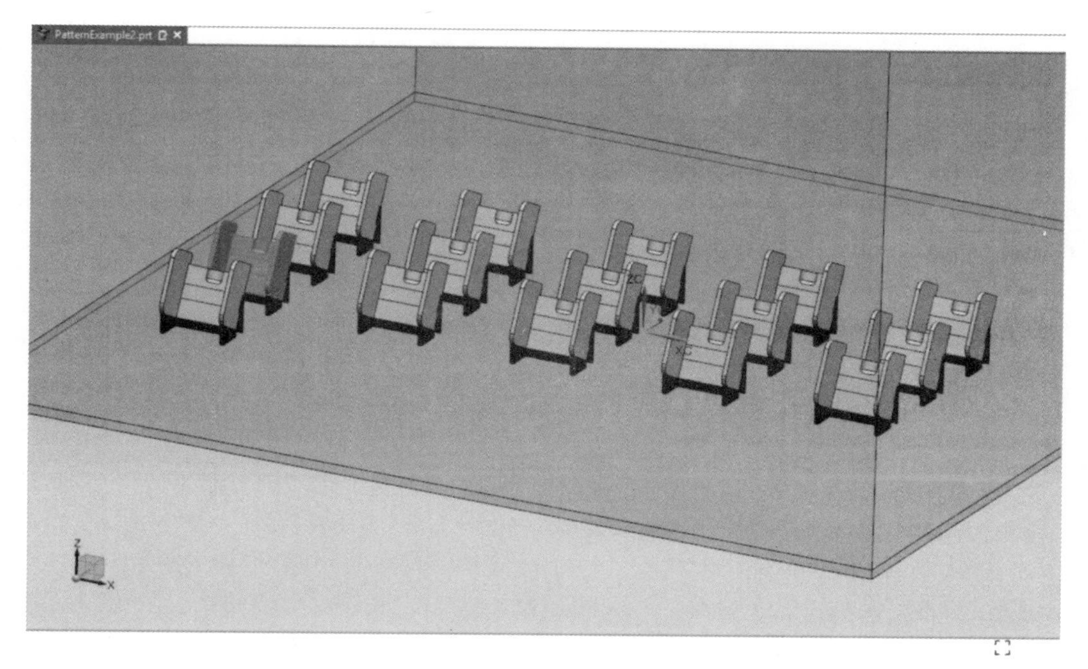

图 7-30　创建新行

接着对这个新阵列特征做一个改变，使这里有两个模型的阵列特征，从第一个开始。对它做一些修改，编辑它的支撑结构。将其改为实体支撑（图 7-31）。因为在这台 3D 打印机中，当激光接近实体模型边缘时，其构建特性并不完全相同，所以需要修改。

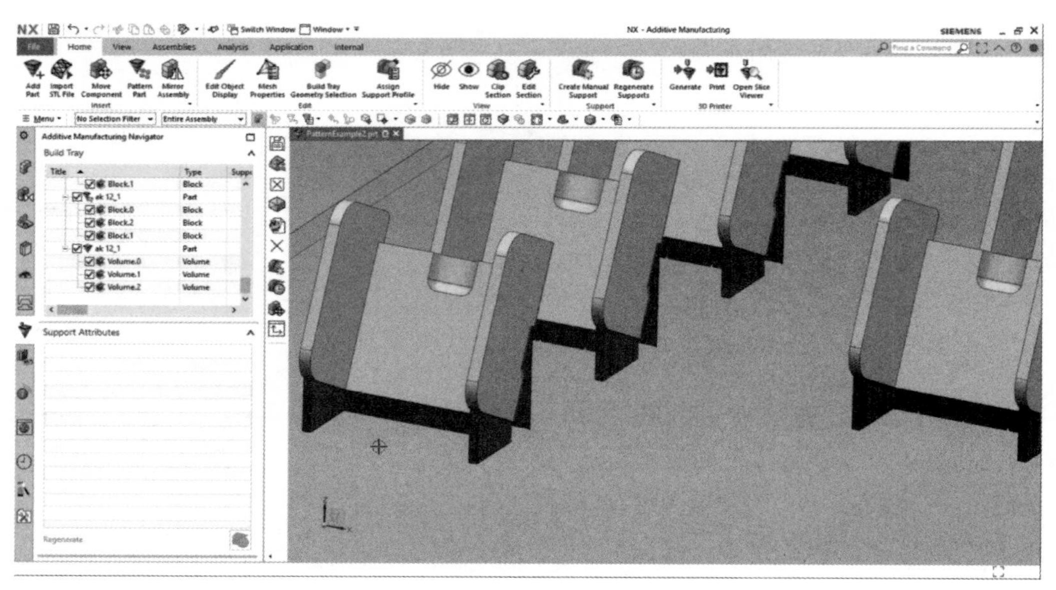

图 7-31　实体支撑

因此，需要将新建的组件的所有支撑都更改为实体支撑，这意味着为这个阵列特征创建了一个异常组件。

现在可以创建另一种阵列特征，从这个阵列特征开始，全部使用实体支撑，如图 7-32 所示。

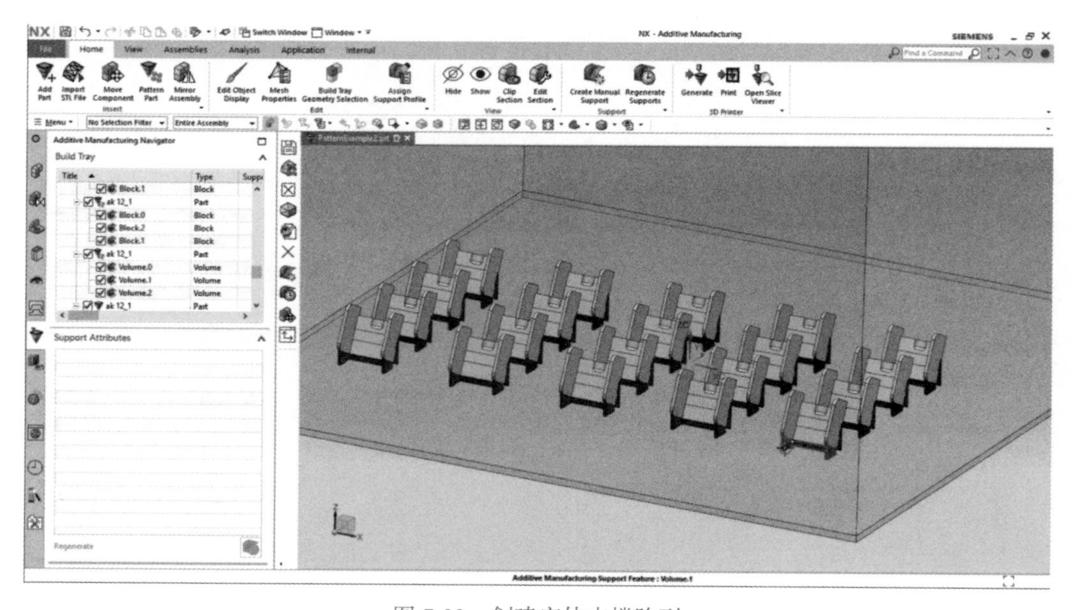

图 7-32　创建实体支撑阵列

在构建后续阵列特征时，在新行中使用了新的支撑类型。同时，也可以在第一个阵列特征中构建实体支撑，然后再进行修改。但是，通过依次构建阵列特征，节省了一些工作。

对阵列特征还有其他形式的修改。可以从阵列特征中删除模型，可以再次通过选择其支撑来进行选择模型，这将立即在导航器中显示对应模型；也可以在构建托盘中删除该模型，即使它是作为阵列特征的一部分创建的。还可以删除或添加阵列特征中模型的个别支撑，可以使用所有这些更改来对阵列特征进行异常处理。

3. 嵌套三维组件

对构建托盘使用自动嵌套命令【Automatic Nesting】，如图 7-33 所示。

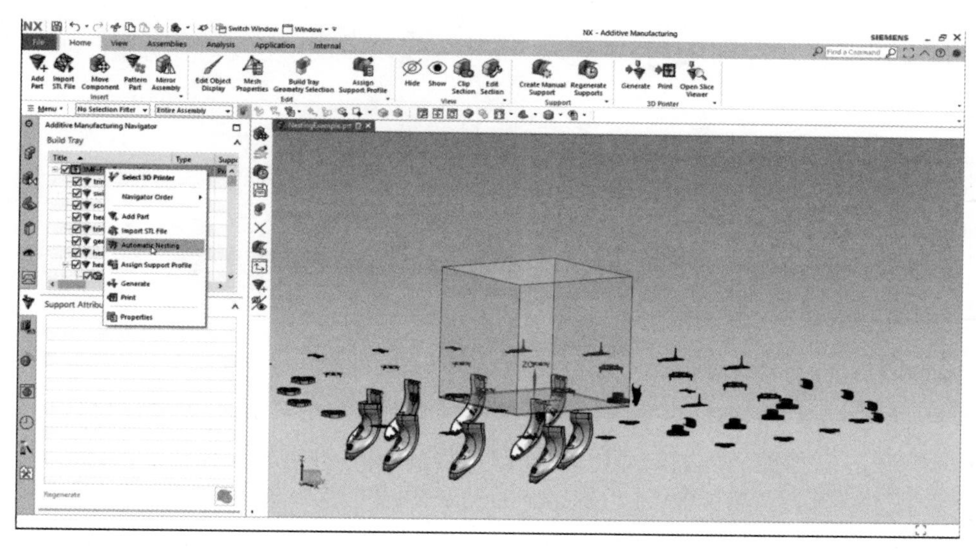

图 7-33　自动嵌套命令

在自动嵌套对话框（图 7-34）中，设置【Solution Mode】为【Distribute in Heigh】，在整个构建集中以高度分布所有这些组件。设置【Stop After（minutes）】为【2】，要求优化 2min，然后停止。

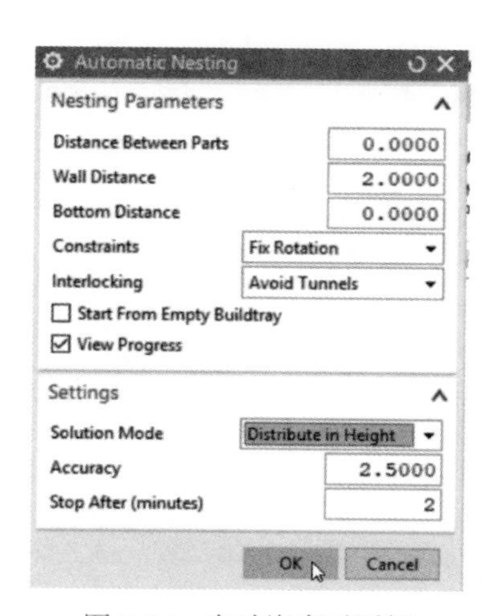

图 7-34　自动嵌套对话框

图 7-35 所示为自动嵌套三维组件的结果。所有的组件都与完成添加时一样置于构建托盘中。

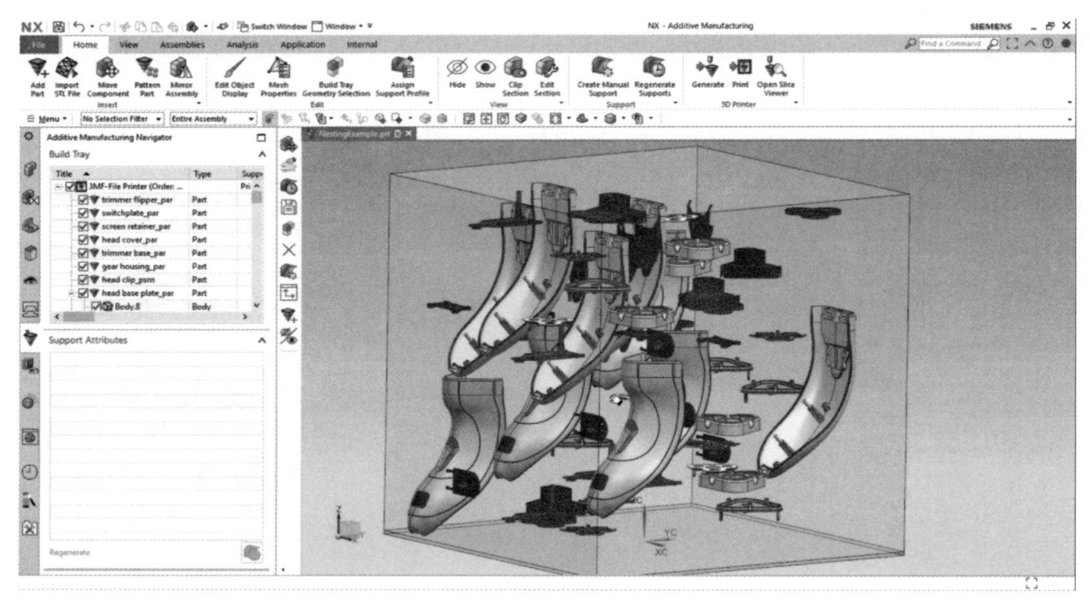

图 7-35　自动嵌套结果

在自动嵌套对话框中的约束【Constraints】下拉列表中有一个选项是保持这些方向【Fix Rotation】，就像前面设置的那样。或者可以允许有一些旋转，前提是不会对组件造成影响。如果选择固定底部和 XY【Fix Bottom And XY】（图 7-36），那么这些组件就可以围绕 Z 轴旋转，只能以 180° 为增量，相对于零件保持在 X 轴方向和 Y 轴方向不变。向上移动约束下拉列表，可以看到更多的选项。

Automatic Nesting

Nesting Parameters

Distance Between Parts	0.0000
Wall Distance	2.0000
Bottom Distance	0.0000
Constraints	Fix Bottom And XY
Interlocking	Avoid Tunnels

☐ Start From Empty Buildtray

☑ View Progress

Settings

Solution Mode	Optimize Height
Target Density (%)	60.0000
Accuracy	2.5000
Stop After (minutes)	2

OK　Cancel

图 7-36　选择固定底部和 XY 选项

还可以减少对组件的约束，来优化打印高度，将所有的组件压缩得更紧凑，更接近构建托盘，这意味着 3D 打印的总层更少，打印速度更快。从图 7-37 中可以看出约束选项改变了组件的排列，组件被压缩得更紧，并且都在一定高度内，即不能再进一步压缩的总体高度。

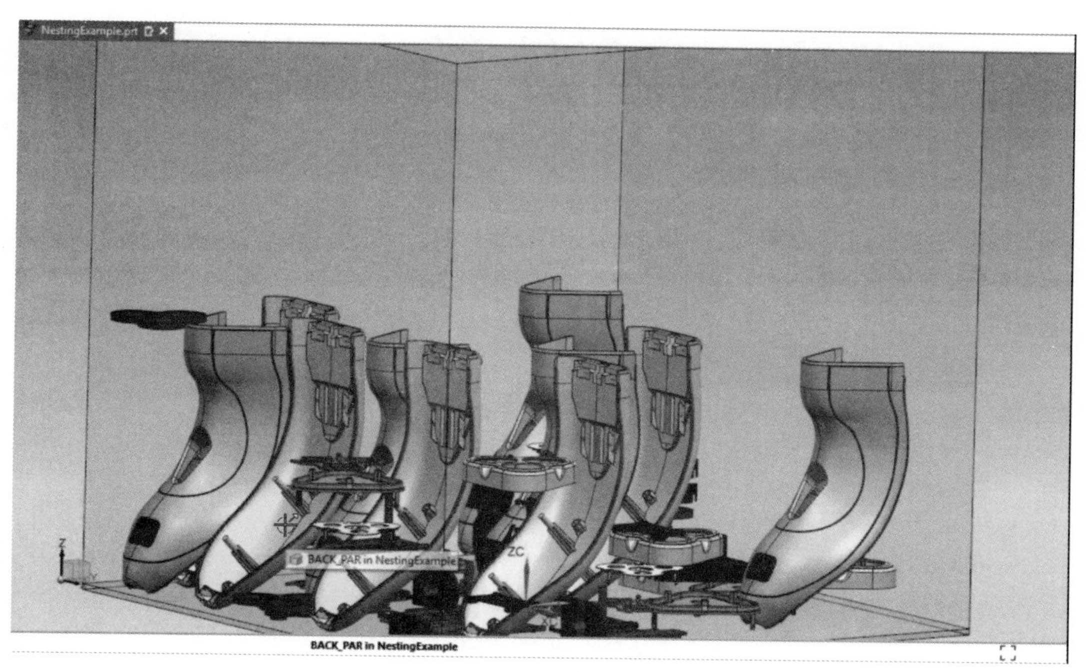

图 7-37 压缩组件

注意

空腔形状在构建托盘中的分布，可以通过联锁选项【Interlocking】控制。而完全的联锁功能就像链条上的链环，应该避免。如果改变了联锁选项重新嵌套，组件放置的位置会发生改变。

应用另一种解决方案【Solution Mode】，将联锁选项设置为避免隧道【Avoid Tunnels】，然后选择优化切片体积【Optimize Slice Volume】作为解决方案，如图 7-38 所示。这个选项将使零件移动，以使每层得到大约相同的激光扫描量，尽可能均匀地分配热量。因为涉及更多的计算，这个优化稍微慢一些。

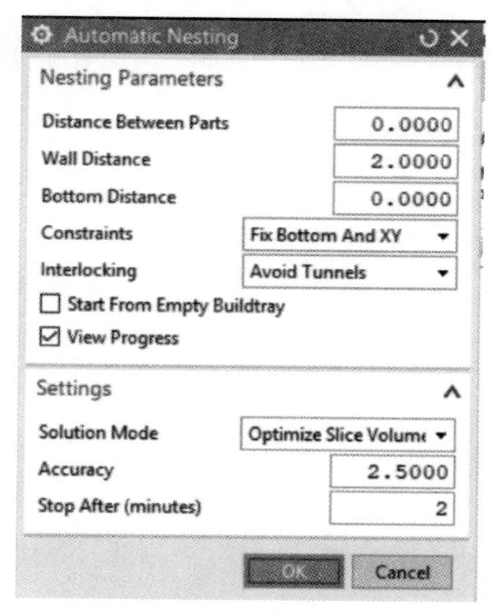

图 7-38 自动嵌套对话框

在图 7-39 中可以看到再次使用构建空间的全部高度来进行嵌套组件。

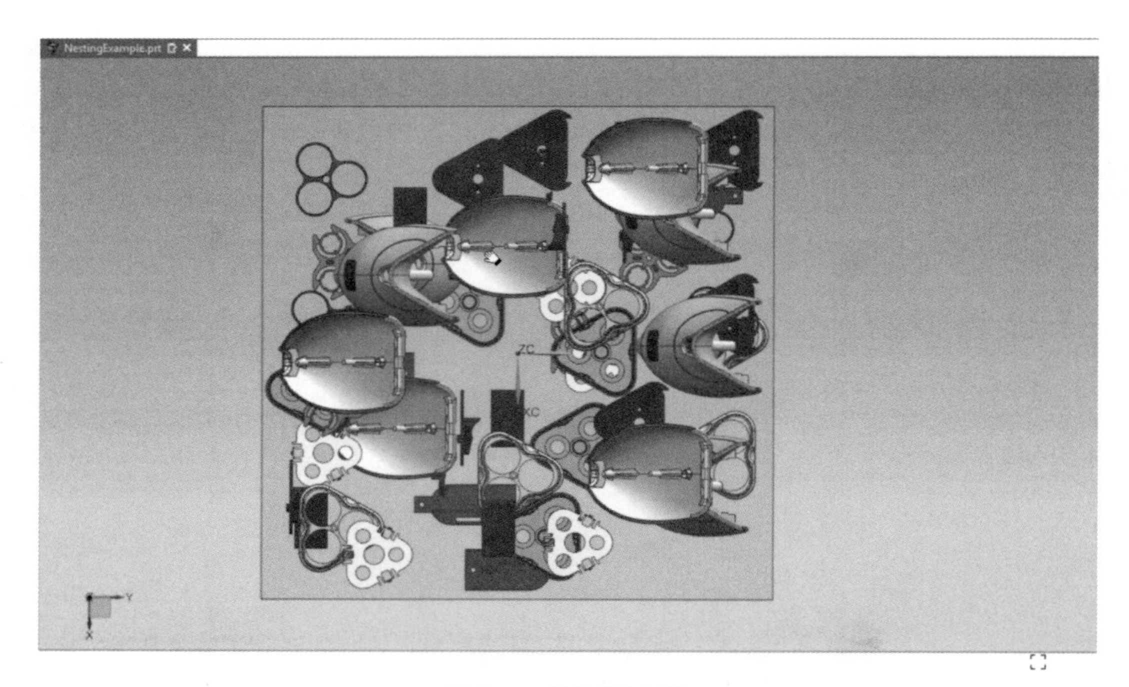

图 7-39　组件嵌套结果

也可以通过勾选从空构建托盘开始选项【Start From Empty Buildtray】来清除构建托盘，并强制使用嵌套算法重新定位构建空间中的每个部分，以从头开始，尽管没有对参数做任何更改，但是从一个空的构建托盘开始确实会得到与顺序解决方案不同的结果，如图 7-40 所示。

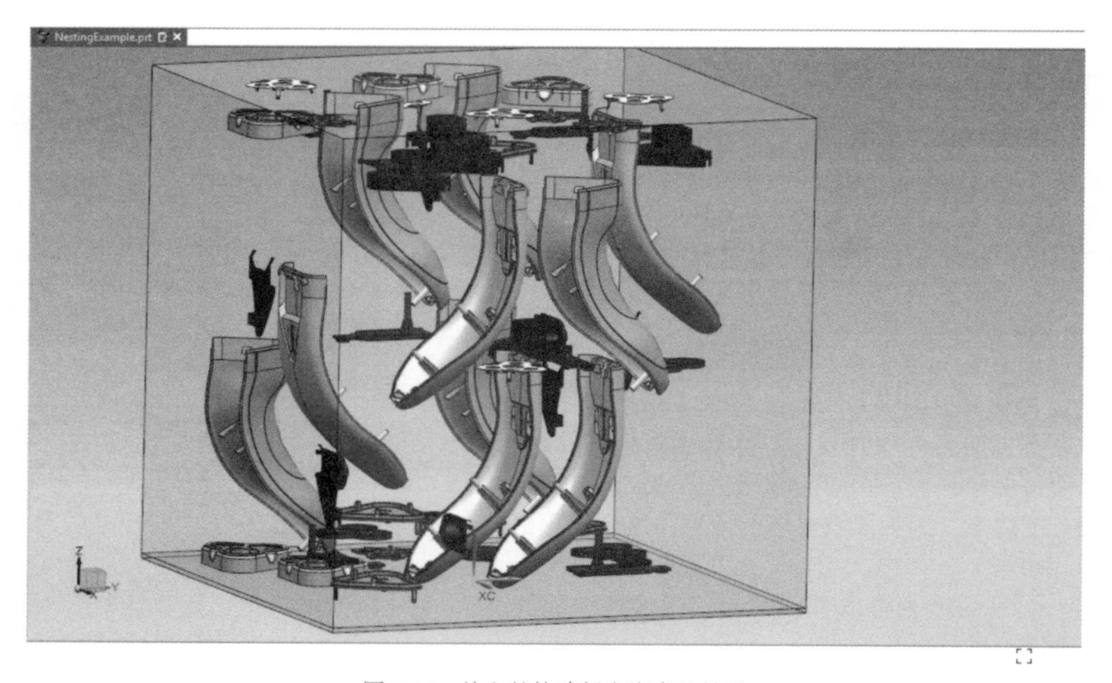

图 7-40　从空的构建托盘嵌套的结果

以上就是在构建空间中使用自动嵌套来构建多个部件的操作方式。

7.4 输出打印文件

本节将讲解打印文件的输出与参数设置，包括设置网格精度，选择构建策略，生成打印文件和检查切片。

1. 设置网格精度

打开具有圆柱形和球形的模型（图 7-41），该实例有助于看到和理解网格精度。选择【View】（视图）选项卡，显示刻面棱。显示刻面棱用于在屏幕上绘制显示的精确表面的近似值。

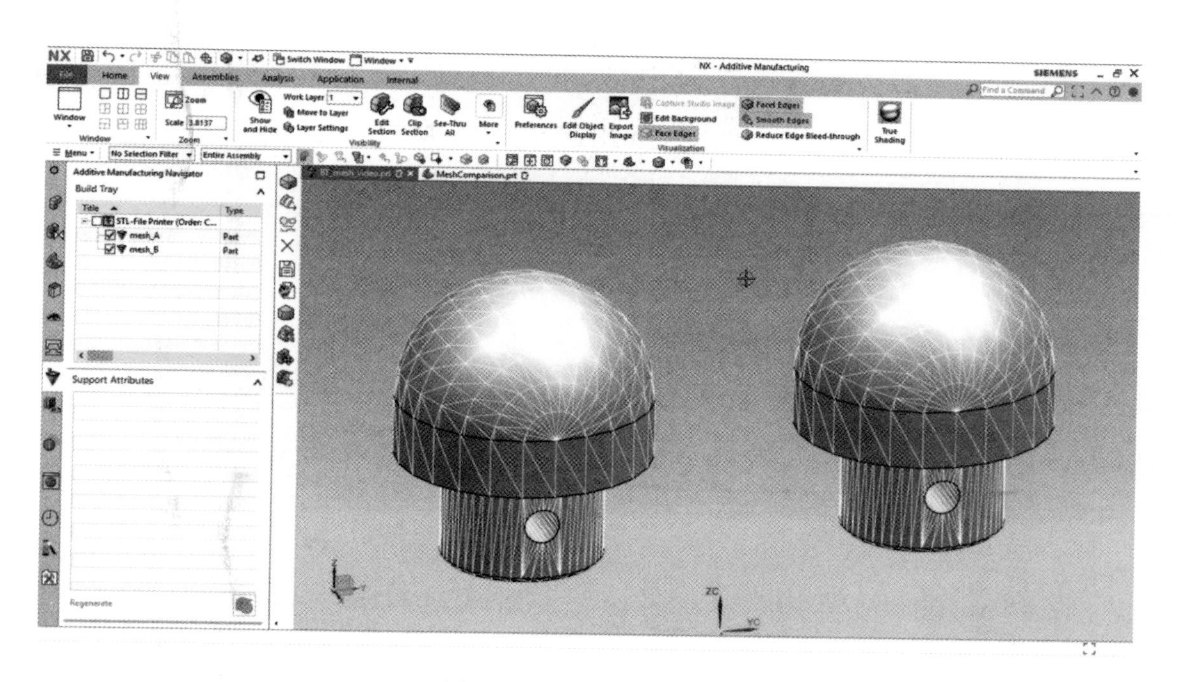

图 7-41 圆柱形和球形模型

打印托盘中的每个部分都可以分配网格属性，可以使用右键菜单中的网格属性命令【Mesh Properties】，也可以使用工具栏中对应的按钮，如图 7-42 所示。在网格属性对话框中可以修改实际的属性值。

构建托盘中单个部件的所有特征都具有相同的网格面。在本例中，构建托盘实际上包含两个独立的部件，它们实体形状一样，所以可以很容易地在演示中比较面片的差异，但它们是不同的 NX 部件，所以可以应用不同的网格属性，现在都被设置为精细，如果将其更改，可以看到这些网格精度显示得不同，如图 7-43 所示。

选择【view】选项卡，展示这些部分在面片上的不同。图 7-44 所示为发送到打印机的文件。

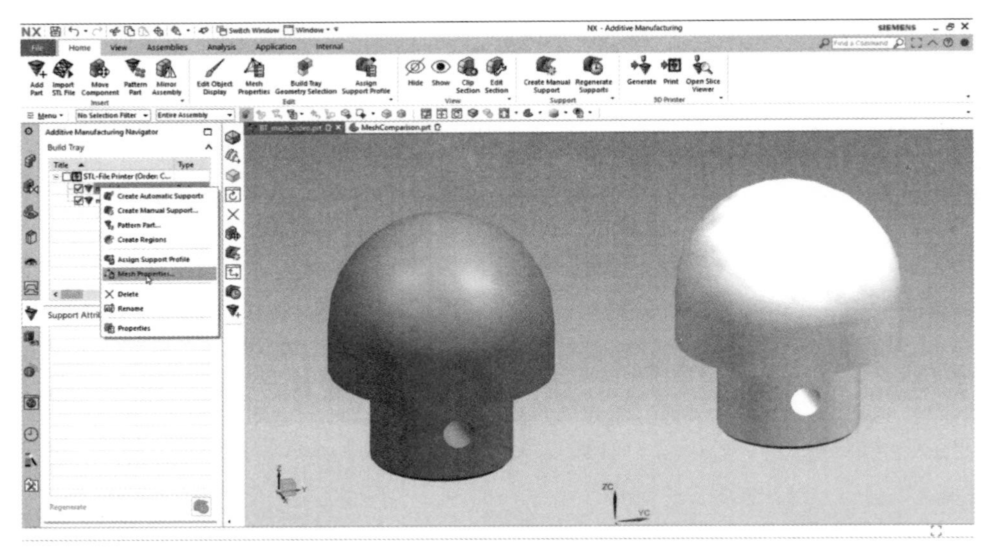

图 7-42　网格属性命令

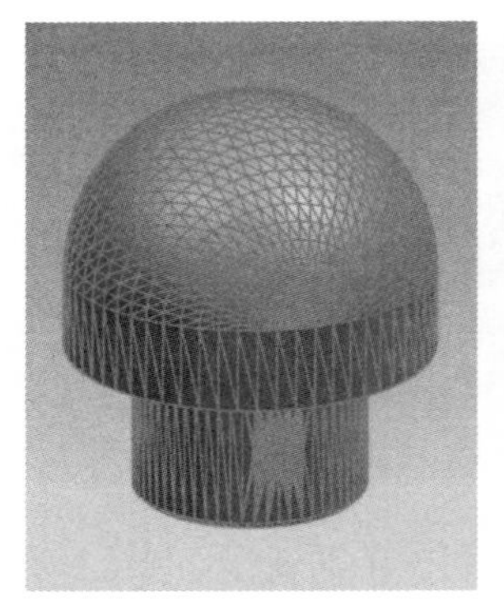

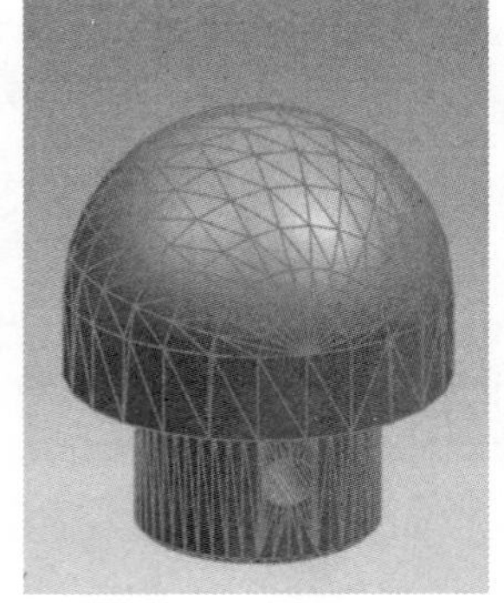

图 7-43　不同网格精度的对比

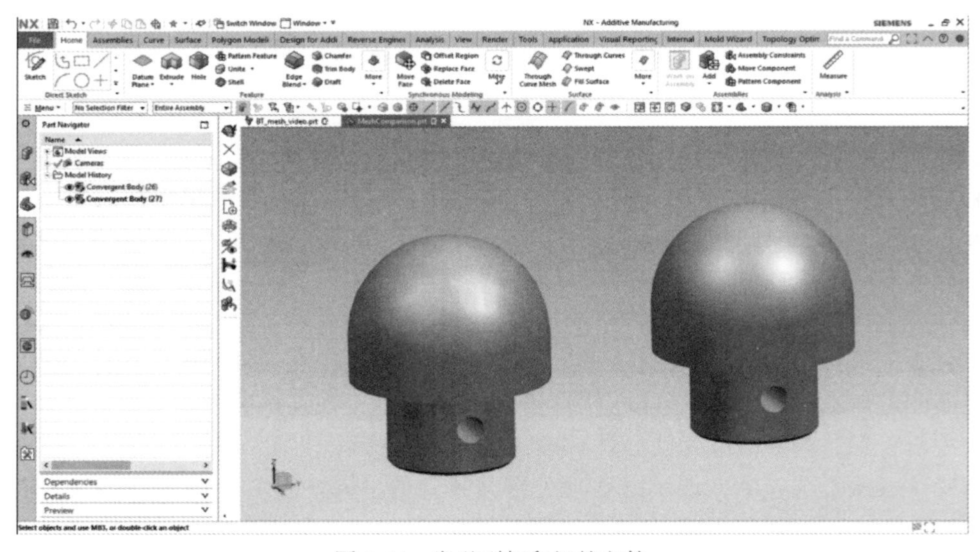

图 7-44　发送到打印机的文件

用户定义的选项中有公差设置，在 NX 帮助文档中可以看到这些选项是如何定义的。图 7-45 所示为【Additive Manufacturing】部分关于网格属性的公差定义内容。其中有关于粗糙【Coarse】、标准【Standard】、精细【Fine】等不同公差等级的描述。图左边为公差类型，每个预先定义的网格分辨率都在这个图表中列出了它的实际公差值，可以看到这些设置实际上为每个选项。可以向下滚动查看每个公差术语的定义。

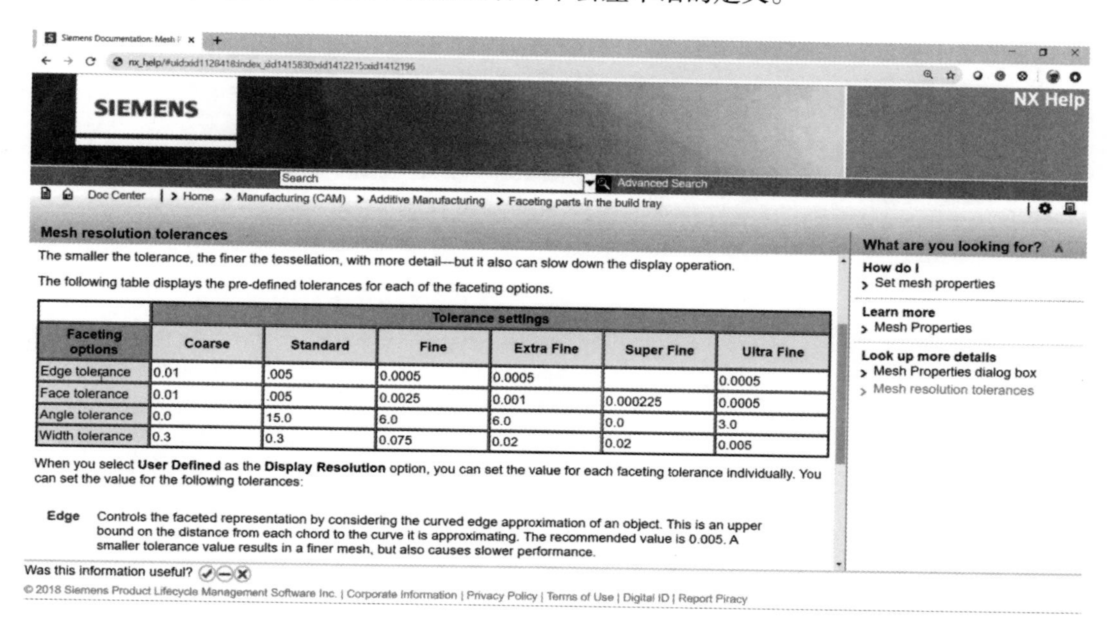

Mesh resolution tolerances

The smaller the tolerance, the finer the tessellation, with more detail—but it also can slow down the display operation.

The following table displays the pre-defined tolerances for each of the faceting options.

	Tolerance settings					
Faceting options	Coarse	Standard	Fine	Extra Fine	Super Fine	Ultra Fine
Edge tolerance	0.01	.005	0.0005	0.0005		0.0005
Face tolerance	0.01	.005	0.0025	0.001	0.000225	0.0005
Angle tolerance	0.0	15.0	6.0	6.0	0.0	3.0
Width tolerance	0.3	0.3	0.075	0.02	0.02	0.005

When you select **User Defined** as the **Display Resolution** option, you can set the value for each faceting tolerance individually. You can set the value for the following tolerances:

Edge Controls the faceted representation by considering the curved edge approximation of an object. This is an upper bound on the distance from each chord to the curve it is approximating. The recommended value is 0.005. A smaller tolerance value results in a finer mesh, but also causes slower performance.

图 7-45　公差设置

定义完成网格分辨率后，输出到打印文件。

2．构建策略

在 NX 中使用【编辑构建策略】命令时可用的四种材质，对于铝材料，选择粗略的 0.150mm 厚度（图 7-46），可以看到一组相关的信息。

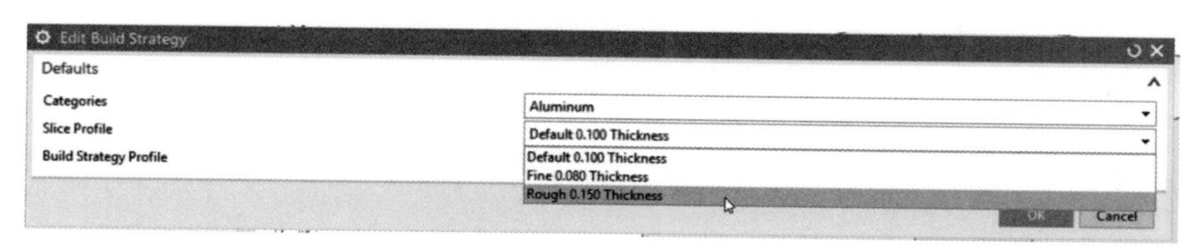

图 7-46　选择切片厚度

关于此材料的构建策略，NX 中有三种策略可供选择。第一个是系统安装的默认值，它的切片厚度为 0.1mm。切片被分解为边框和填充（或孵化），有几个类别的填充方式。在这里默认象棋模式，它会以棋盘图样交替方块。这就是为整个构建托盘选择的构建策略（图 7-47）。

我们可以一个组件接一个组件地使用相同的编辑构建策略命令，在成分层面，不选择材料，也不改变切片的形状。这些选择必须应用于整个构建托盘。但是在组件级别，可以调整构建策略信息，这样每个组件都可以以不同的方式构造跟踪。

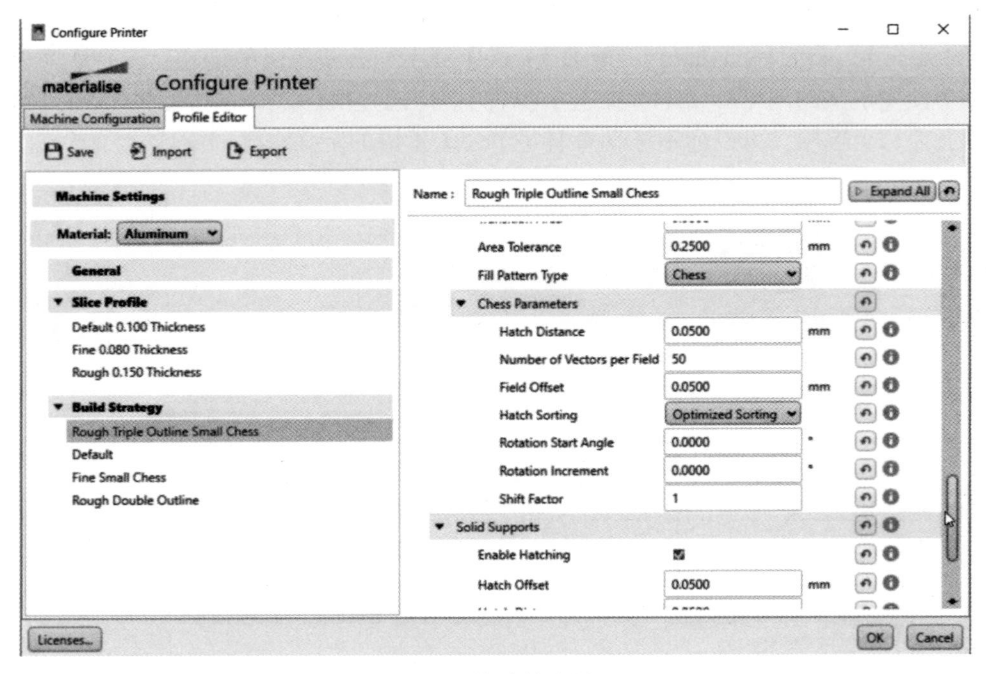

图 7-47　构建策略设置

3．生成打印文件

使用 Generate 命令将输出文件写到一个文件夹中（图 7-48），这需要一点时间，因为软件正在制作所需的所有切片，并根据我们选择的构建策略将每个切片分解成激光轨迹。也可以使用类似的命令如 Print，将输出文件直接发送到打印机，而不是发送到文件夹。可以在构建处理器中看到打印机中处理队列的进展（图 7-49）。

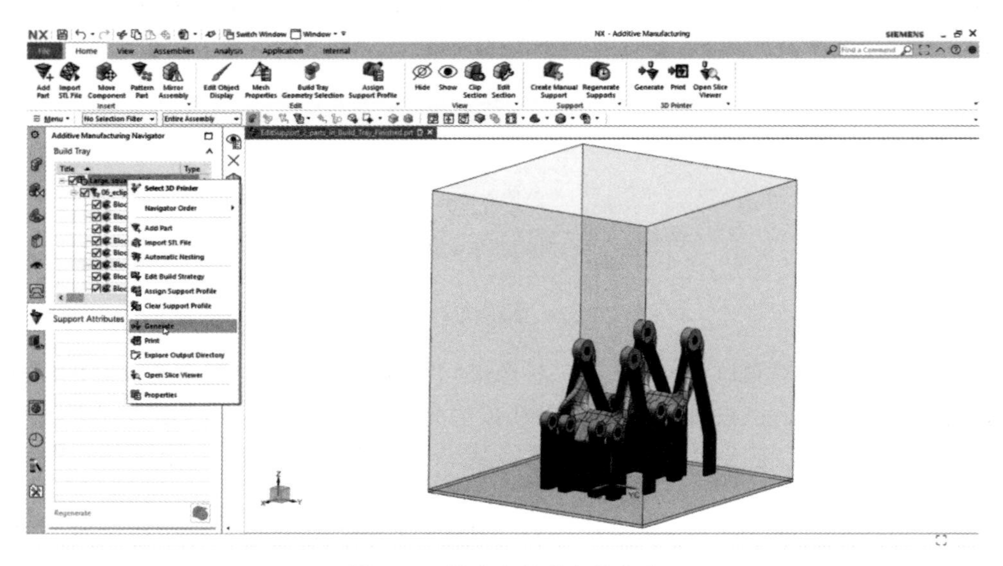

图 7-48　输出文件到文件夹中

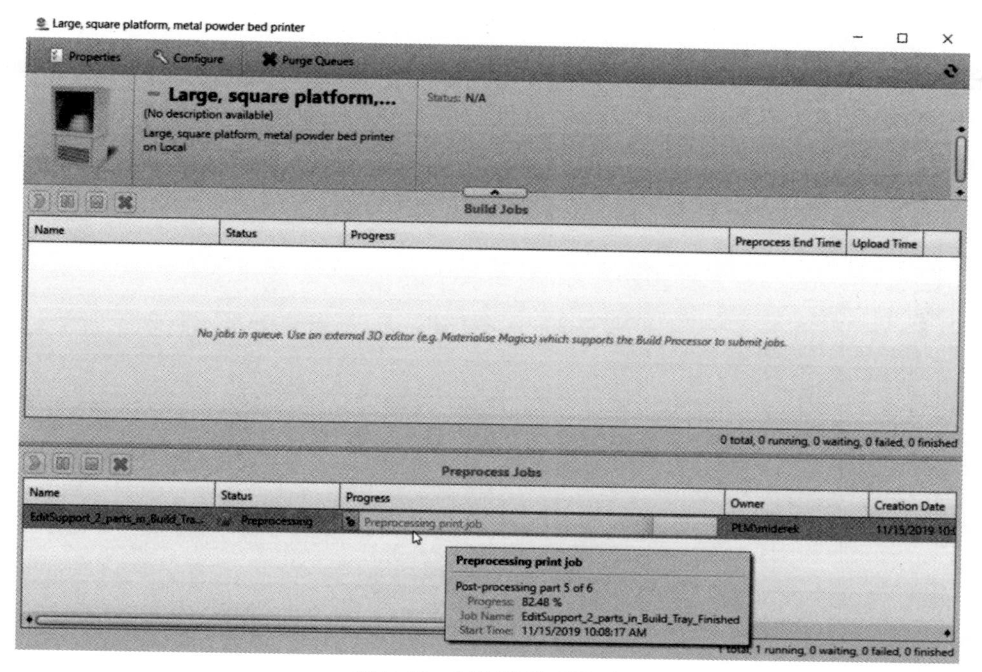

图 7-49 打印机处理队列

当处理完成后，可以使用【Explore Output Directory】命令直接写入该文件的文件夹中（图 7-50），可以看到它大约有 92MB，是一个【任务调度器任务】文件，由它的“.job”文件名表示。这是由构建处理器管理器中为这台机器的特定实例建立的构建策略选择向导。

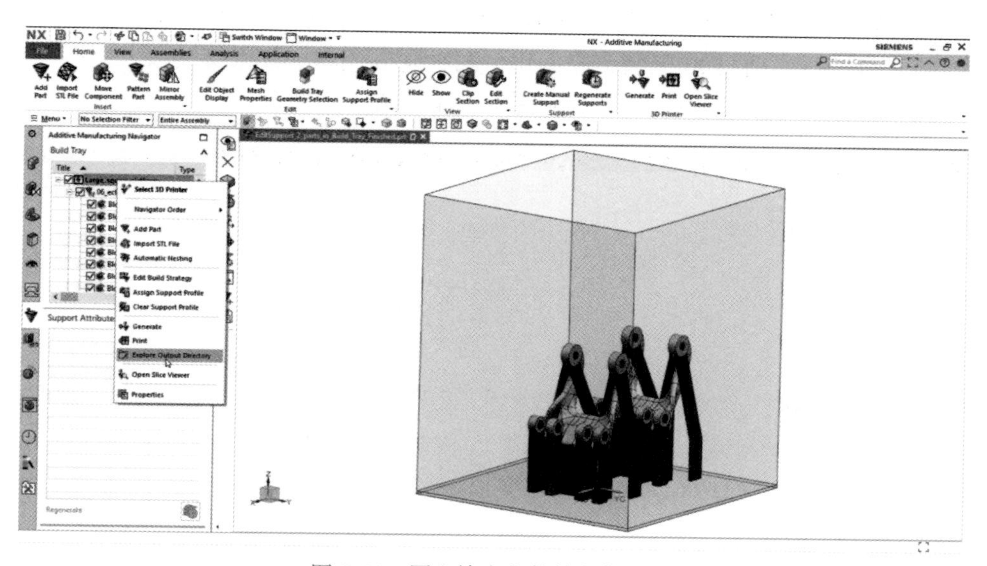

图 7-50 写入输出文件的文件夹中

4．切片检查

在查看切片查看器之前，需要确认打印文件已完成。可以使用切片查看器查看它的内容。

选择左侧导航器中的项目并在右键下拉菜单中打开切片查看器（图 7-51），看到所有支持的横截面在第一个切片上满足构建托盘要求。可以使用左上角的增量箭头逐层递增，或者使用滑块来移动关卡。

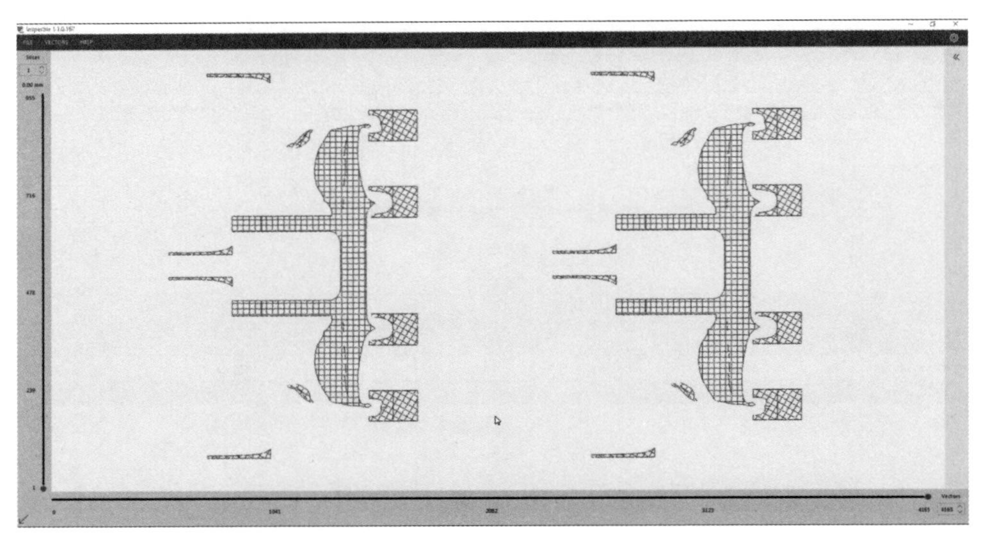

图 7-51　打开切片查看器

在水平滑块上，我们可以看到每一层都是从头开始构建的，移动时得到了激光追踪到的矢量的数量。

也可以直接输入一个关卡来跳转到一个特定的切片，当跳到第 250 片，看到进入组成部分的体积，其材料是固体的。

由于之前对这两个组件使用了两种不同的构建策略，在第一种情况下，使用象棋模式，其中正方形的大小是 100 笔画，我们用了两种轮廓笔画。如果继续放大，可以看到象棋的方块，再进一步放大，会看到每个轮廓有两条轨迹（图 7-52）。

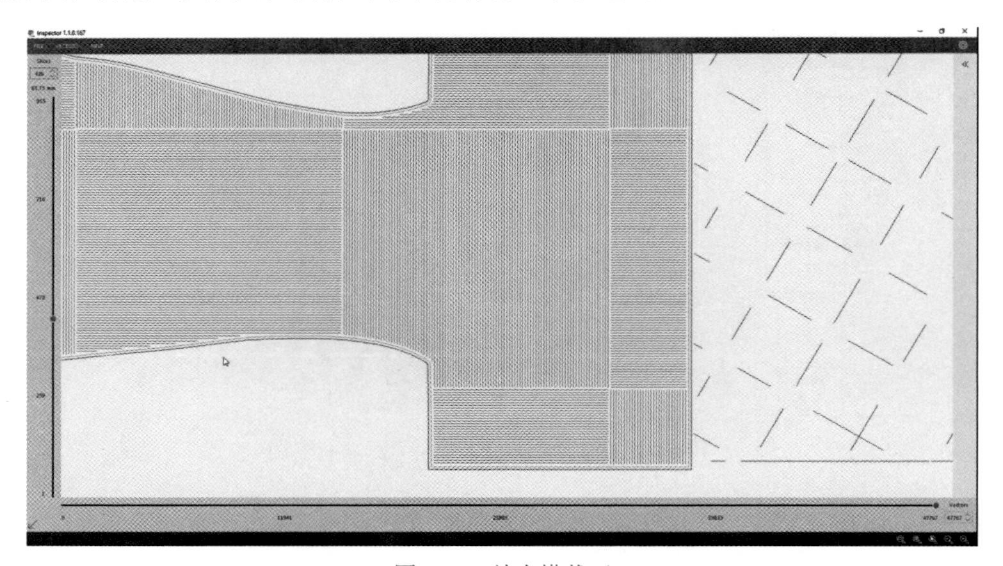

图 7-52　放大横截面

如果我们稍微缩小一点，就可以看到这两个组件在一起，并识别出正在使用的不同构建策略。也可以显示笔画之间的跳跃。

可以看到每条轨迹都有一个与之相关的方向（图 7-53）。

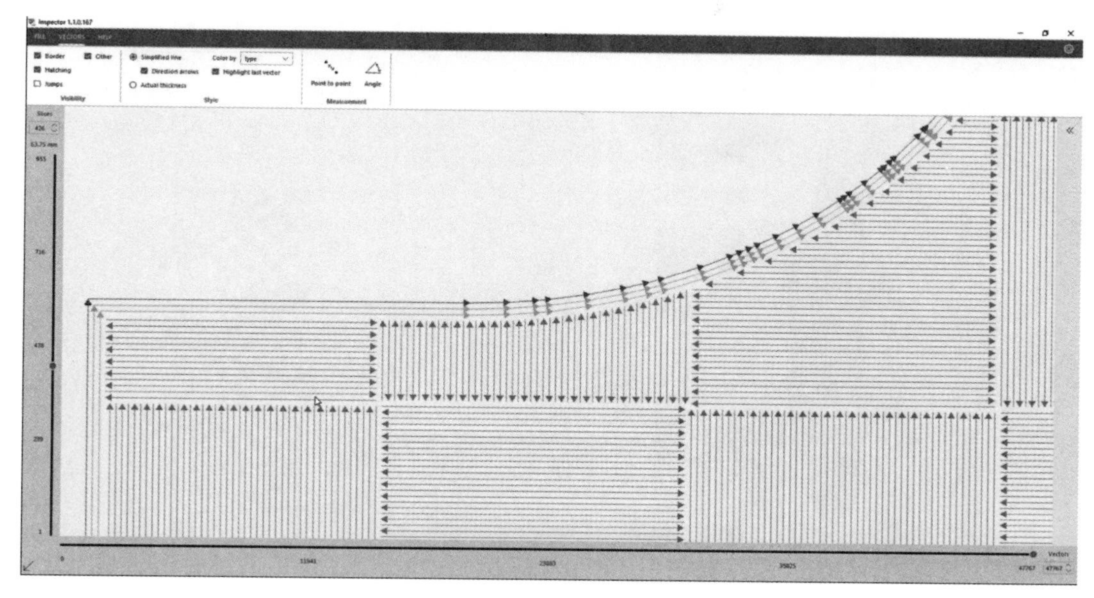

图 7-53　带有方向的轨迹

使用切片查看器如果一直向上移动到打印作业的最后几片，会看到圆柱形状，因为横截面正在缩小，以完成圆柱造型（图 7-54）。这些平行的笔画展示了 In Skin 区域与 Up Skin 区域之间的区别，In Skin 区域是一个零件的内表面，而 Up Skin 区域是一个零件朝上的外表面。Up Skin 代表这个区域的最后一层熔融粉末，而上一层未熔融，因此，建立平行的直线冲程以作为圆柱体顶部来完成。

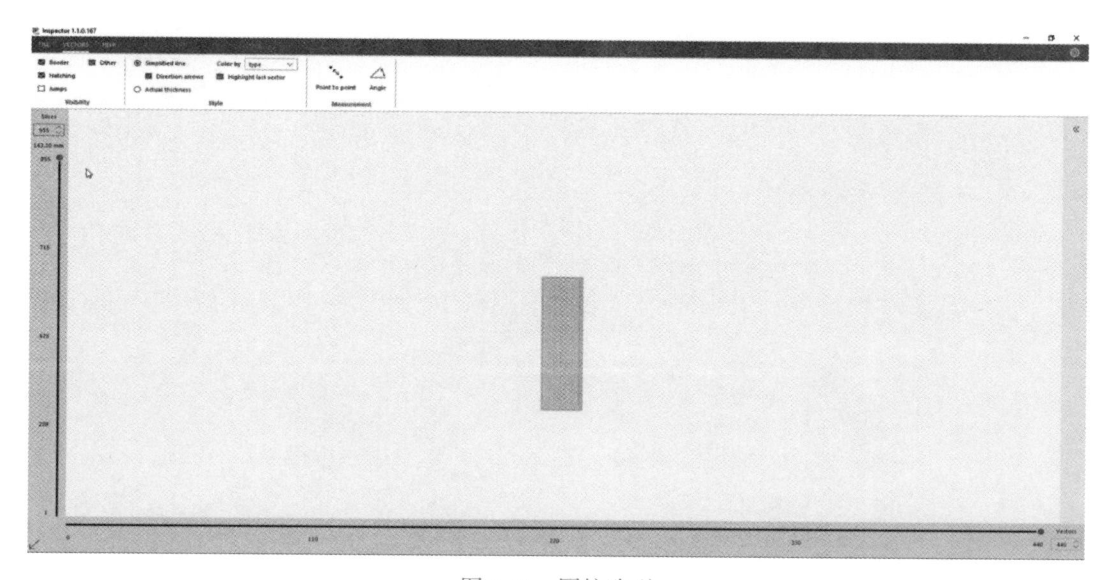

图 7-54　圆柱造型

通过以这种方式打破传统的填充模式，每隔一个正方形跟踪填充，然后返回来填充其余的正方形（图 7-55），从而将热量均匀传递。要用这种方式来控制热量，以减少制件的翘曲和变形，要防止把热量放在一个地方从而避免发生问题。

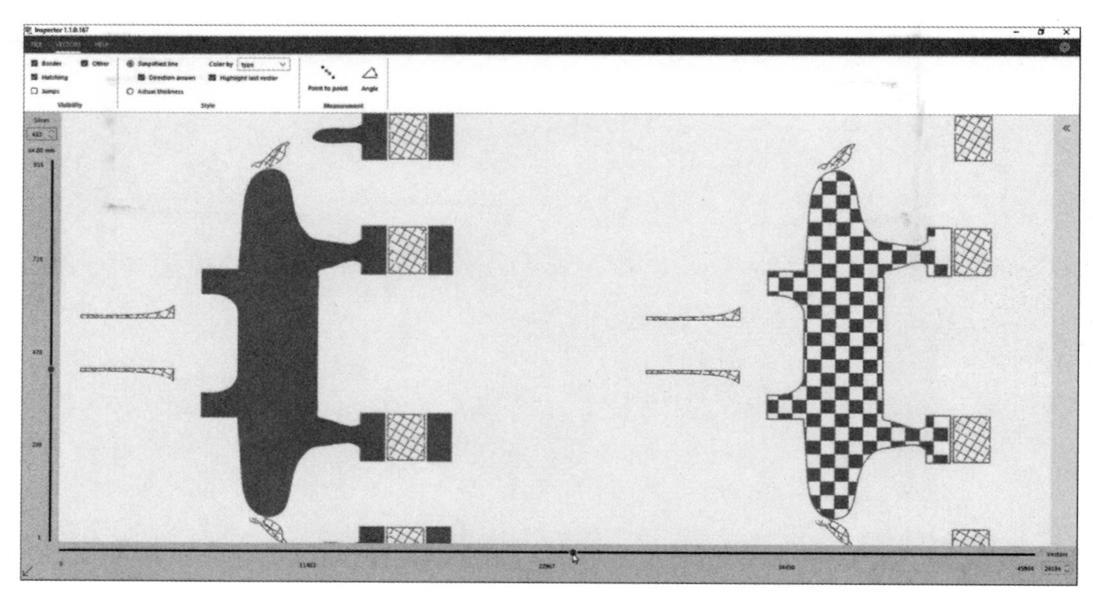

图 7-55　象棋模式填充

多轴增材制造

8.1 平面加工

本节将介绍有关 NX 沉积增材制造中的平面构建工序。这些附加工序的构建层都是水平的或垂直的。

8.1.1 入门操作

1. 初始化加工设置

1）在 NX 中打开文件“prismatic_assembly_regions.prt”，文件中模型如图 8-1 所示。

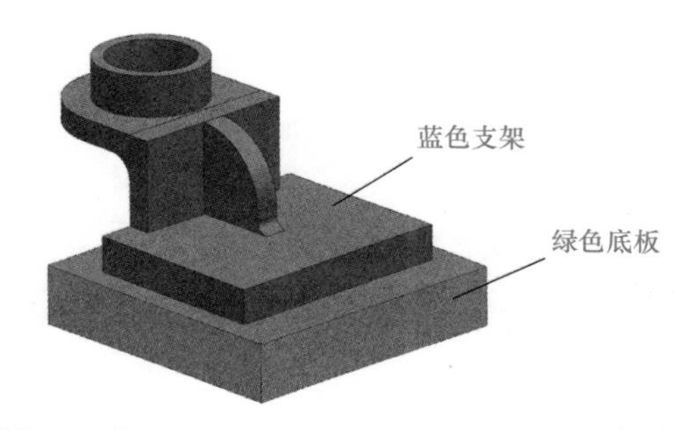

图 8-1 “prismatic_assembly_regions.prt”文件模型

2）这个模型是准备在 NX CAM 中用附加沉积工序来加工的一个装配体。底部的绿色块是这个部件将要构建在上面的基板或底板，这是装配文件中的一个组件，它的文件名为“initial_workpiece.prt”。蓝色的支架是要构建的几何体。它是一个在装配中有自己部件文件的独立组件，其文件名为“finished_part_regions.prt”。

3）【finished_part_regions】组件是一个易于理解和可视化的棱柱形部件。它由四个独立的实体（图 8-2）按顺序构建。

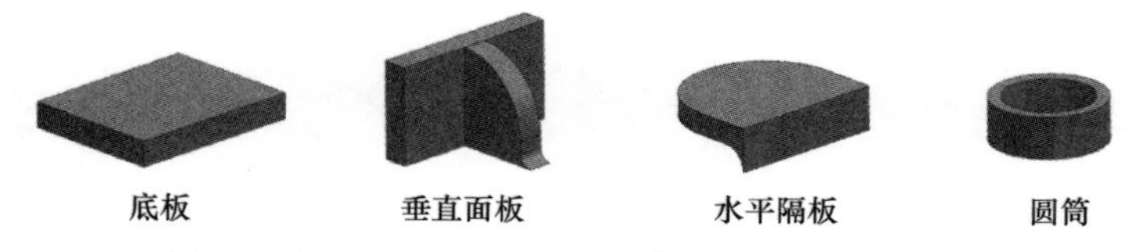

图 8-2 【finished_part_regions】组件中的四个实体

在装配导航器中，用鼠标右键单击【finished_part_regions】组件，然后选择【替换参考集】，查看组件的不同实体。在继续下一步之前，确保参考集包含所有实体。

4）单击【文件】→【新建】→【加工】新建加工文件，如图 8-3 所示。

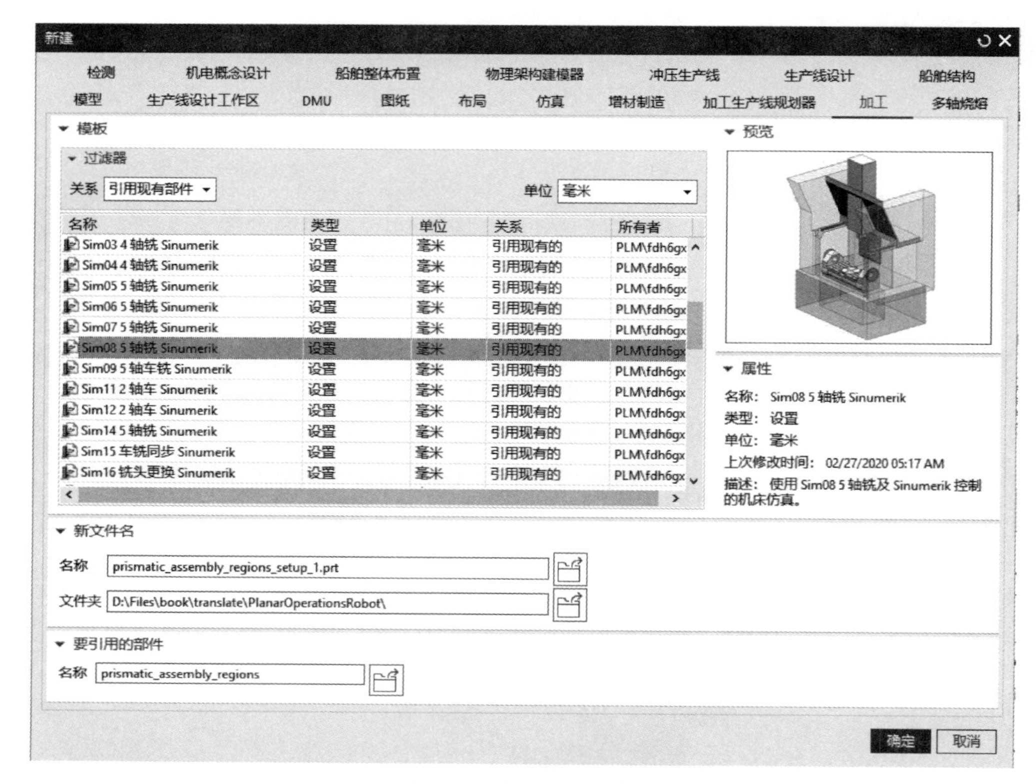

图 8-3　新建加工文件

在【加工】选项卡中选择【Sim08 5 轴铣 Sinumerik】模板，这是一个标准的机床配置。

5）设置装配体的可见性。新建的加工装配体最初看起来是空的，这只是因为装配体的可见性是关闭状态。在装配导航器中打开【prismatic_assembly_regions】和【sim08_mill_5x】的可见性，如图 8-4 所示。

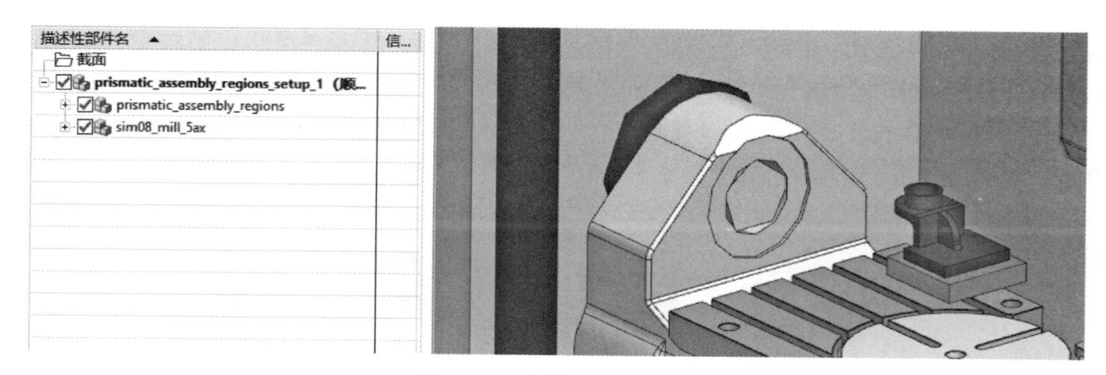

图 8-4　打开装配体可见性

6）使用【装配】选项卡中的【装配约束】将部件放到机床对应的位置。在【装配约束】对话框中选择【接触对齐】约束，如图 8-5 所示。选择绿色底板的底部，然后选择转台的顶部分别为约束对象，使工件移动到转台上，如图 8-6 所示。

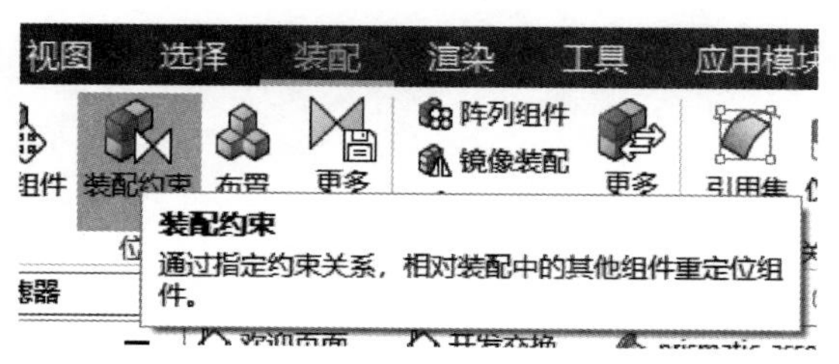

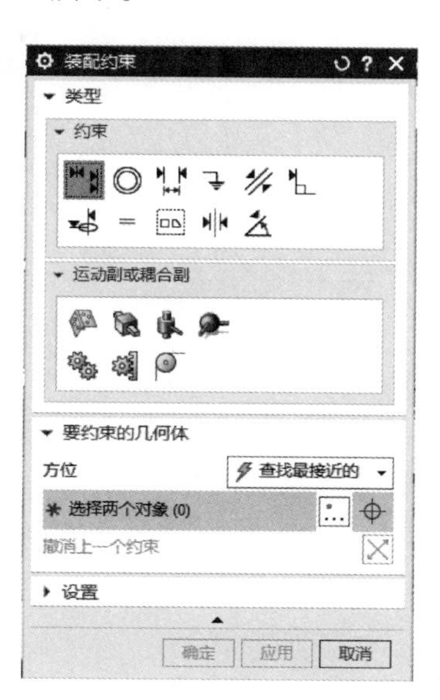

图 8-5 装配约束

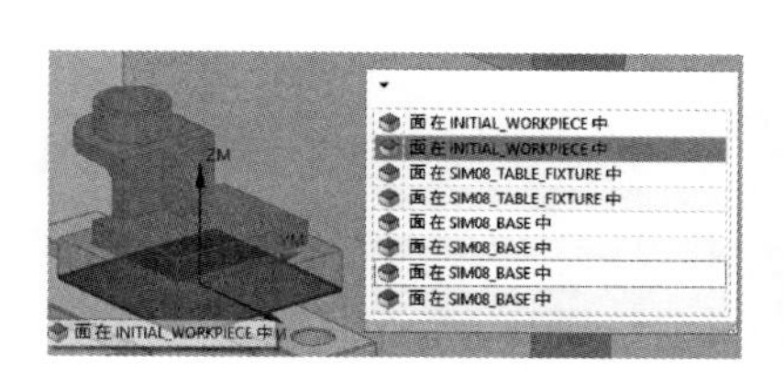

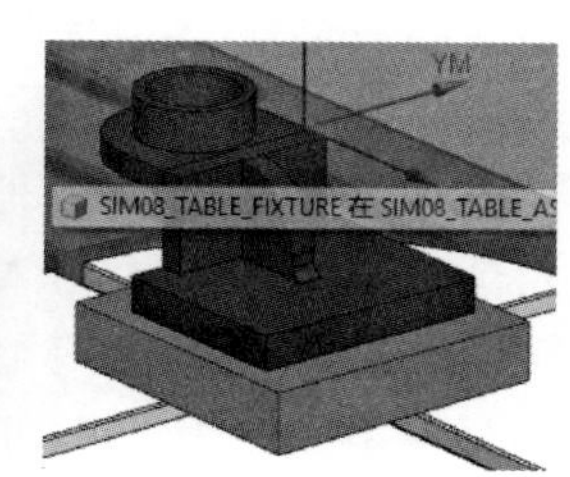

图 8-6 将部件移动到转台上

7）更新机床的动态模型来包含这个部件。当一个部件第一次与机床关联时，它将包含在机床的动态模型里。

① 在资源栏中选择【机床导航器】选项卡，在右键菜单中单击【全部展开】来展开所有的动态层级，如图 8-7 所示。

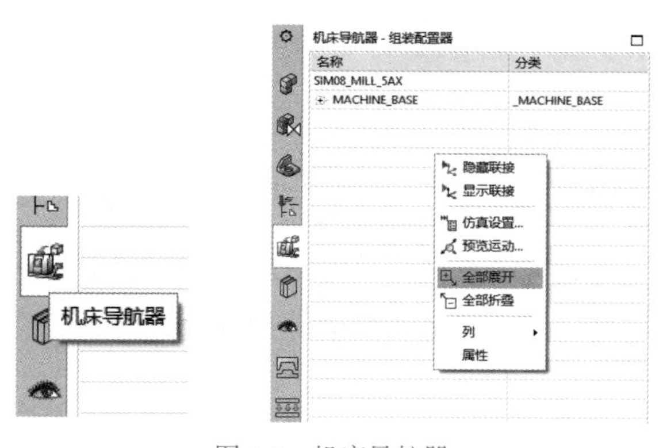

图 8-7 机床导航器

② 打开【编辑机床组件】对话框，选择绿色底板和蓝色支架，应该共包含五个实体，如图 8-8 所示。

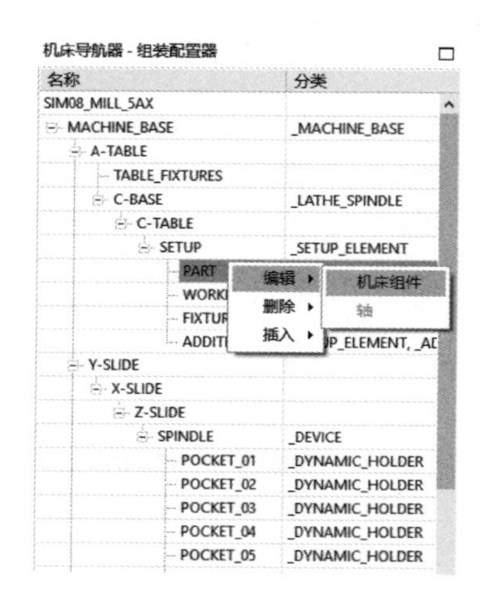
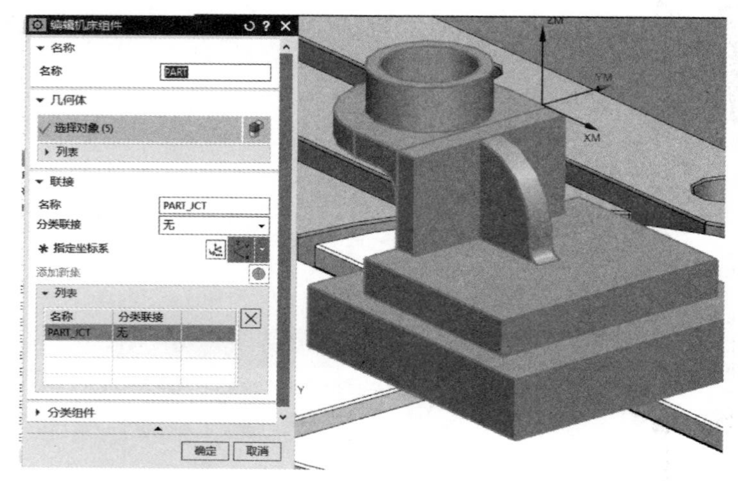

图 8-8　编辑机床组件

现在这些组件将作为机床的一个部件来跟随其移动，以实现完全的可视化。

2. 准备沉积的附加工序

1）创建沉积刀具。在本例中，需要使用一把刀具。

① 在【工序导航器】的工具视图中，打开【创建刀具】对话框，在【5x_Mill_Vertical_AC_Table】下创建一把刀具。

② 如果【类型】中没有【multi_axis_deposition】选项，需要在【类型】下拉列表中单击【浏览】来找到它。进入→【mach】→【resource】→【template_part】→【metric】文件夹中找到【multi_axis_deposition.prt】这个模板部件并选择它。

③ 在【创建刀具】对话框中，选择【Deposition Laser】为刀具子类型，如图 8-9 所示。然后单击【确定】来继续定义刀具。

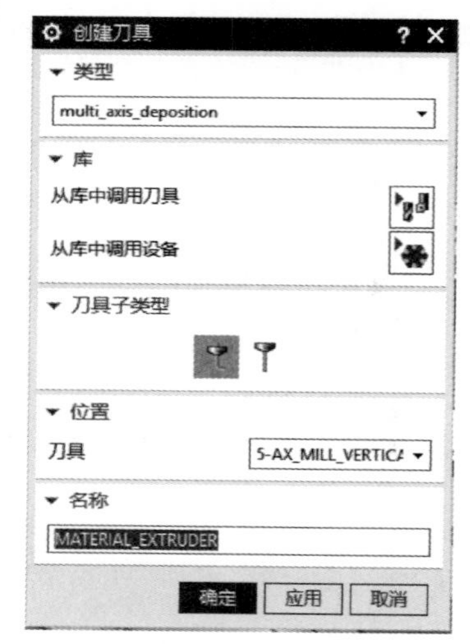

图 8-9　创建刀具

④ 创建的刀具默认有直径 3mm 的沉积。在本例中，不改变刀具的默认值，但对于机床，生成的夹持器会过大。选择【夹持器】选项，做如下设置：

a. 选择【夹持器参数】下拉列表中的【步进 5】，将其移除。

b. 选择【步进 4】，并将其下直径和上直径设置为【101.0】。

c. 选择【步进 3】，并将其下直径设置为【91.0】，上直径设置为【101.0】，如图 8-10a 所示。

d. 将刀具命名为【Deposition_Tool】。

e. 单击【确定】，完成刀具的定义。

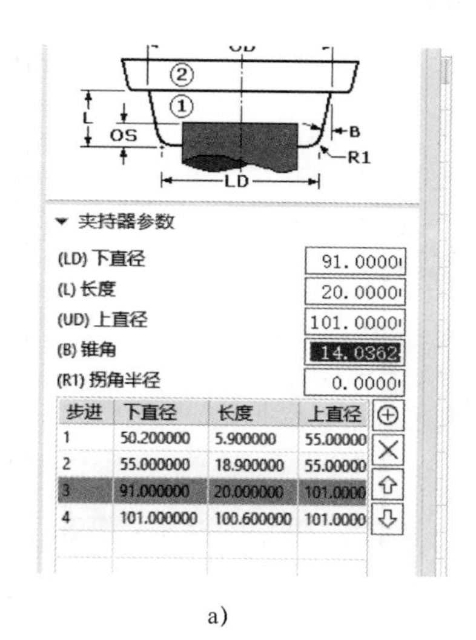

步进	下直径	长度	上直径
1	50.200000	5.900000	55.000000
2	55.000000	18.900000	55.000000
3	91.000000	20.000000	101.0000
4	101.000000	100.600000	101.0000

a)

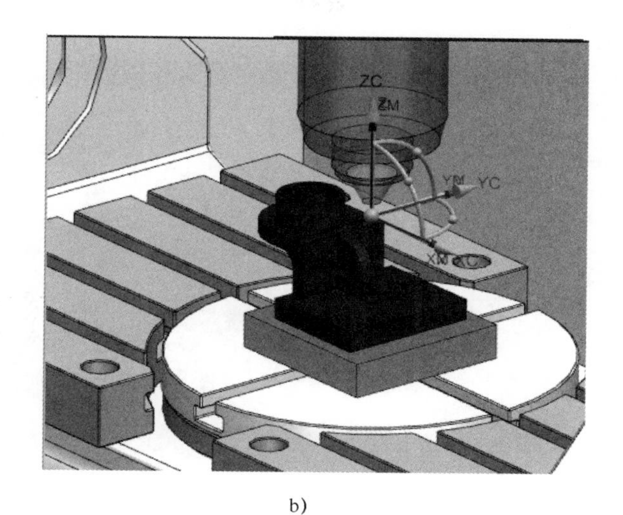

b)

图 8-10　编辑夹持器

2）打开【创建几何体】对话框，创建一个混合几何体，如图 8-11 所示。混合几何体能够显示加减模拟验证，所以需要其作为工序的几何体。

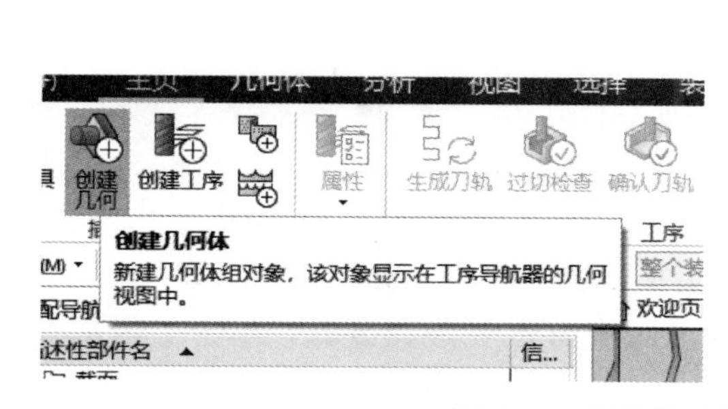

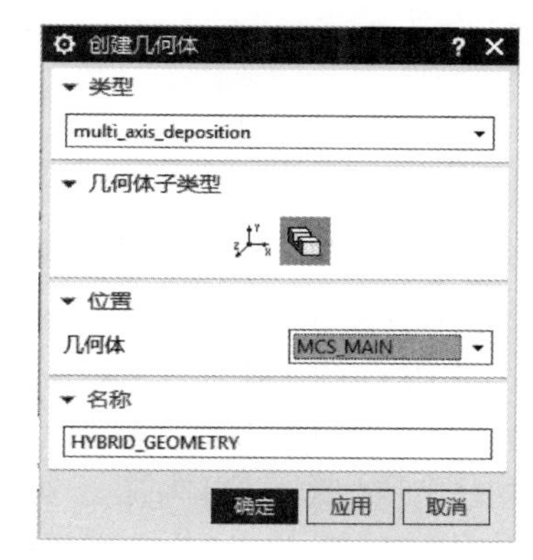

图 8-11　创建混合几何体

① 设置【类型】为【multi_axis_deposition】，因为已经选择了同样的模板来创建刀具。

② 选择【Hybrid_Geometry】为【几何体子类型】。

③ 选择【MCS_Main】为【几何体】。

④ 单击【确定】，完成创建混合几何体。

⑤ 在【Hybrid Geometry】（混合几何体）对话框中，选择适当的几何对象，如图 8-12 所示。

a. 设置【指定初始工件】为绿色底板。

b. 设置【指定附加材料】为蓝色支架。

c. 单击【确定】。

3）单击【创建方法】，新建沉积方法。设置类型为【multi_axis_deposition】，设置【方法】为【METHOD】，单击【确定】，如图 8-13 所示。

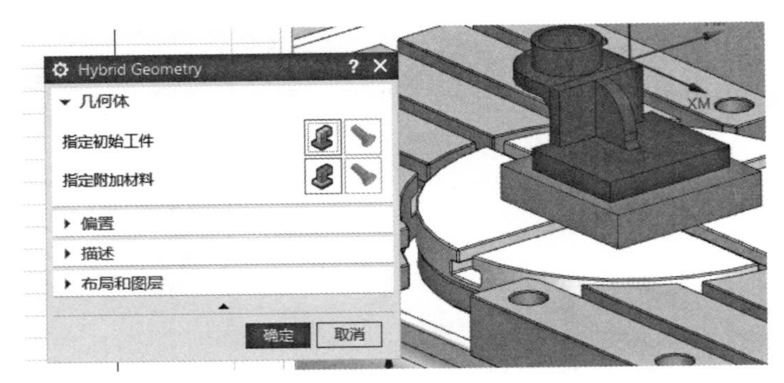

图 8-12　指定几何体

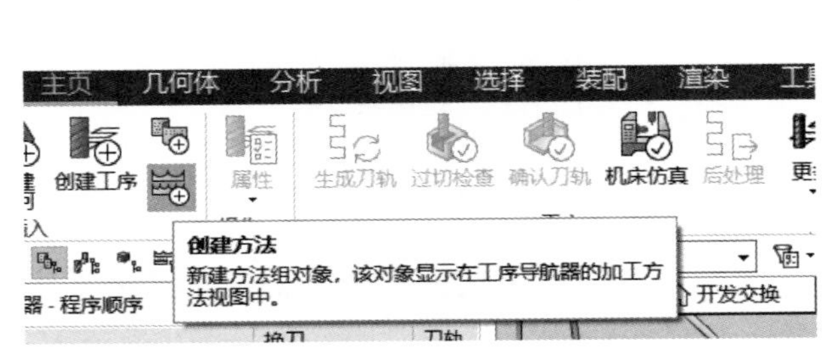

图 8-13　创建方法

3．创建平面填料 - 轮廓及往复填充工序

1）单击【创建工序】（图 8-14a）。设置【类型】为【multi_axis_deposition】，将【程序】设置为【PROGRAM】，【刀具】设置为【DEPOSITION_LASER】，【几何体】设置为【HYBRID_GEOMETRY】，【方法】设置为【DEPOSITION】，如图 8-14b 所示。单击【确定】，进入图 8-14c 所示的对话框。附加工序中有很多参数设置，单击【附加几何元素】中的【指定附加特征】，并选择支架的底板部件，如图 8-15 所示。单击【指定基础面】，并选择绿色底板的上表面，如图 8-16 所示。单击【确定】以完成选择。

图 8-14　创建平面工序

图 8-15 指定附加特征

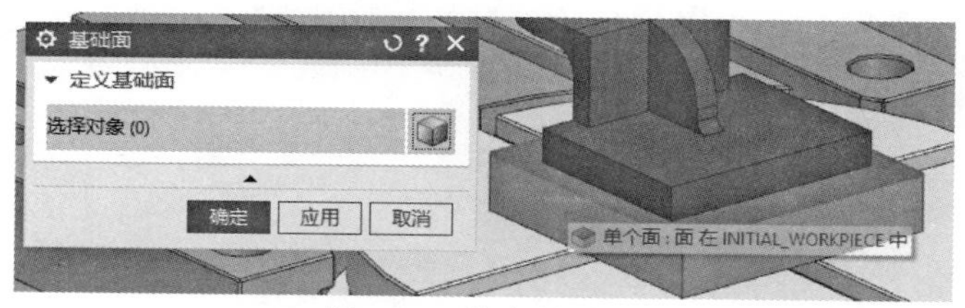

图 8-16 指定基础面

2）在计算刀轨之前，需要把部件的透明度调高，这样有利于看结果。按〈CTRL+J〉键，打开【类选择】对话框，并选择蓝色组件，将【透明度】设置为【60】，如图 8-17 所示。

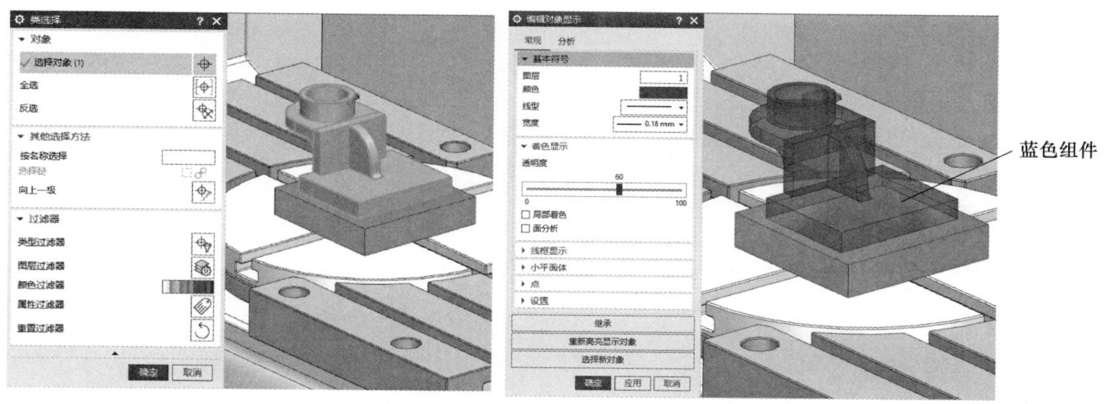

图 8-17 编辑对象显示设置透明度

3）开始计算刀具的运动轨迹，因为部件是半透明的，所以可以看到沉积痕迹，如图 8-18 所示。

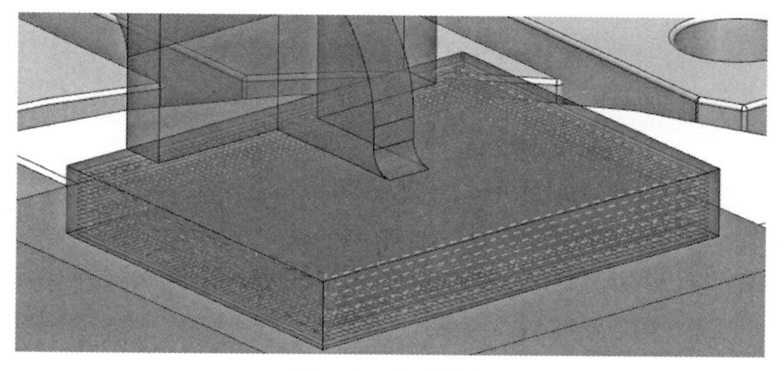

图 8-18 生成刀轨

4）使用工具栏中的【确认刀轨】命令快速查看刀具的运动轨迹。在【重播】选项卡中的【运动显示】选项组中，将【刀轨】设置为【当前层】，并勾选【每一层暂停】，以便于查看每个沉积层。然后播放动画，如图 8-19 所示。

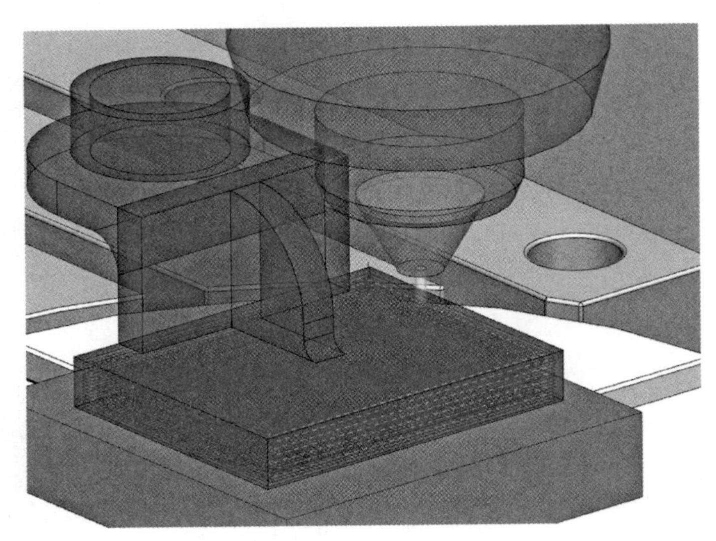

图 8-19　确认刀轨

4．回顾

1）从底板的装配模型和支架部件的分解模型开始设置的。

2）用【Sim08 5 轴铣 Sinumerik】机床的模板来初始化要加工的装配体，并更新机床的动态模型来包含部件。

3）创建沉积激光刀具、混合几何体，以及附加工序的沉积方法。

4）为部件的第一个构建区域生成附加刀轨，并模拟了刀具的运动轨迹。

8.1.2　关键参数

前面在选择几何体并默认参数设置后，创建了平面往复沉积工序。下面详细地介绍该工序子类型中的关键参数。

1．附加几何元素

图 8-20 所示为【附加几何元素】选项组。

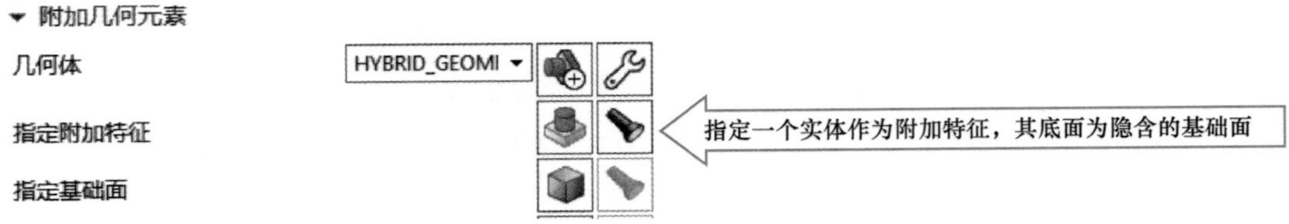

▼ 附加几何元素

几何体　HYBRID_GEOMI

指定附加特征　指定一个实体作为附加特征，其底面为隐含的基础面

指定基础面

图 8-20 【附加几何元素】选项组

1）对于工序来说选择构建区域是必需的，本例中只选择了一个实体作为【附加特

征】，但实际操作中可以选择多个实体。

2)【指定基础面】是所选附加特征底平面。如果所选基础面小于所选附加特征的底平面，则底平面将根据基础面的尺寸和形状相应地变小。

2. 切面轴和输出轴

图 8-21 所示为【切面轴和输出轴】选项组。

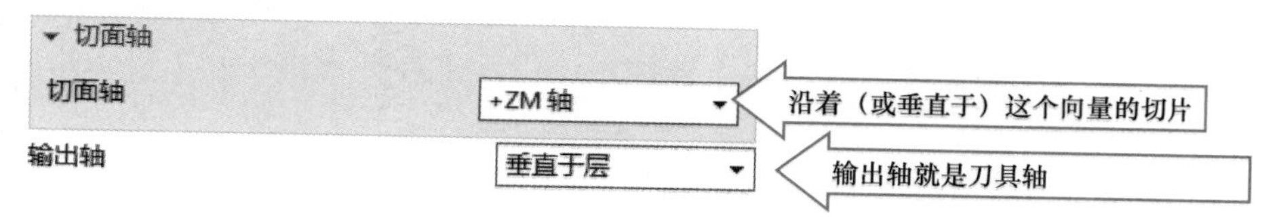

图 8-21 【切面轴和输出轴】选项组

1）在第一次工序中将【切面轴】设置为【+ZM 轴】，切面将垂直于这个向量。

2）将【输出轴】设置为【垂直于层】，使刀具轴垂直于几何体。这是可以调整的，特别是在进行喷粉沉积时，当垂直面与轴倾斜时，可保持几何体的良好状态。【自动】选项可倾斜刀具轴，使其与精加工刀轨上的垂直面保持一致。

3. 刀轨设置

图 8-22 所示为【刀轨设置】选项组。

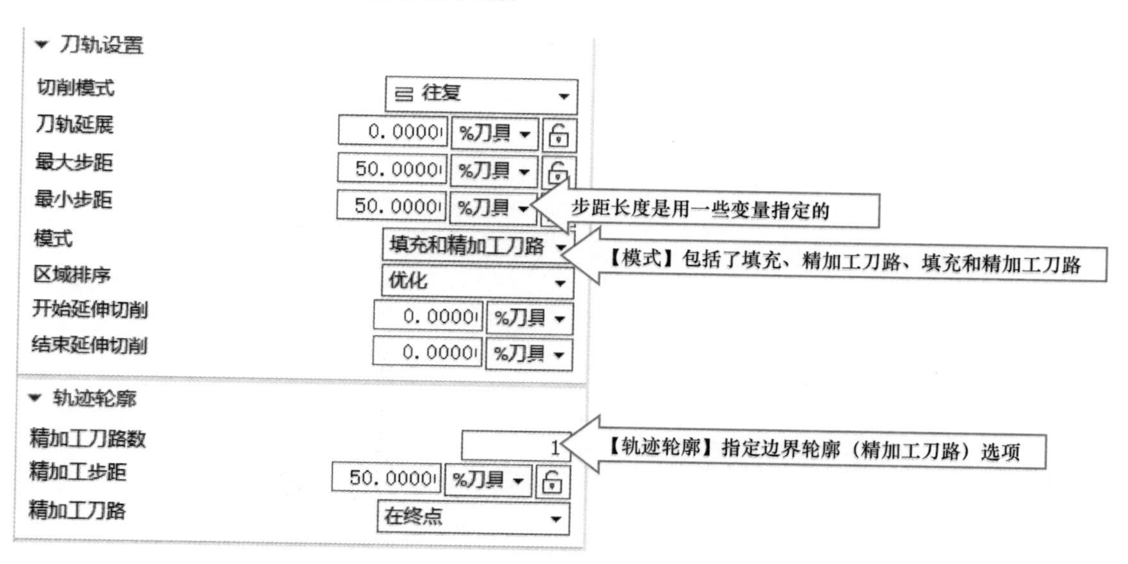

图 8-22 【刀轨设置】选项组

8.1.3 创建平面填料 - 轮廓及往复填充工序

创建另一个工序来构建垂直面。在操作过程中将会再次使用【平面填料 - 轮廓及往复填充】工序子类型，其设置与前面相比有以下区别：

1）更小的步距。

2）双轮廓刀路（首先执行）。

3）每 45° 填充层方向会改变。

1. 创建另一个【平面填料 - 轮廓及往复填充】工序

1）创建另一个【平面填料 - 轮廓及往复填充】工序。默认【工序组】【刀具】【几何体】和【方法】的设置。

2）在【附加几何元素】选项组中，选择垂直面作为【指定附加特征】。指定蓝色底板的上表面作为【指定基础面】。

3）在【策略】栏中的【刀轨设置】选项组中，把【最大步距】和【最小步距】的刀具直径百分比调至【30】。

4）在【初始层】栏中的【备选切削角】选项组中，将【备选切削角】调至【45】。这个角度指定了从上一层要旋转多少角度到这一层的往复填料图案。

5）在【策略】栏中的【轮廓轨迹】选项组中，把【精加工步距】的刀具直径百分比设置为【30】，并设置【精加工刀路】为【在起点】。

6）单击【确定】以关闭对话框，接着单击【生成刀轨】。

2. 检查结果

1）使用【确认刀轨】命令来逐层检查结果。

① 在【确认刀轨】的【运动显示】中，将【刀轨】设置为【当前层】。

② 勾选【在每一层暂停】。

③ 播放动画。以上设置让【确认刀轨】命令一次只显示一层刀轨，这对于可视化构建模型非常有帮助。图 8-23 所示为逐层检查的刀轨。

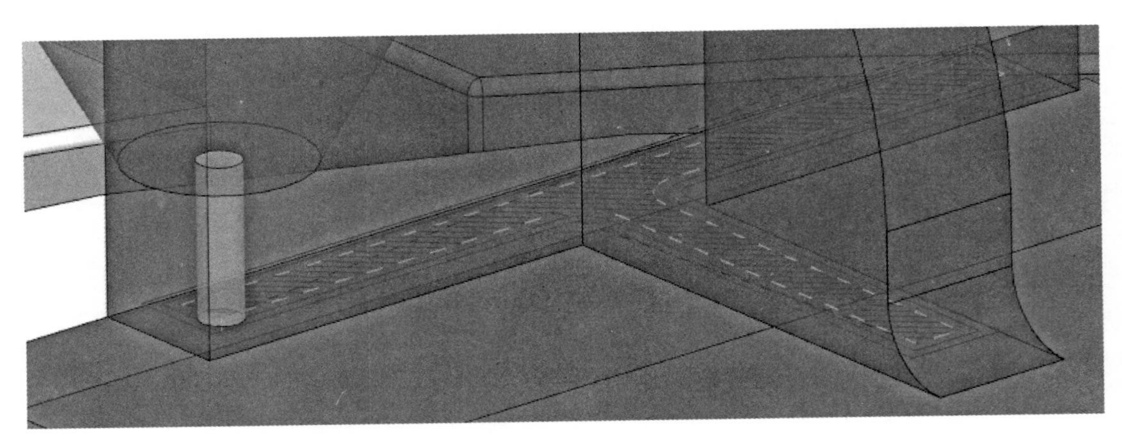

图 8-23　逐层检查的刀轨

2）在刀轨中观看沉积动画。

① 选择【3D 动态】选项卡来显示刀具移动时材料的变化。

② 取消勾选【IPW 碰撞检查】开关。

③ 将【动画速度】调至【8】或【9】。

④ 播放动画，如图 8-24 所示。观察沉积过程。

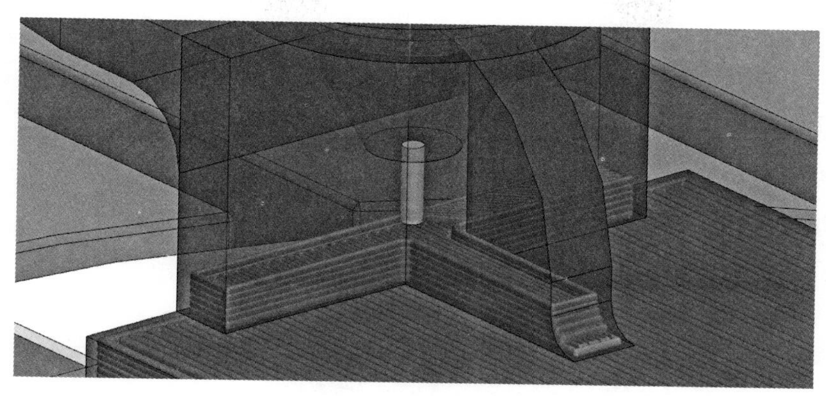

图 8-24 播放沉积动画

8.1.4 创建平面添料 - 跟随部件向内或向外工序

创建另一个工序来构建水平隔板，在这一步骤中将会用到【平面添料 - 跟随部件向内或向外】工序子类型。

1. 创建【平面添料 - 跟随部件向内或向外】工序

1）创建【平面添料 - 跟随部件向内或向外】工序。使用【程序】【刀具】【几何体】和【方法】选项的默认值。

2）选择水平隔板作为【指定附加特征】。

3）在【Output & Avoidance Axes】栏中的【切面轴和输出轴】选项中，将【切面轴】设置为【指定矢量】。

4）将【指定矢量】设置为【自动判断的矢量】并选择水平隔板的边（图 8-25）。或者设置【切面轴】为【-XC 轴】，来直接选择 X 轴负方向。

注意

方向是用一个箭头表示的，同时也显示了切片深度。

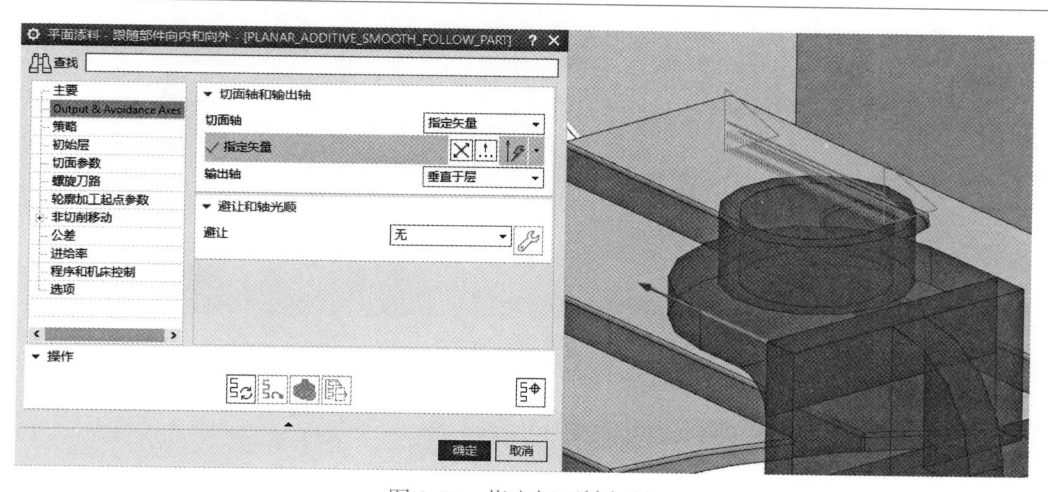

图 8-25 指定切面轴矢量

5）在【刀轨设置】选项组中，将【切削模式】改为【仅填充】。因为在这个模式下，刀具从边界进行偏移，所以不需要精加工刀路（即单独的边界刀路）。

6）单击【确定】以关闭对话框，接着单击【生成刀轨】。

2. 检查结果

1）使用【确认刀轨】命令，观察刀具的运动轨迹（图 8-26）。

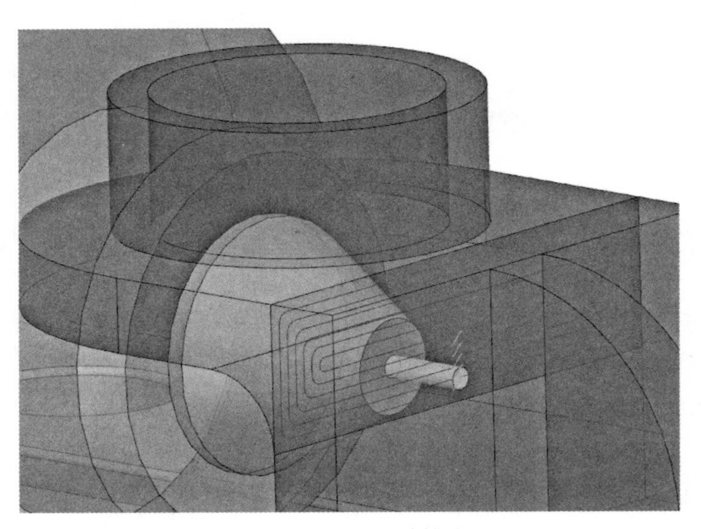

图 8-26　刀具运动轨迹

2）使用【机床仿真】命令，观看 5 轴铣床在制作工序时的运动（图 8-27）。

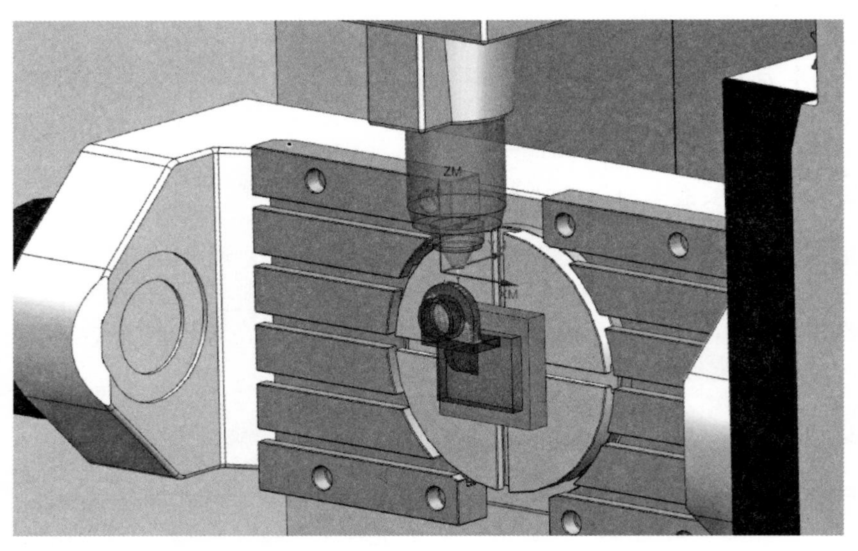

图 8-27　机床仿真

8.1.5　创建平面添料 - 螺旋向内和向外工序

创建另一个工序来构建圆筒，在这一步骤中将会用到【平面添料 - 螺旋向内和向外】

工序子类型。

1. 创建【平面添料 - 螺旋向内和向外】工序

1）创建【平面添料 - 螺旋向内和向外】工序。使用【程序】【刀具】【几何体】和【方法】选项的默认值（图 8-28）。

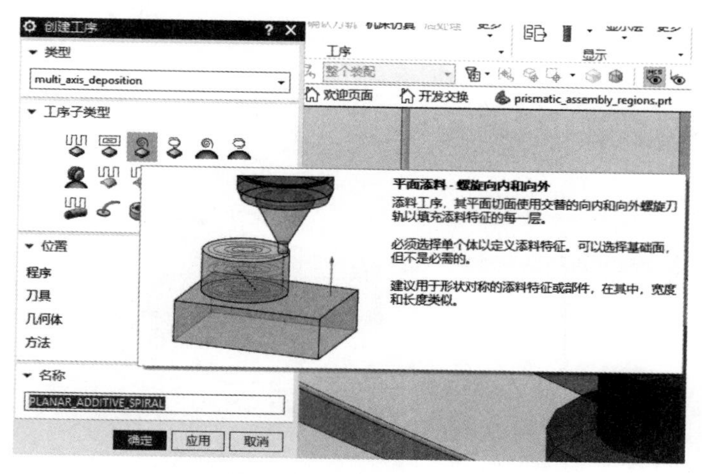

图 8-28　创建工序

螺旋模式可以用在任何形状上，但对于圆形，特别提供了光滑、连续的沉积方式。螺旋填料的顺序可以选择向内和向外交替进行，这种沉积方式连续性最好。

2）选择圆筒作为【指定附加特征】。

3）在【刀轨设置】选项组中，将【旋转角度】设置为【90】，如图 8-29 所示。这决定了多少沉积将发生在从这一层到下一层的斜坡上。

4）单击【确定】关闭对话框，接着单击【生成刀轨】。

2. 检查结果

1）【平面添料 - 螺旋向内和向外】工序中的刀具运动轨迹适合从上往下看。在【装配导航器】中关闭机床可见性，如图 8-30 所示。旋转模型，使其上端面朝向屏幕，然后按〈F8〉键就可以将视图对齐到最近的正交视图。

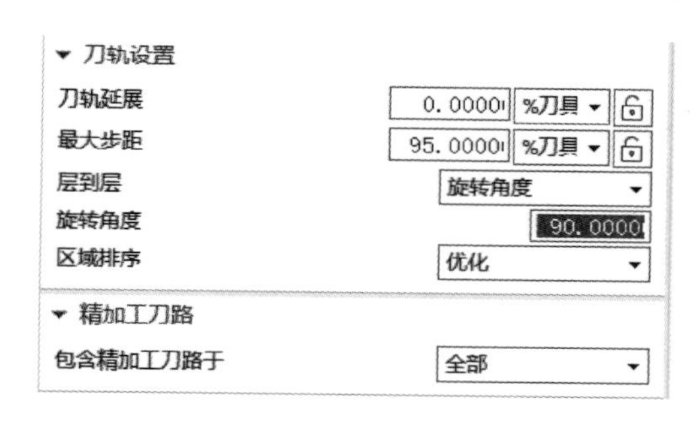

图 8-29　设置刀轨

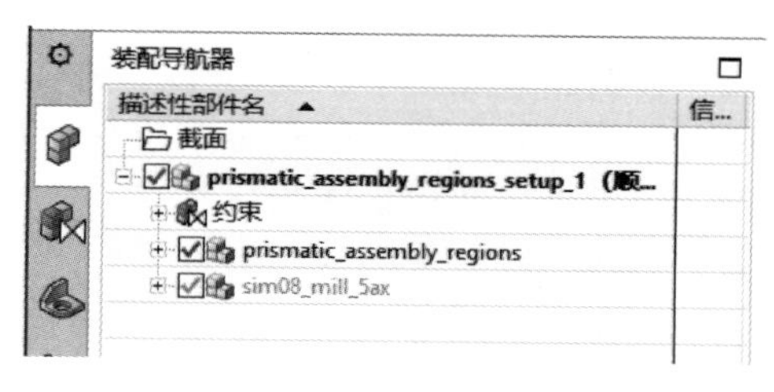

图 8-30　装配导航器

2）在当前视角下使用【确认刀轨】命令。

① 将【显示选项】中的【刀具】设置为【点】，这使查看刀具头部在编辑区中的确切位置变得更加容易。

② 将【动画速度】降低到【8】来观察每一层的动作。

③ 设置【刀轨】为【当前层】，并勾选【在每一层暂停】。

④ 播放动画，如图 8-31 所示。可以垂直从上到下看到螺旋图案均匀分布的密度，也可以对比当前情况与旋转角度为 15° 时有何不同。

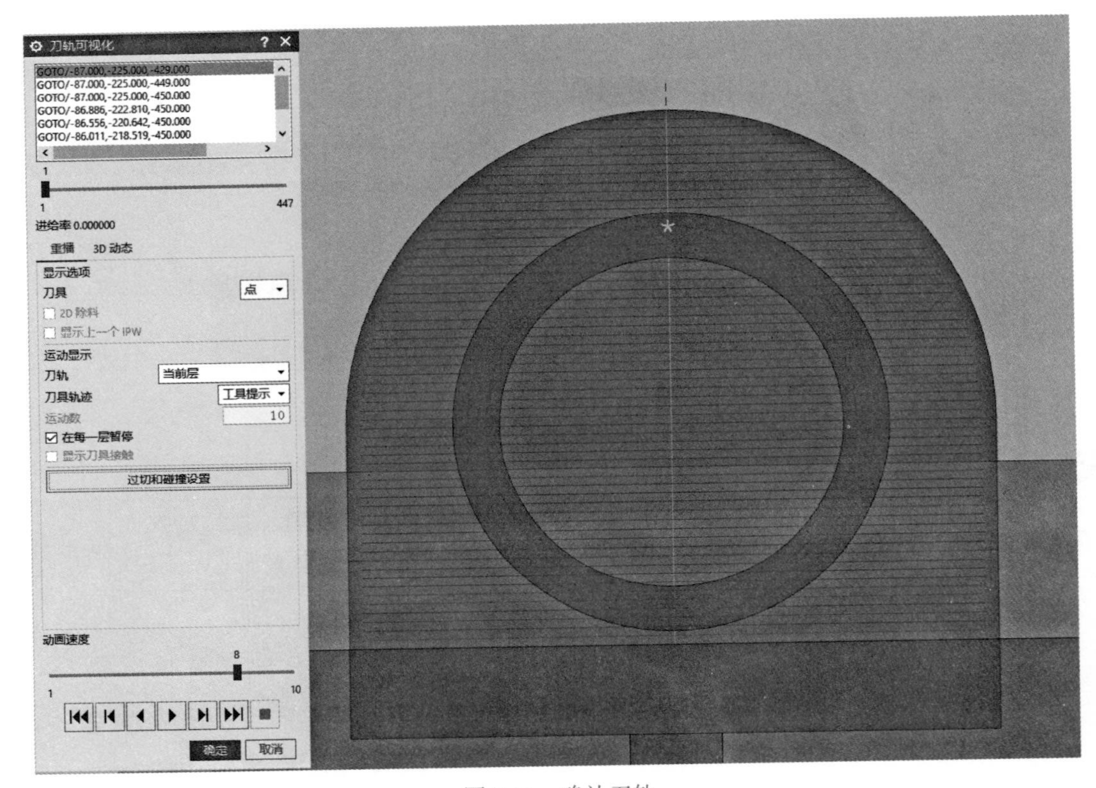

图 8-31　确认刀轨

8.1.6　小结

以上介绍了关于增材制造中平面构建工序子类型，以及使用 NX 进行增材制造加工编程的一般操作，其中包括：

1）用现成的机床工具进行初始化加工设置。

2）在机床装配体中放置工件。

3）将部件几何体添加到机床动态定义中。

4）将工件设置成半透明。

5）创建一个基本的沉积刀具。

6）创建平面附加工序。

7）选择实体作为附加特征或构建区域。

8）设置加工过程中的相关参数。

9）使用【刀轨可视化】命令中不同的可视化选项逐层查看刀具运动轨迹。

10）使用【确认刀轨】命令随着刀具移动来观察材料沉积。

11）使用【机床仿真】命令在构建实体的过程中观察机床运动。

12）使用〈F8〉键在 NX 中快速切换视图。

8.2 旋转加工

本节将介绍有关 NX 沉积增材制造中的旋转加工工序。

图 8-32 “CaseWithBosses.prt”文件中的模型

8.2.1 入门操作

1. 初始化加工设置

1）在 NX 中打开“CaseWithBosses.prt”文件，其模型如图 8-32 所示。

2）单击【文件】→【新建】→【加工】，新建加工文件，如图 8-33 所示。

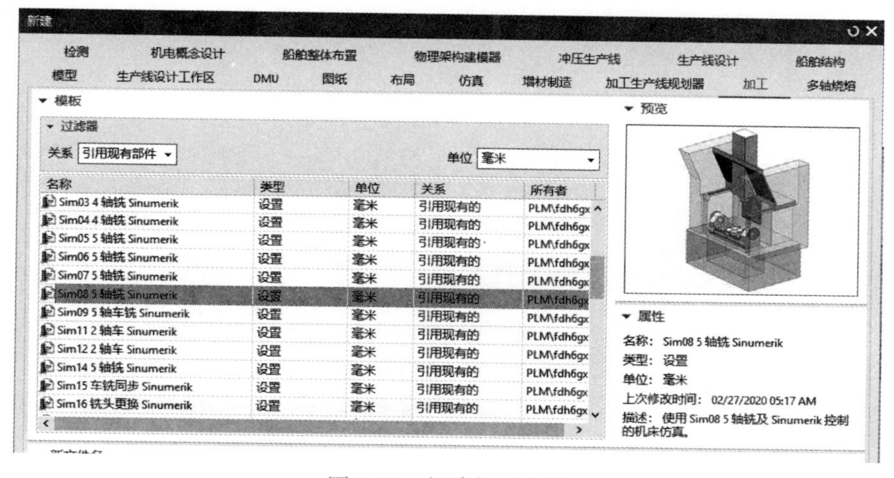

图 8-33 新建加工文件

在【加工】选项卡中选择【Sim08 5 轴铣 Sinumerik】为机床模板。

3）设置装配体的可见性。新建的装配体最初看起来是空的，因为此时装配体的可见性是关闭状态。在【装配导航器】中打开【CaseWithBosses】和【sim08_mill_5x】的可见性，如图 8-34 所示。

4）在 NX 的 CAM 组件中需要一块底板作为构建平台。因此，需要引入另一个组件。

注意

CAM 装配环境与其他 NX 的装配环境一样，都可以包含和定位装配所需的任何零件。

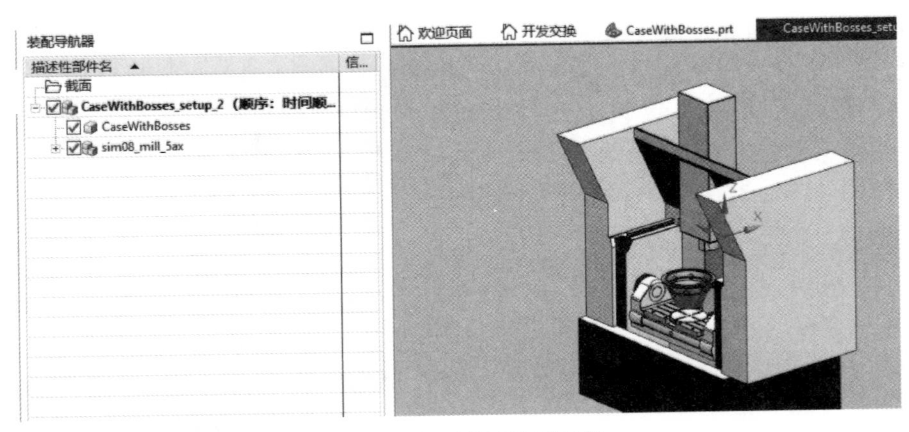

图 8-34　打开装配体可见性

① 在菜单栏中选择【装配】选项卡。

② 单击【添加组件】，如图 8-35 所示。

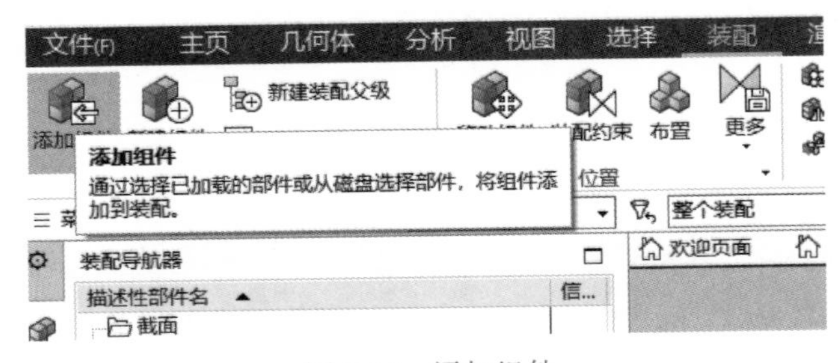

图 8-35　添加组件

③ 在【添加组件】对话框中，选择【打开…】命令，如图 8-36 所示。找到【Casing Build Plate.prt】文件，即需要的构建平台文件。

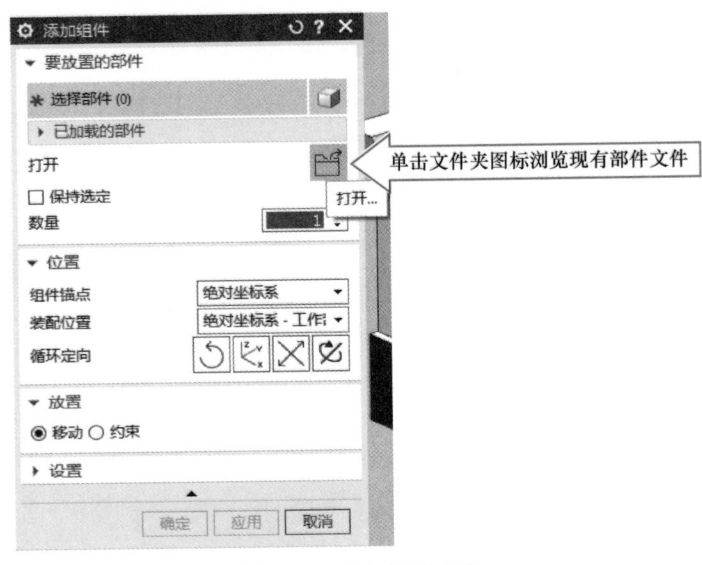

图 8-36　添加构建平台

④ 单击【确定】以完成组件的添加。构建平台将出现在部件所在的位置（图 8-37），因为它们的原点坐标相近。

图 8-37 构建平台与工件

5）单击【装配】选项卡中的【装配约束】（图 8-38a），来将部件放置到机床上。选择【接触对齐】约束（图 8-38b），再选择构建平台的底部，然后选择转台的顶部，构建平台将移动到机床转台上（图 8-39）。

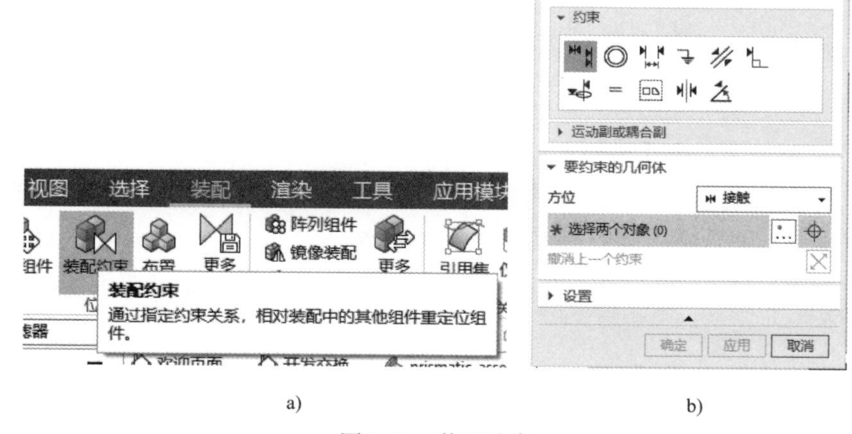

a)　　　　　　　　b)

图 8-38 装配约束

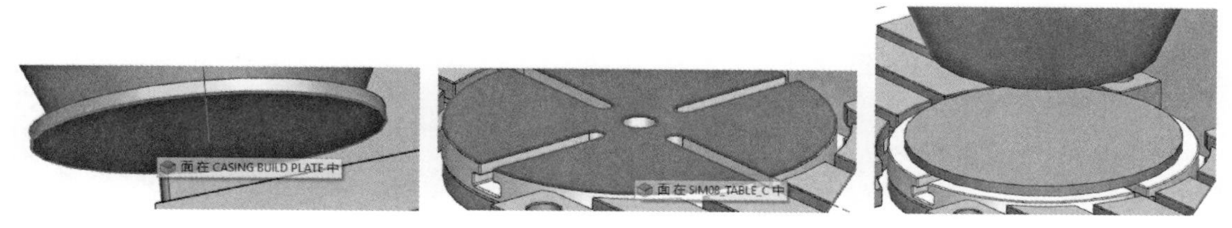

图 8-39 将构建平台约束到机床转台上

单击【应用】，完成约束，但不要关闭对话框。重复相同的操作过程，添加另一个【接触对齐】约束，将工件底部移动到构建平台上（图 8-40）。

6）更新机床的动态模型来包含工件。

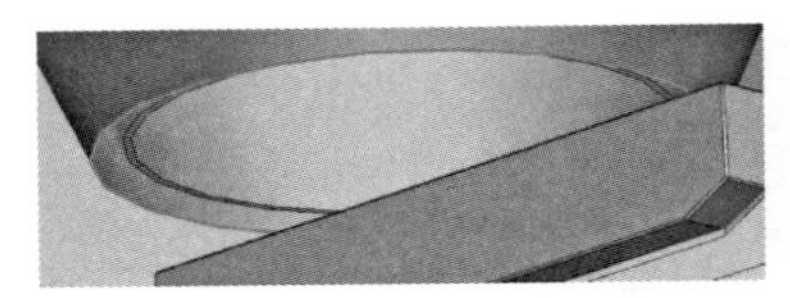

图 8-40　将工件约束到构建平台上

① 选择【机床导航器】选项卡（图 8-41a）。单击鼠标右键，选择【全部展开】来展开模型所有的动态层级（图 8-41b）。

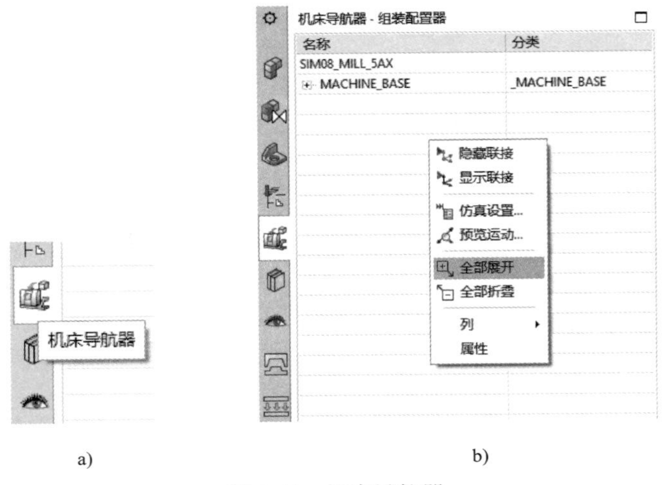

a)　　b)

图 8-41　机床导航器

② 在右键菜单中单击【编辑】→【机床组件】，选择构建平台和工件，共包含 12 个实体，如图 8-42 所示。如果不方便选择，可以在装配导航器中关闭机床的可见性，并将【CaseWithBosses】的实体设置为【all additive regions】。

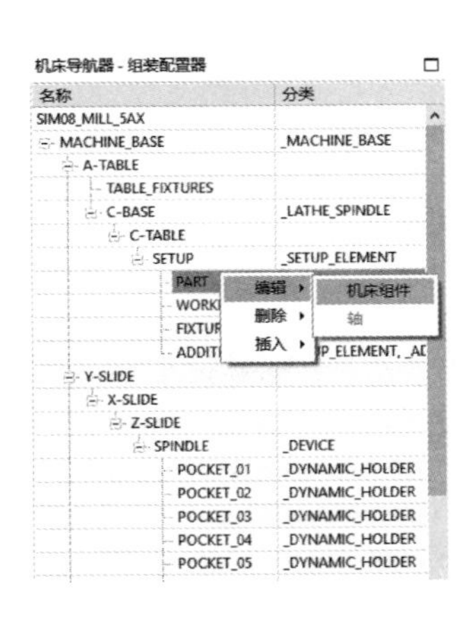

图 8-42　编辑机床组件

现在构建平台和工件将作为机床的部件跟随其移动，以实现完全的可视化。

7）【CaseWithBosses】组件是一个旋转部件，其中添加了附加凸台属性。它由四个独立的实体构成，可按顺序构建。图 8-43 所示为【CaseWithBosses】组件中的四个实体。

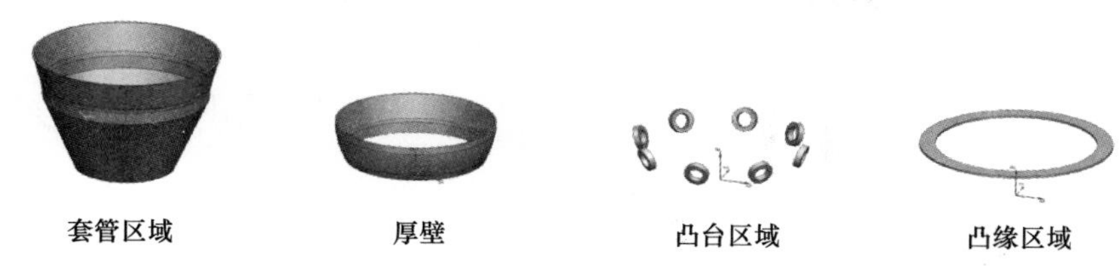

图 8-43 【CaseWithBosses】组件中的实体

8）保存该加工文件。

2. 准备沉积的附加工序

1）创建沉积刀具。在本例中，只需要一把沉积刀具。创建步骤如下：

① 单击【创建刀具】，在【5x_Mill_Vertical_AC_Table】模板下创建一把刀具。

② 设置【类型】为【multi_axis_deposition】。

③ 在【创建刀具】对话框中选择【Deposition Laser】为【刀具子类型】，然后单击【确定】，继续定义刀具，如图 8-44 所示。

④ 创建的刀具默认有直径 3mm 的沉积。在本例中，不改变刀具的默认值，对于机床，生成的夹持器会过大。选择【夹持器】选项，进行如下设置：

a. 选择【夹持器参数】下拉列表中的【步进 5】，将其移除。

b. 选择【步进 4】，并把它的下直径和上直径设置为【101.0】。

c. 选择【步进 3】，并把它的下直径设置为【91.0】，上直径设置为【101.0】。

d. 将刀具命名为【Deposition_Tool】。

e. 单击【确定】，完成定义刀具。

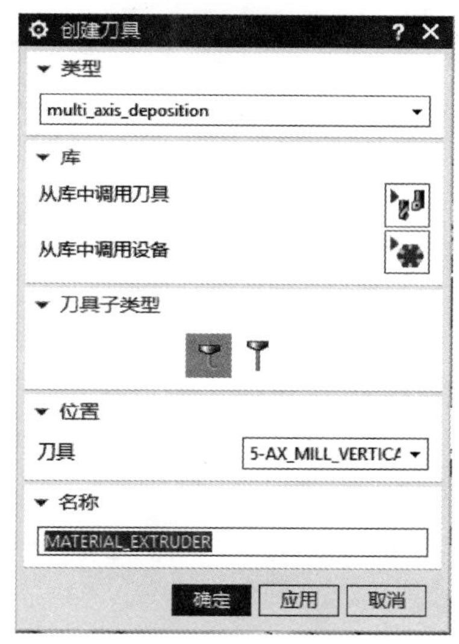

图 8-44 创建刀具

2）单击【创建几何】，创建一个混合几何体，如图 8-45 所示。具体操作如下：

① 设置【类型】为【multi_axis_deposition】。

② 选择【Hybrid_Geometry】为【几何体子类型】。

③ 选择【MCS_Main】为【几何体】。

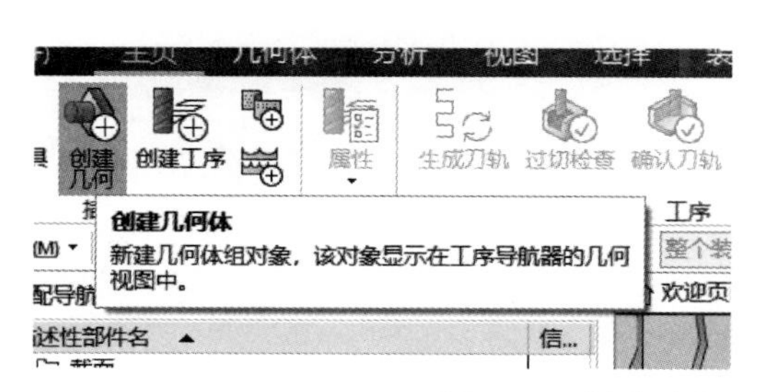

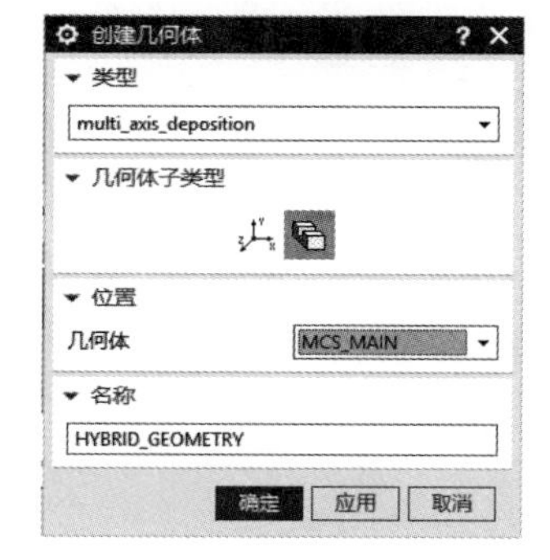

图 8-45 创建混合几何体

④ 单击【确定】，完成创建混合几何体。

⑤ 在【Hybrid Geometry】对话框中，选择适当的几何对象，如图 8-46 所示。具体操作如下：

a. 设置【指定初始工件】为底部的构建平台。

b. 设置【指定附加材料】为套管的 11 个实体。

c. 单击【确定】，退出对话框。

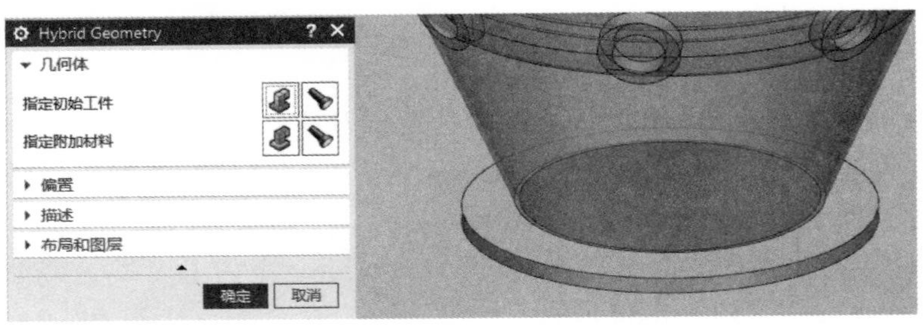

图 8-46　指定初始工件和附加材料

3）单击【创建方法】，新建沉积方法。设置【类型】为【multi_axis_deposition】，设置位置【方法】为【METHOD】，其余选项默认设置，单击【确定】，如图 8-47 所示。

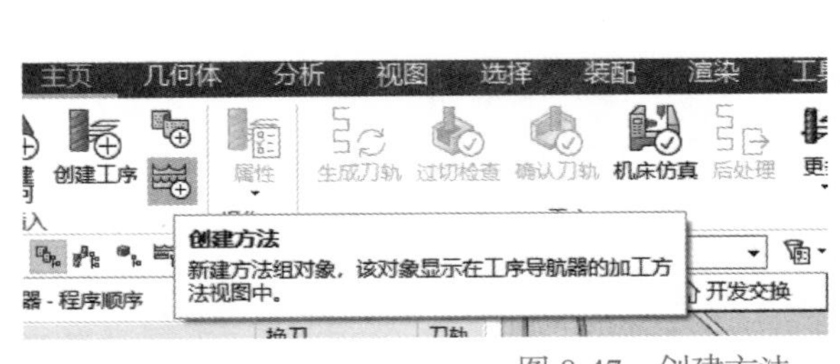

图 8-47　创建方法

4）在工序导航器中选择【几何视图】，单击【MCS_MAIN】坐标系，转动机床和工件的视图至俯视图位置，并按〈F8〉键，快速调正俯视图，如图 8-48 所示。

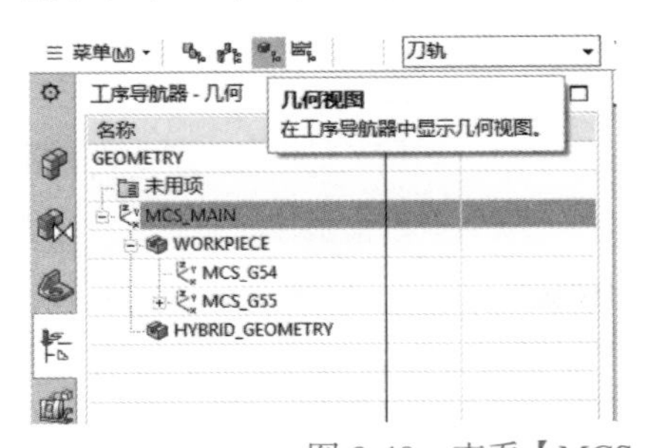

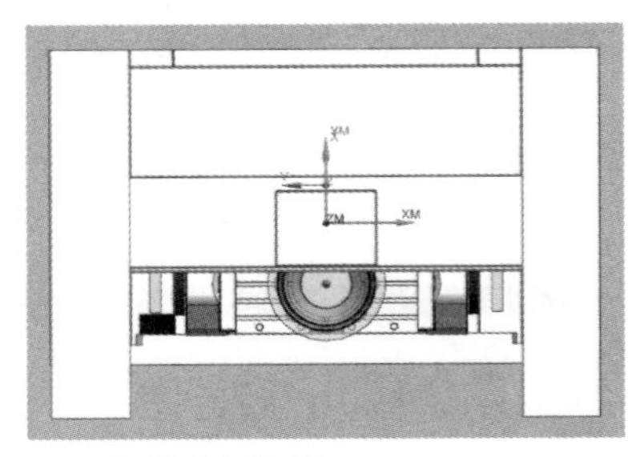

图 8-48　查看【MCS_MAIN】的坐标原点

注意

工件的 Z 轴和机床的 Z 轴不在同一直线上，后面生成刀轨时会出现问题。

选择【MCS_G54】坐标系，在其坐标系创建几何体，如图 8-49 所示。

图 8-49　在【MCS_G54】坐标系下创建几何体

3．创建【平面添料 - 薄壁轮廓旋转】工序

旋转工序基于平面切片，但是沉积运动不是平面的，是以连续螺旋的运动形式，从基础平面一直向上移动到上平面。

1）单击【创建工序】。设置【类型】为【multi_axis_deposition】。在【位置】选项组中将【程序】设置为【PROGRAM】，【刀具】设置为【DEPOSITION_LASER】，【几何体】设置为【HYBRID_GEOMETRY】，【方法】设置为【DEPOSITION】，单击【确定】。

2）设置关键参数。

① 指定套管区域的实体为【附加特征】，如图 8-50 所示，单击【确定】完成选择。

图 8-50　指定附加特征

② 在【切面参数】选项组中，将【层厚】设置为【2mm】，如图 8-51 所示。

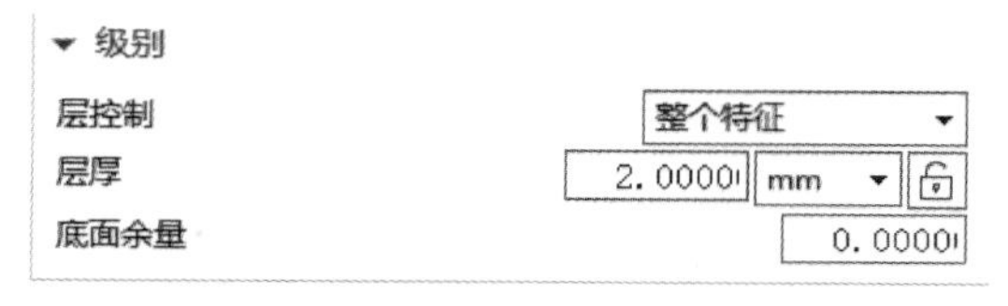

图 8-51　设置层厚

③ 在【策略】选项组中，将【刀轨延展】设置为【0.0】。

④ 将【模式依据形状】设置为【外部】。该选项指定了薄壁对应于实体的外壁还是内壁，还指定了沉积材料相对于薄壁是否应该有任何延展。延展可以是正数或负数，因此可以请求该实体中的任何位置。图 8-52 所示为沉积实体与焊道的横截面示例。

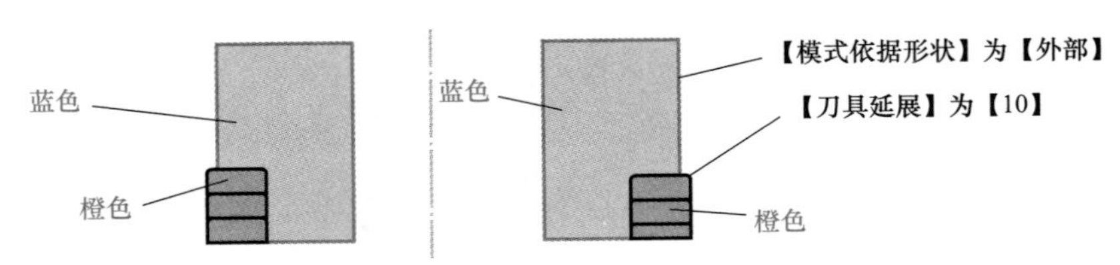

图 8-52　蓝色沉积实体和橙色沉积材料【焊道】的横截面示例

⑤ 设置【精加工刀路】为【两者】，使刀具在螺旋上升之前，绕基准面生成完整刀路。在螺旋刀路的末端，还将生成围绕特征的上平面的完整刀路。单击【确定】，关闭对话框。

3）单击【生成刀轨】，为工序计算刀具路径。开始使用的分解部件模型是半透明的，因此可以看到实体内部的刀具路径结果（图 8-53）。因为刀尖为 3mm 宽度，并且将沉积物放置在没有延展的外壁上，刀尖位于 3mm 厚的套管壁的中心。

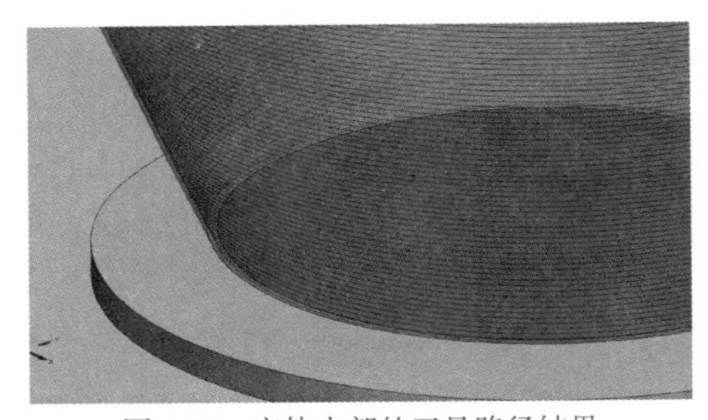

图 8-53　实体内部的刀具路径结果

4）使用【确认刀轨】命令快速查看刀具运动轨迹。将【动画速度】设置为【8】并播放动画。

注意

刀具会进行一次完整的水平移动，然后根据要求以连续螺旋状开始爬升。

4．回顾

1）从添加构建平台和工件的分解模型开始。

2）使用【Sim08 5 轴铣 Sinumerik】机床的模板初始化加工装配件，并更新机床的动态模型来包含工件。

3）创建了一个沉积激光刀具、一个混合几何体和一种附加工序的沉积方法。

4）为工件的第一个构建区域生成附加刀具路径，并模拟了它的运动轨迹。

8.2.2　创建旋转添料 - 绕部件螺旋工序

创建另一个工序，在凸台所在的区域中为薄套管增加一些厚度，如图 8-54 所示。这次使用一种旋转工序，该工序需要在旋转的基础面上进行构建。旋转添料工序将材料沉积在旋转面上，从而在每个水平面以螺旋状沉积材料，类似于填充线轴的电缆。

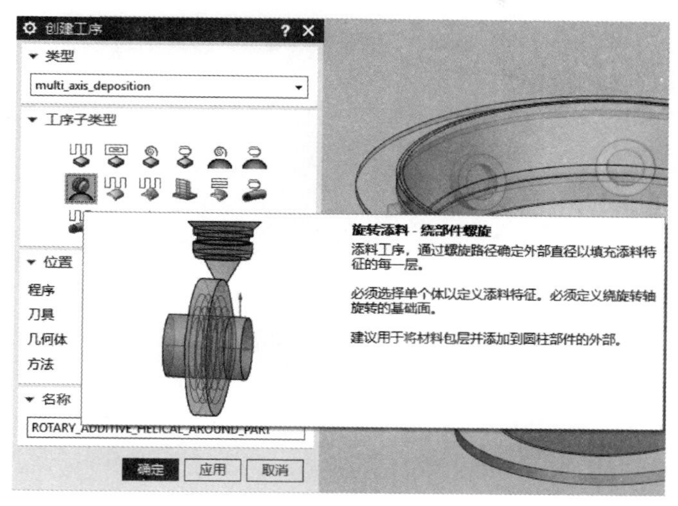

图 8-54　创建旋转工序

1．创建【旋转添料 - 绕部件螺旋】工序

1）在装配导航器中取消【sim08_mill_5ax】机床的可见性，设置【CaseWithBosses】的引用集为【THICKEN WALL】，如图 8-55 所示。

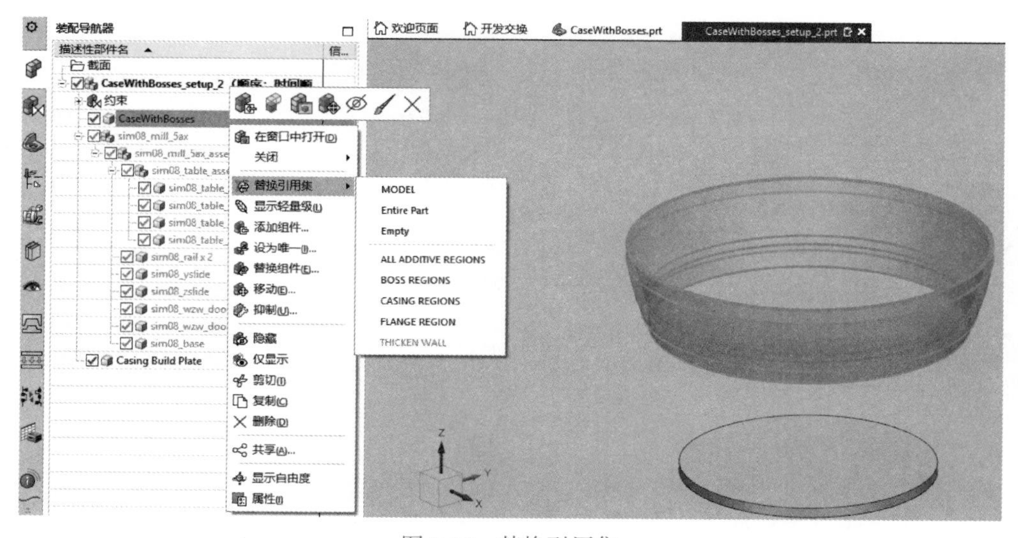

图 8-55　替换引用集

在对部件的不同区域进行编辑时，使用对应的引用集会使关键的几何图形变得更易于查看和选择。

2）设置【工序子类型】为【旋转添料 - 绕部件螺旋】。在【位置】选项组中将【程序】设置为【PROGRAM】,【刀具】设置为【DEPOSITION_LASER】,【几何体】设置为【HYBRID_GEOMETRY】,【方法】设置为【DEPOSITION】，单击【确定】。

3）指定厚壁实体为【附加特征】。

4）指定厚壁实体的内表面为【基础面】，如图 8-56 所示。

图 8-56 指定基础面

5）在【输出和避让轴】选项组中指定【输出轴】为【垂直于层】。这将使沉积刀具在沉积时保持垂直于表面。

6）在【策略】选项组中设置【层厚】为【2.0mm】；【精加工刀路】为【两者】，这会在螺旋刀路的左右两端生成一个完整的圆形端盖。

7）单击【确定】，关闭当前对话框。然后单击【生成刀轨】，图 8-57 所示为刀具路径。

2. 检查结果

1）使用【确认刀轨】命令来逐层检查结果。

① 在【运动显示】选项组中将【刀轨】设置为【当前层】。

② 勾选【在每一层暂停】。

③ 播放动画。以上设置使每次播放只显示一层刀轨，有利于可视化当前工件的构建过程。动画中的刀具轴垂直于基础面，如图 8-58 所示。

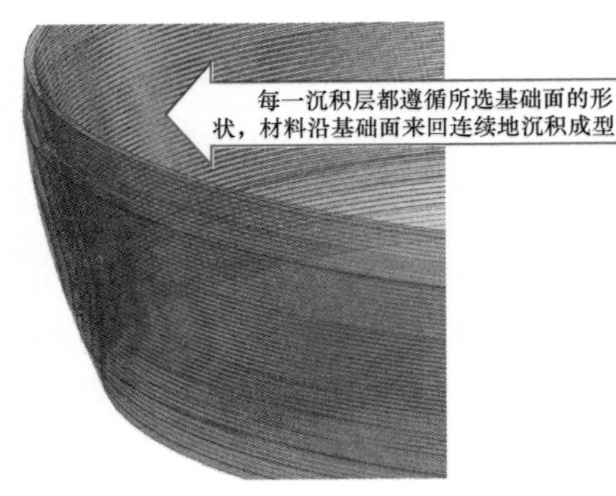

图 8-57 刀具路径

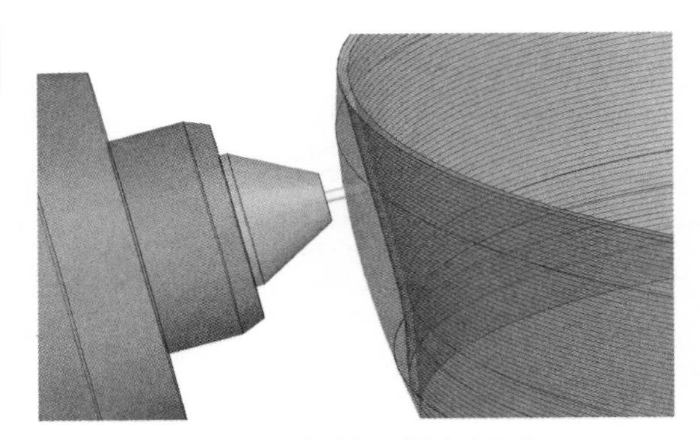

图 8-58 可视化刀具运动轨迹

2）在【刀轨可视化】对话框中选择【3D 动态】选项卡，取消勾选【IPW 碰撞检查】开关，将【动画速度】调至【8】或【9】，播放动画，观察材料沉积过程，如图 8-59 所示。

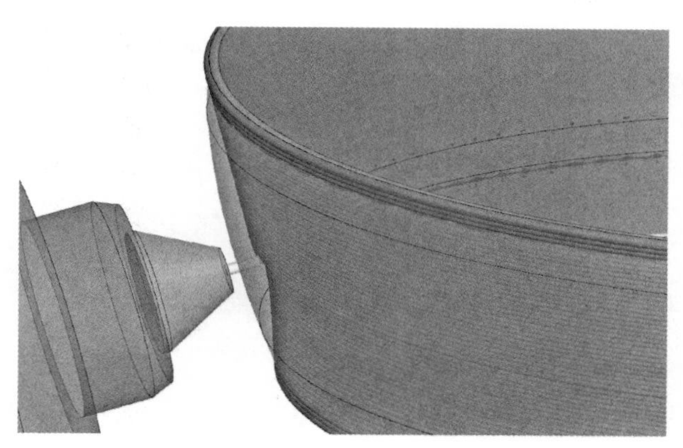

图 8-59 材料沉积过程

3）使用【机床仿真】命令来模拟机床运动。在装配导航器中打开机床的可见性，将【CaseWithBosses】工件的引用集设置为【ALL ADDITIVE REGIONS】，单击【机床仿真】，将显示机床运动的刀具轨迹，如图 8-60 所示。

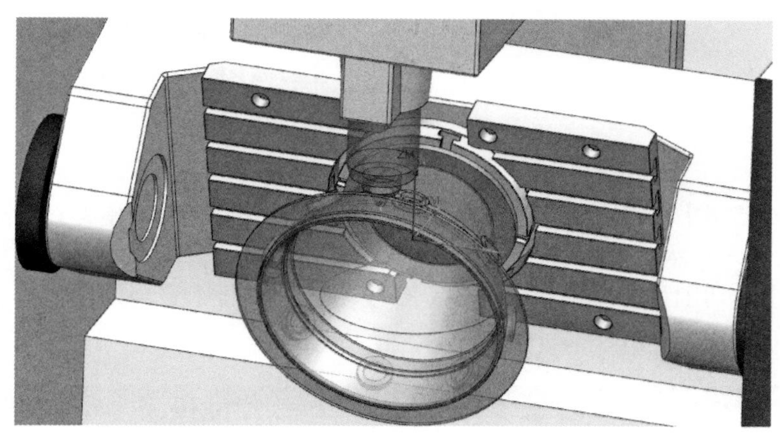

图 8-60 机床仿真

8.2.3 创建旋转添料 - 螺旋向内和向外工序

创建另一个工序以构建第一个凸台，这里会用到【旋转添料 - 螺旋向内和向外】工序子类型。螺旋添料的方法适用于从旋转基础特征建立的圆形。每层沉积将基于相同的旋转基础特征，并以圆形填充螺旋形图案。

1. 创建【旋转添料 - 螺旋向内和向外】工序

1）打开【创建工序】对话框，设置【旋转添料 - 螺旋向内和向外】为【工序子类型】。使用【程序】【刀具】【几何体】和【方法】选项的默认值。

2）选择一个凸台实体作为【附加特征】，然后选择凸台的两个曲面作为【基础面】，如图 8-61 所示。

3）在【输出和避让轴】选项组中设置【输出轴】为【垂直于层】，使刀具垂直于沉积表面。

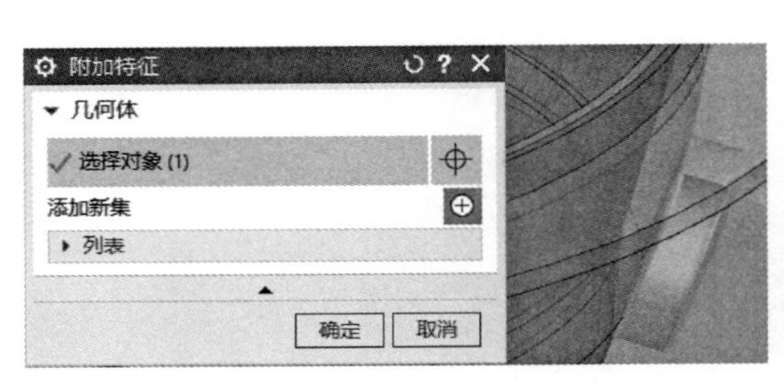

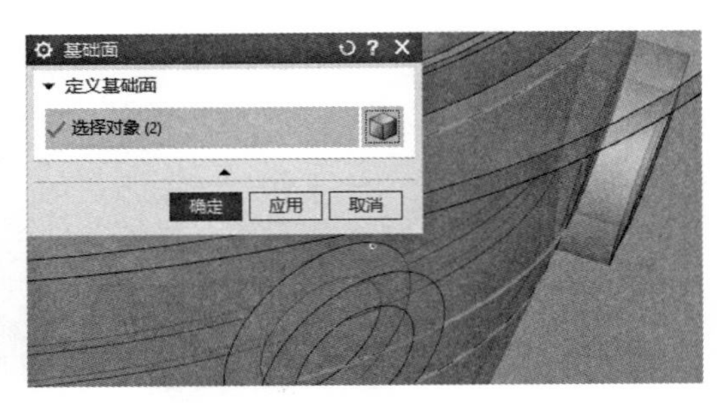

图 8-61　指定附加特征和基础面

4）在【策略】选项卡中将【层厚】设置为【2mm】，将【最大步距】设置为刀具直径的 100%，如图 8-62 所示。

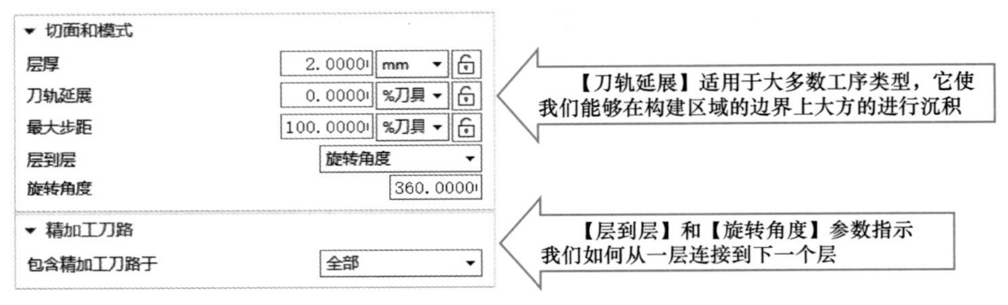

图 8-62　设置【层厚】和【最大步距】

5）在【初始层】中将【模式顺序】设置为【由外向内交替】，使刀具从圆形的外部开始，向内螺旋进入，然后从内部开始向下一层并向外螺旋运动。

6）展开【非切削移动】选项卡选择【转移 / 快速】，将【安全设置选项】设置为【包容圆柱体】，如图 8-63 所示。

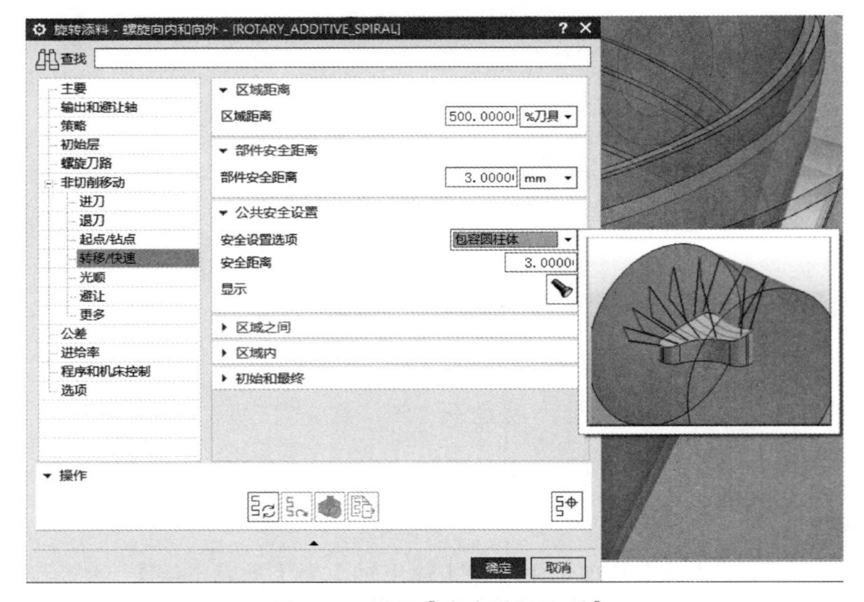

图 8-63　设置【安全设置选项】

7）单击【确定】，关闭对话框，然后单击【生成刀轨】。

2．检查结果

1）使用【确认刀轨】命令观察刀具的运动轨迹，如图 8-64 所示。

2）使用【机床仿真】命令展示 5 轴铣床生成工序时的刀具运动轨迹，如图 8-65 所示。

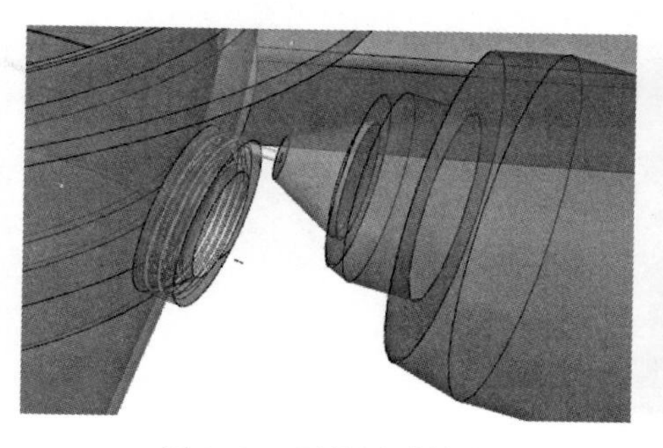

图 8-64　刀具运动轨迹

图 8-65　机床运动仿真

8.2.4　创建旋转添料 - 薄壁轮廓螺旋工序

创建另一个工序来构建凸缘，将会用到【旋转添料 - 薄壁轮廓螺旋】工序子类型。

1．创建【旋转添料 - 薄壁轮廓螺旋】工序

1）打开【创建工序】对话框，设置【工序子类型】为【旋转添料 - 薄壁轮廓螺旋】，使用【程序】【刀具】【几何体】和【方法】选项的默认值，如图 8-66 所示。

图 8-66　创建工序

2）选择凸缘实体作为【附加特征】（图 8-67a）。

3）选择凸缘的内表面作为【基础面】（图 8-67b）。

4）在【输出和避让轴】选项卡中设定【输出轴】为【远离旋转轴】。

5）在【策略】选项卡中将【层厚】设置为【2mm】，如图 8-68 所示。

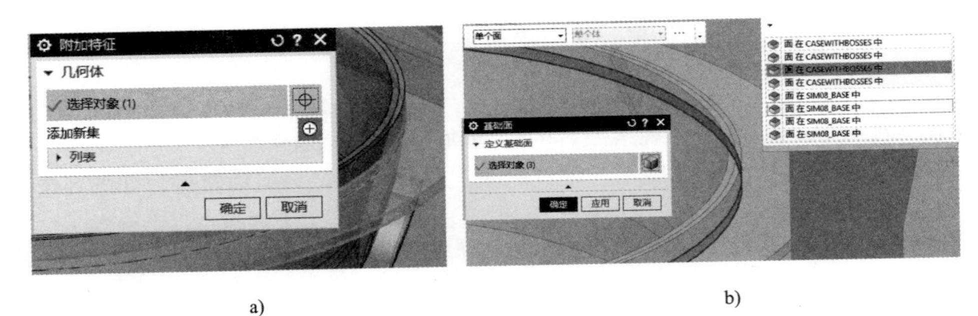

a) b)

图 8-67 指定附加特征和基础面

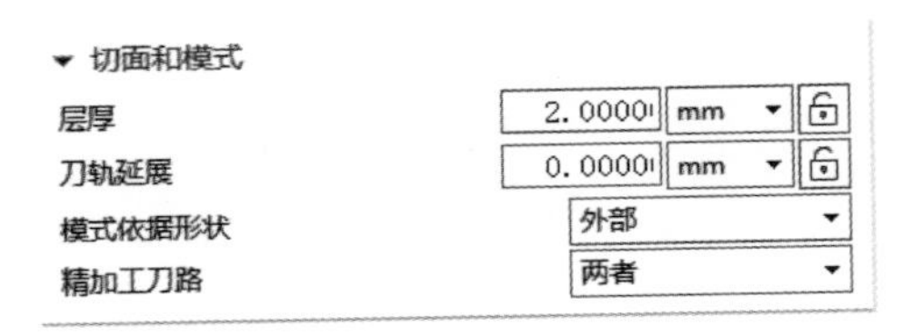

图 8-68 设置层厚

6）将【模式依据形状】设定为【外部】。

7）将【精加工刀路】设定为【两者】。

8）单击【确定】，关闭对话框，然后单击【生成刀轨】，图 8-69 所示为刀具路径。

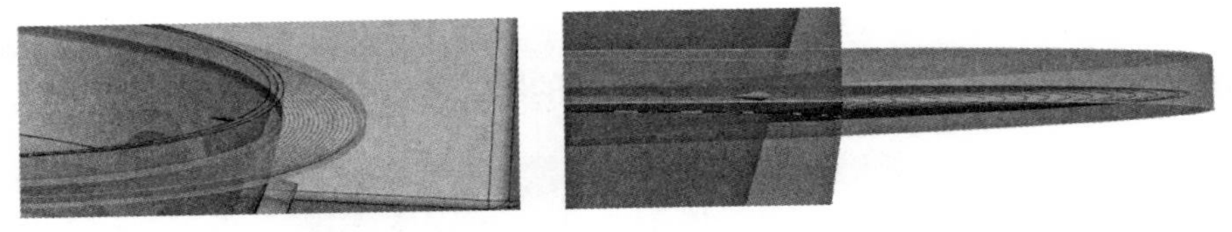

图 8-69 刀具路径

2. 检查结果

使用【确认刀轨】和【机床仿真】命令对刀具和机床的运动进行仿真。图 8-70 所示为机床的运动仿真，注意这里的连续螺旋运动。

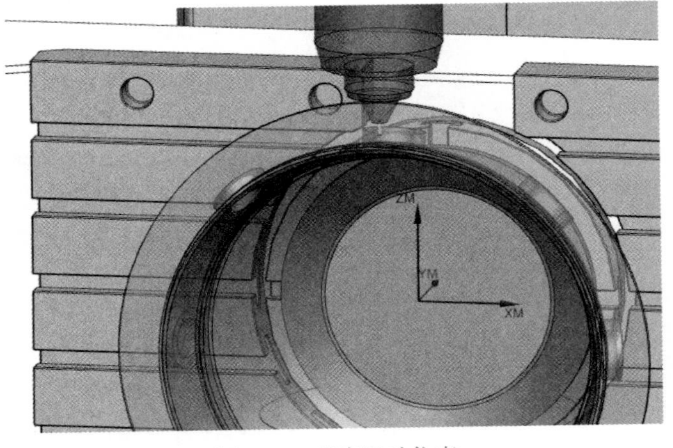

图 8-70 机床运动仿真

8.2.5　完成所有凸台

前面创建了一个【旋转添料 - 螺旋向内和向外】工序来构建八个凸台中的一个，现在要构建所有八个凸台。根据几何体特征和偏好设置，可用一些选项来完成这个加工任务。

1．不同的构建特征策略

1）每个凸台为独立的特征。如果凸台之间的空隙足够大（图 8-71），以至于在建造下一个凸台时，完整的凸台不会妨碍沉积头，那么可以将它们视为独立的特征，只需将第一个凸台的操作复制七次即可。

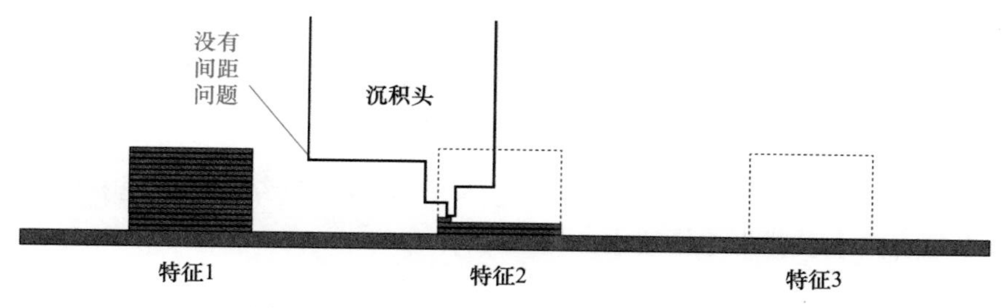

图 8-71　每个凸台都是独立特征（距离远）

2）八个凸台作为一个特征。如果凸台之间的距离太近，以至于完成的凸台会与沉积头在建造下一个凸台时发生碰撞，如图 8-72 所示。那么应该将整个凸台集合在一起，一次构建特征的一层，如图 8-73 所示。

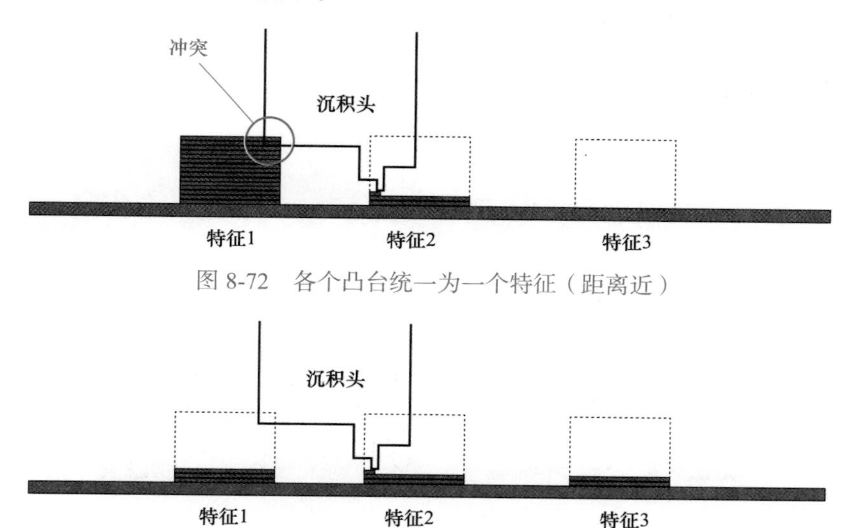

图 8-72　各个凸台统一为一个特征（距离近）

图 8-73　一次构建特征的一层

2．现有工序的旋转附加实例

在本例中，八个凸台之间的间隙足够大，因此将对现有加工程序变换七个【实例】。

1）在【工序导航器】中选择【ROTARY_ADDITIVE_SPIRAL】工序。

2）用鼠标右键单击该工序，在右键菜单中单击【对象】→【变换】，打开【变换】对话框。在【变换】对话框中，设置【类型】为【绕点旋转】，如图 8-74 所示。

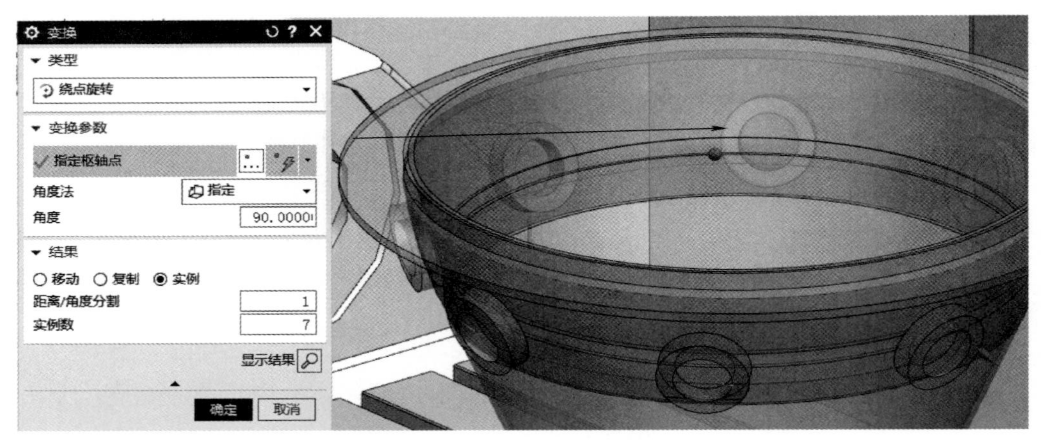

图 8-74 【变换】对话框

3）设置套管的中心点为【指定枢轴点】，这样可以确保旋转结果与外壳中心位置相关联。

4）将【角度法】设置为【指定】。

5）将【角度】设置为【45】，使八个凸台彼此间隔 45°。

6）在【结果】选项组中勾选【实例】选项。【实例】是指向原始对象的关联结果。如果原始对象更改，则实例也会更改。

7）将【距离 / 角度分割】设置为【1】。这意味着每隔 45° 就创建一个实例。

8）将【实例数】设置为【7】，再创建七个实例。

9）单击【显示结果】，验证设置是否正确，如图 8-75 所示。

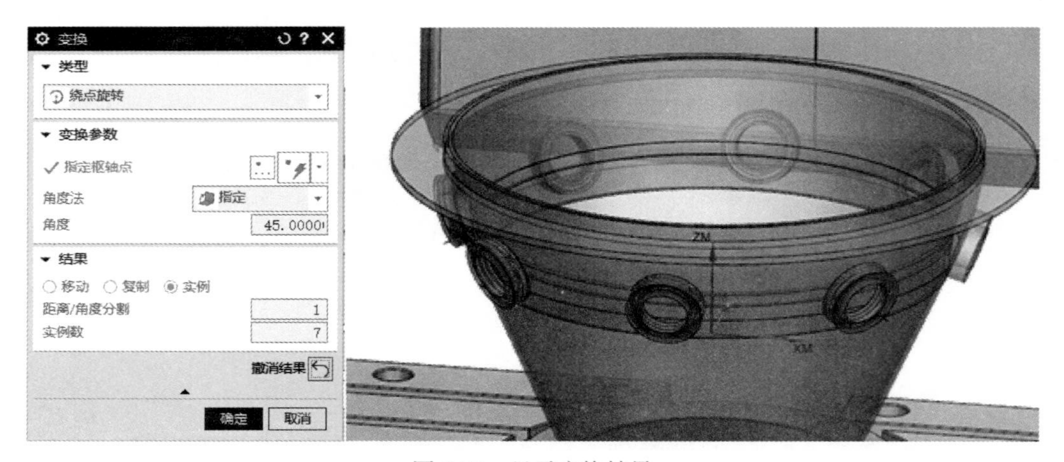

图 8-75 显示变换结果

10）单击【确定】，并关闭对话框。

3. 以一个特征构建所有凸台

1）复制第一个【ROTARY_ADDITIVE_SPIRAL】工序，并粘贴到【PROGRAM】中。

2）将这个工序重命名为【ROTARY_ADDITIVE_SPIRAL_EIGHT_BOSSES】。

3）双击该工序打开工序对话框，并选择所有八个凸台作为【附加特征】，如图 8-76 所示。

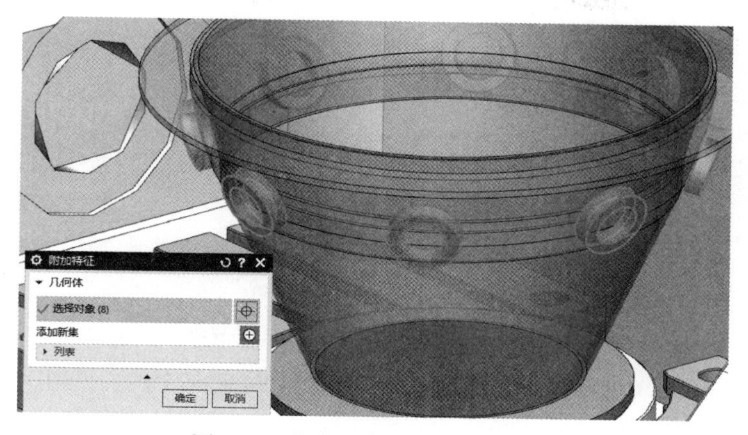

图 8-76 指定八个凸台为一个特征

4）单击【确定】，关闭工序对话框。

5）单击【生成刀轨】，生成刀具路径轨迹。

6）单击【机床仿真】，可以看到所有凸台一起被一层一层的构建，如图 8-77 所示。

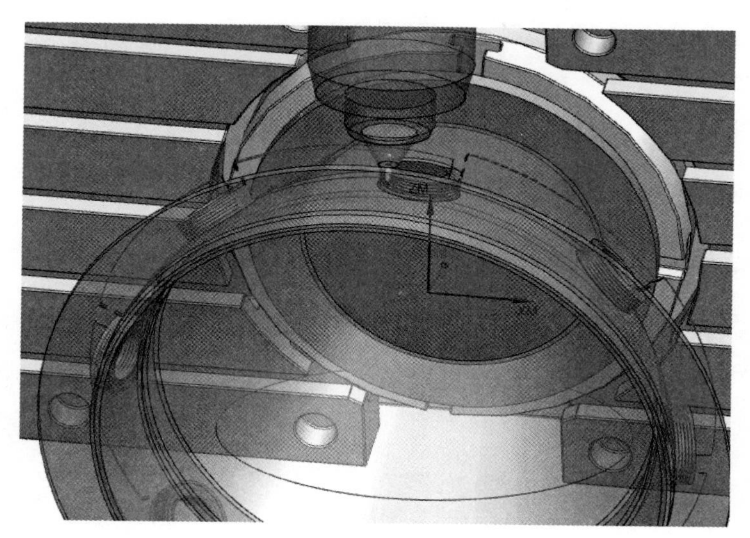

图 8-77 机床运动仿真

8.3 机器人上的平面沉积工序

下面将介绍有关 NX 沉积增材制造中的平面构建工序，以及如何将这些工序编程到机器人上。这些附加工序的构建层都是水平或垂直的，对此有不同的沉积模式可供选择。

8.3.1 入门操作

1. 初始化加工设置

1）在 NX 中打开文件“Airframe_Regions_Workpiece.prt”，其中的模型如图 8-78 所示。

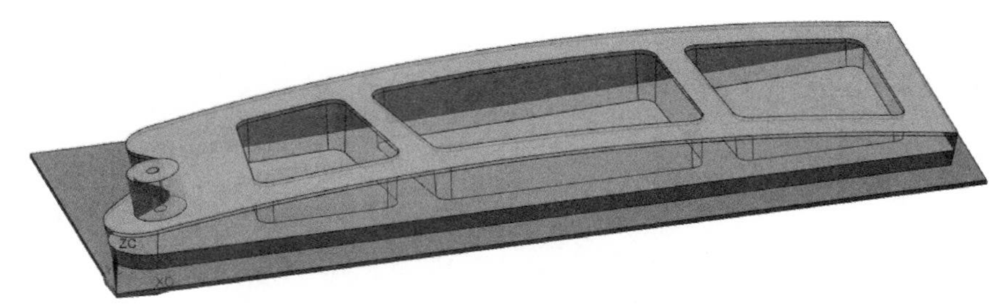

图 8-78 “Airframe_Regions_Workpiece.prt”文件中的模型

2）图 8-78 中的模型为在 NX 的 CAM 环境中准备用附加沉积工序来加工的一个装配体，其中底部的深色板是部件的底板，这是装配文件中的一个组件，其文件名为“Build_Plate.prt”；浅灰色的部件是要构建的几何体，它由独立的组件构成，其文件名为“Airframe.prt”。

3）本例中的部件为飞机结构中一个简单的部件，以其非垂直的壁面和深腔为典型结构。它由四个独立的实体（图 8-79）按顺序构建组成。

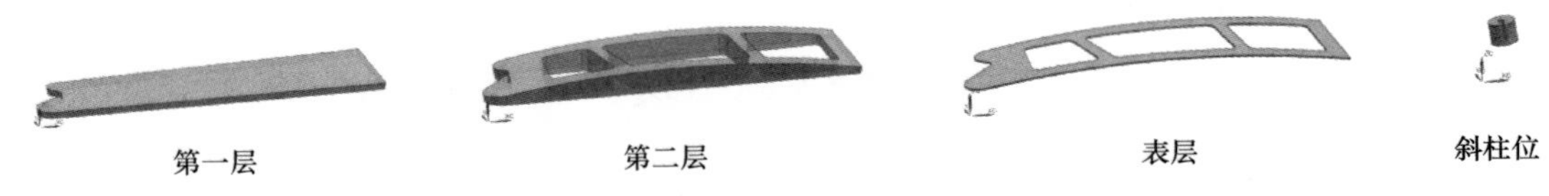

图 8-79 Airframe 部件中的独立实件

在装配导航器中，用鼠标右键单击【Airframe】组件，然后单击【替换参考集】，查看组件的不同实体，选择【ALL DEPOSITION BODIES】。

4）单击【文件】→【新建】→【加工】，新建加工文件（图 8-80）。

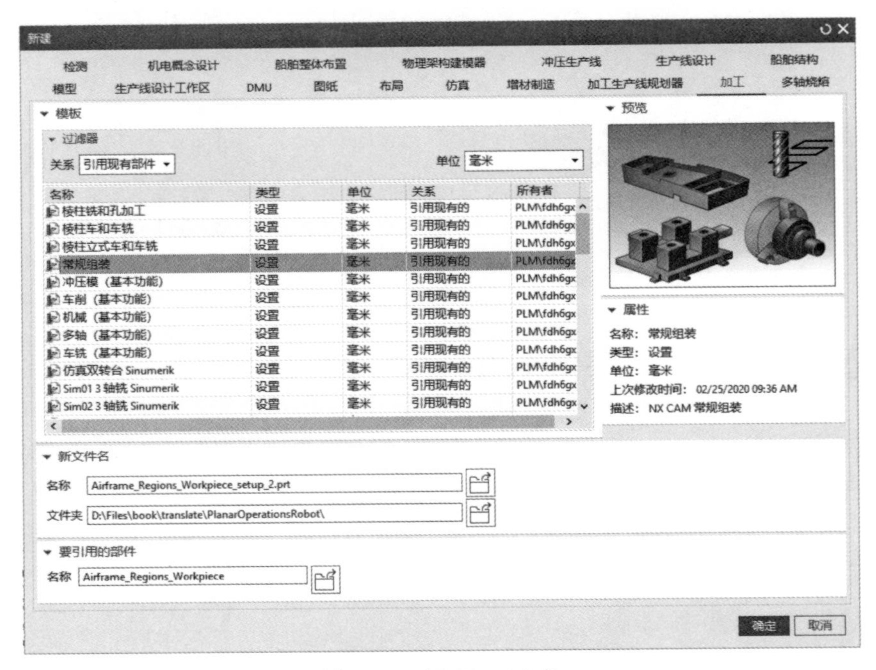

图 8-80 新建加工文件

在【加工】选项卡中选择【常规组装】模板。这个模板提供了广泛的灵活性，但没有将机床环境作为其标准内容的一部分。

2. 将机器人包含到加工装配中

1）切换到【工序导航器】的【机床视图】，如图 8-81 所示。

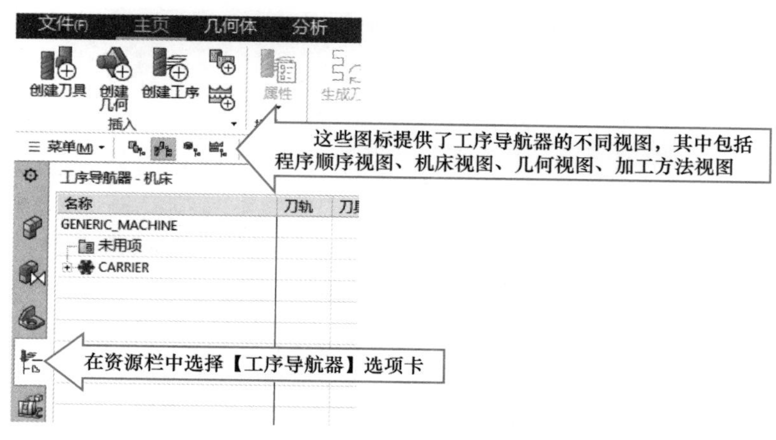

图 8-81　机床视图

2）双击【工序导航器 - 机床】中的【GENERIC_MACHINE】，在弹出的对话框中单击【从库中调用机床】，单击【ROBOT】→【kuka_kr300_r2500_on_rail】如图 8-82 所示，完成对机器人的选择，单击【确定】。

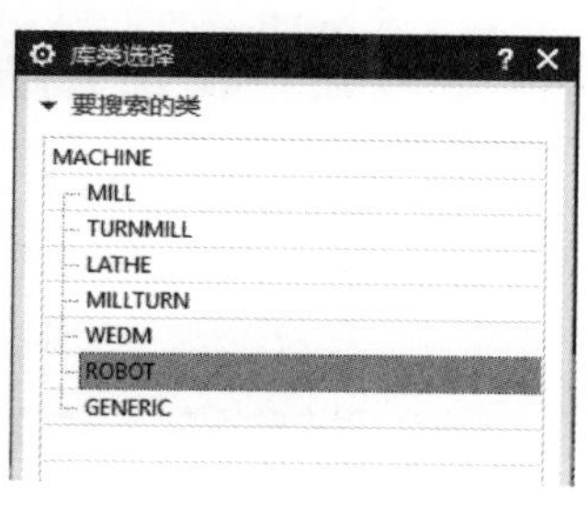

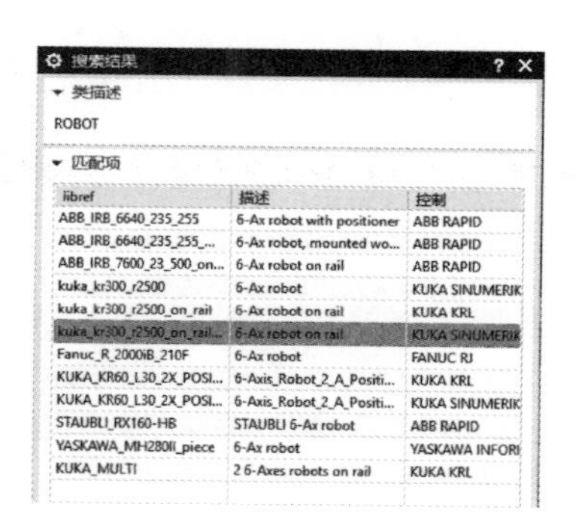

图 8-82　调用机床

3）在【部件安装】对话框中，将【定位】设置为【使用装配定位】，并选择五个工件实体作为【工件部件】，单击【确定】；在【添加加工部件】对话框中，使用【位置】和【放置】选项组中的默认值，单击【确定】，如图 8-83 所示。

确认机床已成功替换，然后关闭【信息】窗口，单击【确定】，关闭【库类选择】对话框。图 8-84 所示为调用的机器人。

4）在刀头和机器人末端执行器之间还需要一个【机头】进行连接。从机头库中选择【force_sensor_2500】，具体操作如图 8-85 所示。单击【确定】，关闭当前对话框。

3. 在装配过程中将工件放置到适当位置

1）在【装配】选项卡中单击【添加组件】，添加一个工作台。在【添加组件】对话框框中单击【打开】右侧的图标，选择【Work Table.part】，其他保持默认值不变，如图 8-86 所示。单击【确定】，关闭当前对话框。

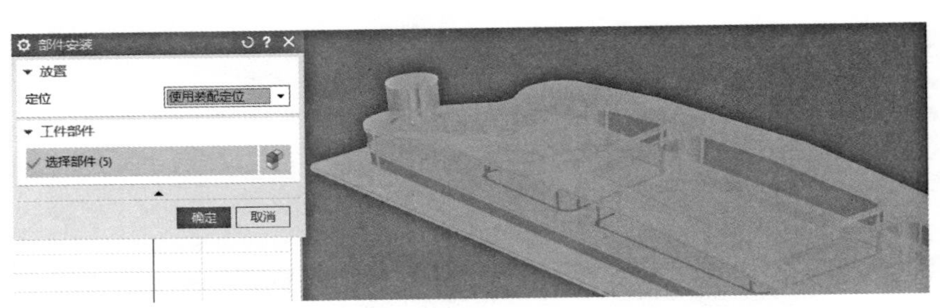

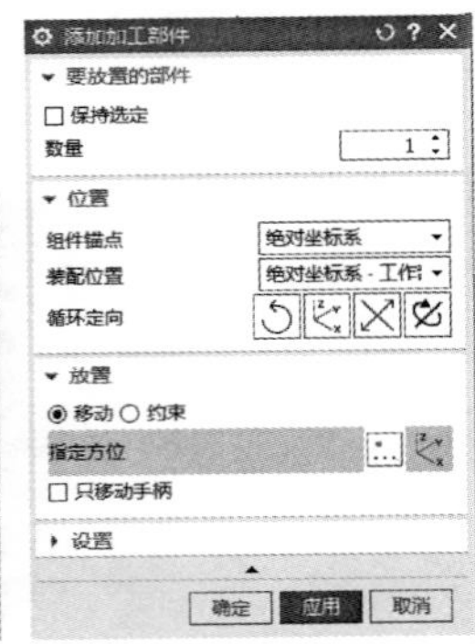

图 8-83　添加实体

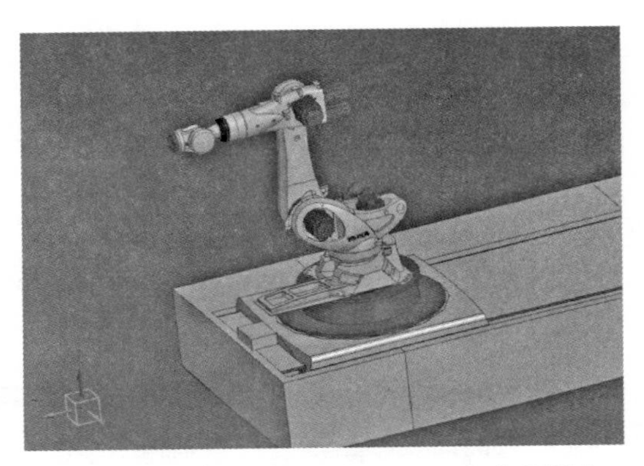

图 8-84 【kuka_kr300_r2500_on_rail】机器人

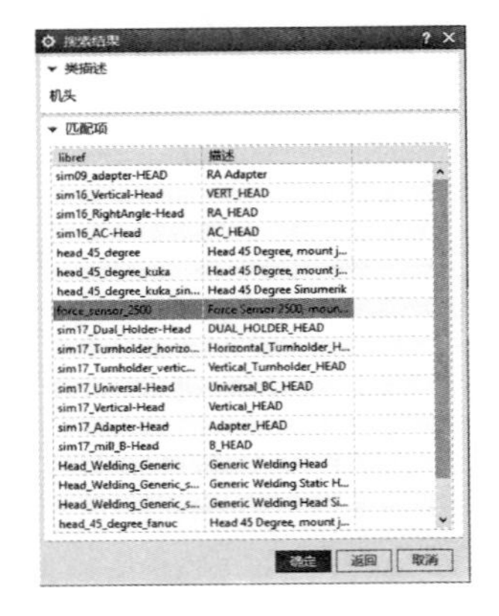

图 8-85　添加机头

2）使用【装配约束】命令将部件放置到工作台上。在【装配】选项卡中单击【装配约束】，设置【约束】为【接触约束】，将【方位】设置为【接触】，选择灰色基板的底部和工作台的顶部，此时工件就在工作台的水平面上，如图 8-87 所示。

3）使用【移动组件】命令将工件移动到工作台上的正确位置。打开【移动组件】对话框，选择工件作为【要移动的组件】，然后调用动态操控器将工件拖动到工作台上，如图 8-88 所示。

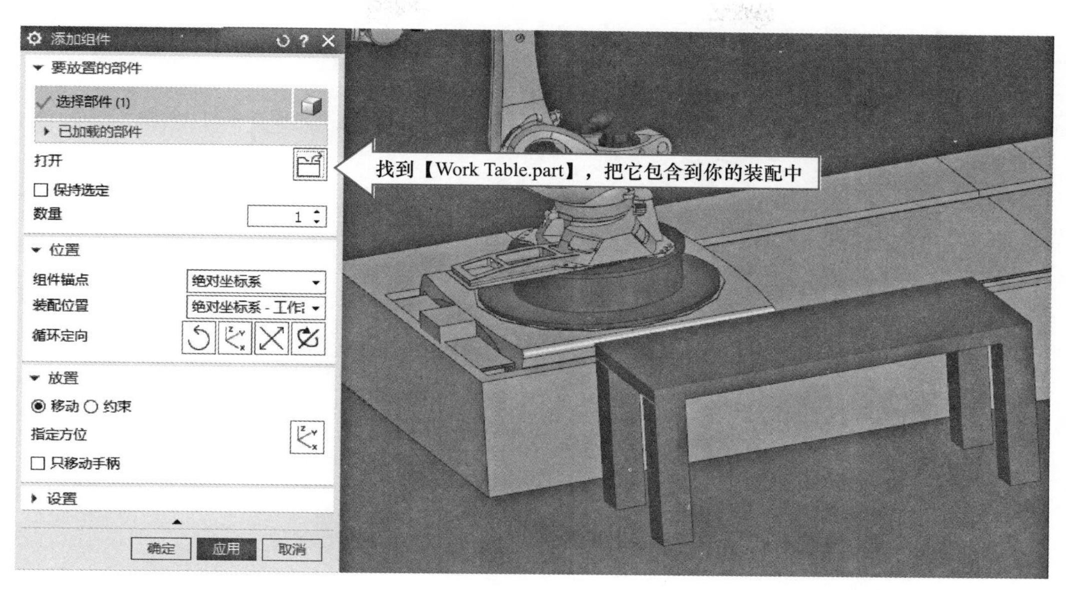

图 8-86 添加【Work Table.part】

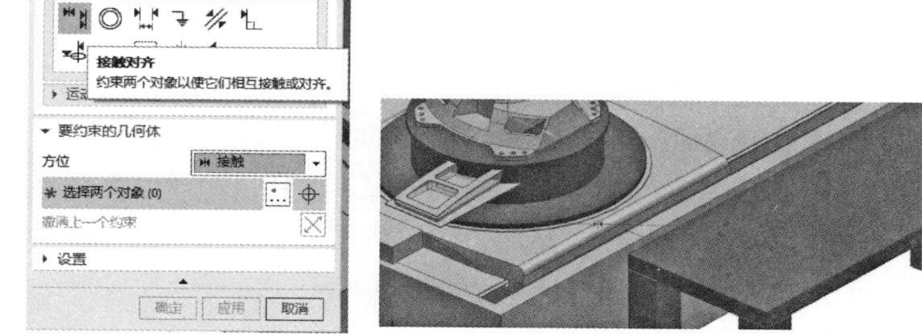

图 8-87 将工件约束到工作台水平面

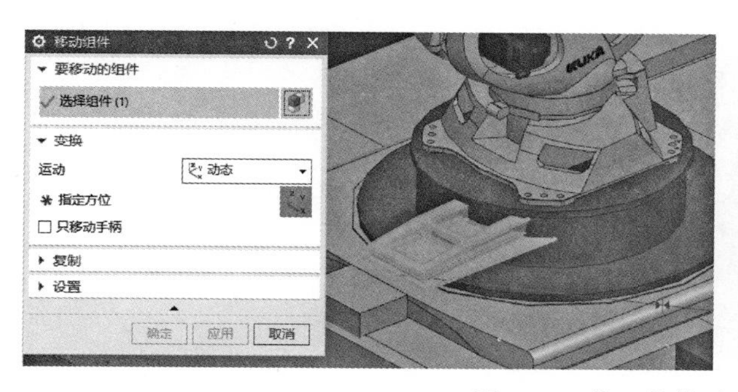

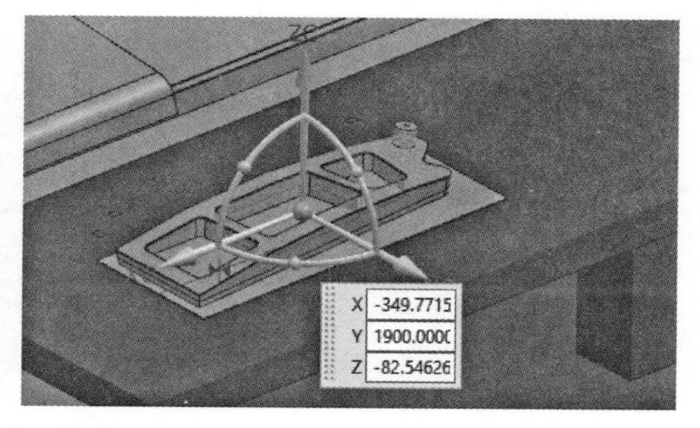

图 8-88 将工件拖动到工作台上

大概确定工件的位置后，将视图旋转到俯视图位置，按〈F8〉键将视图快速切换到最接近当前视图的正交视图（图 8-89）。继续使用操控器手柄将构建基板靠在工作台的挡块上。

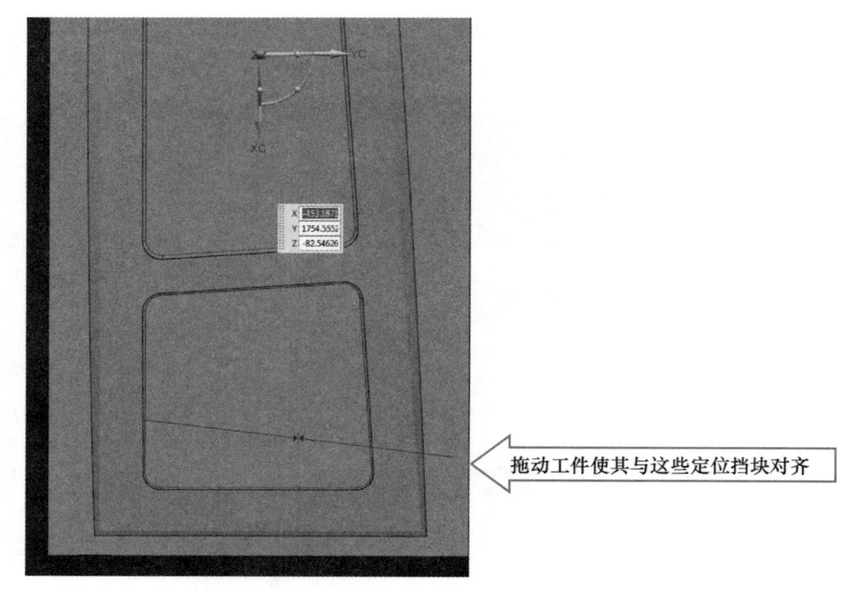

图 8-89　对齐挡块与构建基板

4．准备沉积的附加工序

1）创建沉积刀具。在本例中，将需要一把沉积刀具，具体的创建步骤如下：

① 在【工序导航器 - 机床】视图中，单击【创建刀具】，在【6x_Robot_on_Rail】位置下创建一把刀具。

② 设置【类型】为【multi_axis_deposition】。

③ 在【创建刀具】对话框中设置【Deposition Laser】为【刀具子类型】，并命名刀具为【Deposition_Tool_10mm】(图 8-90)，然后单击【确定】。

④ 该刀具直径的默认值为 3mm，将其更改为 10mm，单击【确定】以创建刀具。

⑤ 在【工序导航器 - 机床】视图中，将新的刀具【Deposition_Tool_10mm】拖动到【POCKET】下，如图 8-91 所示。

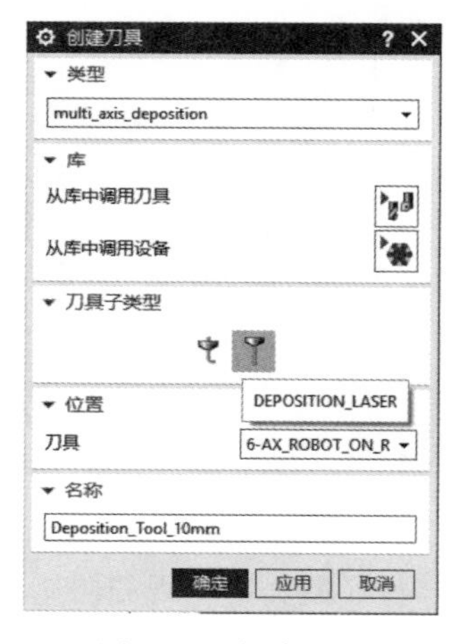

图 8-90　创建刀具

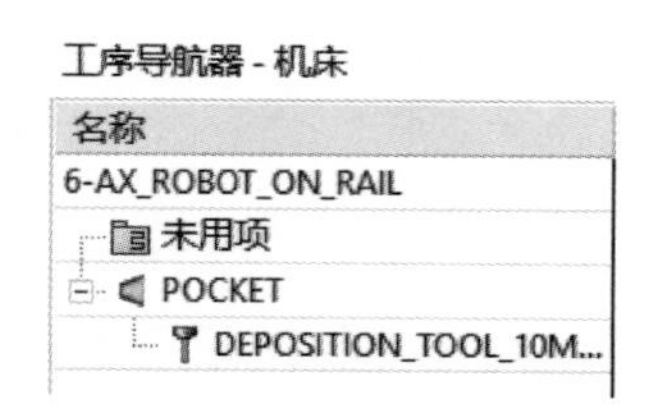

图 8-91 【工序导航器 - 机床】视图

2）使用【创建几何体】命令（图 8-92a）创建一个混合几何体。

① 打开【创建几何体】对话框（图 8-92b），设置【类型】为【multi_axis_deposition】。

② 选择【HYBRID_GEOMETRY】为【几何体子类型】。

③ 选择【MCS_Mill】为【几何体】。

④ 单击【确定】，创建混合几何体。

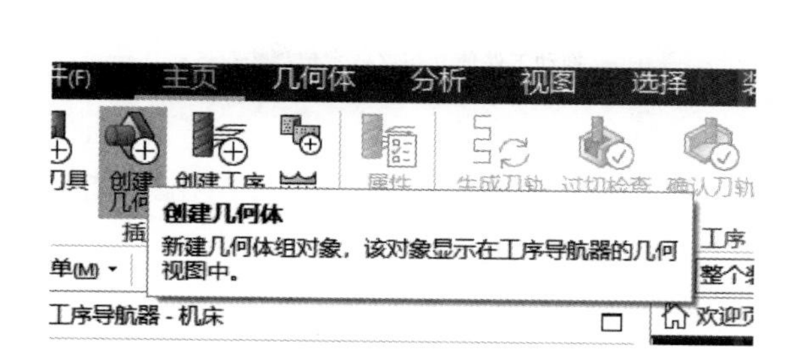

a)

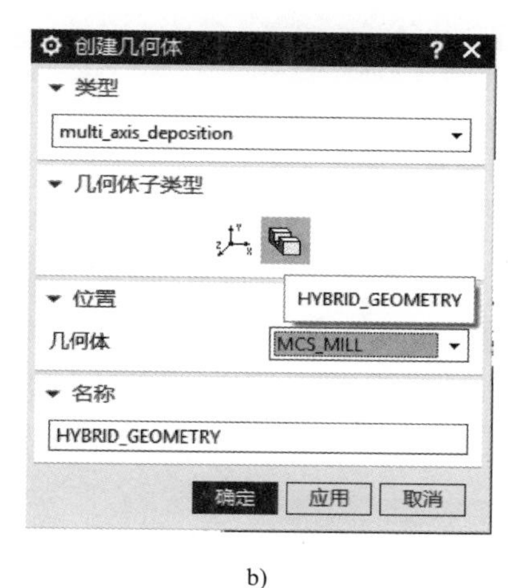

b)

图 8-92 创建几何体

⑤ 在【Hybrid Geometry】对话框中，选择【指定初始工件】为构建基板，【指定附加材料】为机身，如图 8-93 所示。单击【确定】。

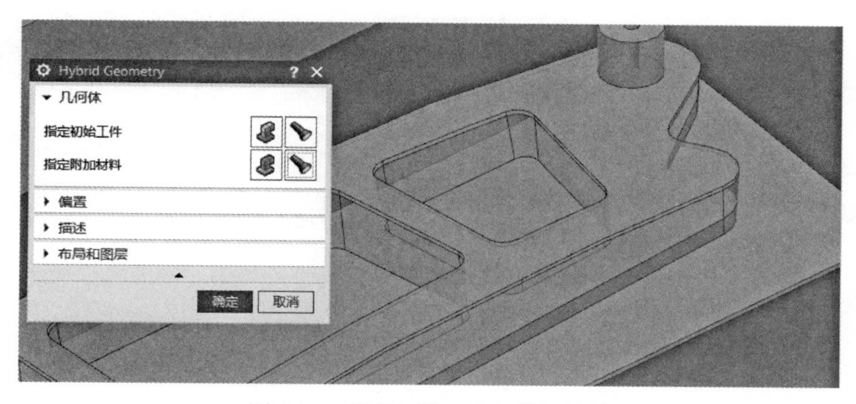

图 8-93 指定初始工件和附加材料

3）单击【创建方法】，设置【类型】为【multi_axis_deposition】，默认其他选项，如图 8-94 所示，单击【确定】。

5. 创建【平面添料 - 跟随部件向内和向外】工序

1）打开【创建工序】对话框（图 8-95a）。设置【类型】为【multi_axis_deposition】，选择【平面添料 - 跟随部件向内和向外】作为【工序子类型】，在【位置】选项组中将【程序】设置为【NC_PROGRAM】，【刀具】设置为【DEPOSITION_TOOL_10MM】，【几何体】设置为【HYBRID_GEOMETRY】,【方法】设置为【DEPOSITION】。

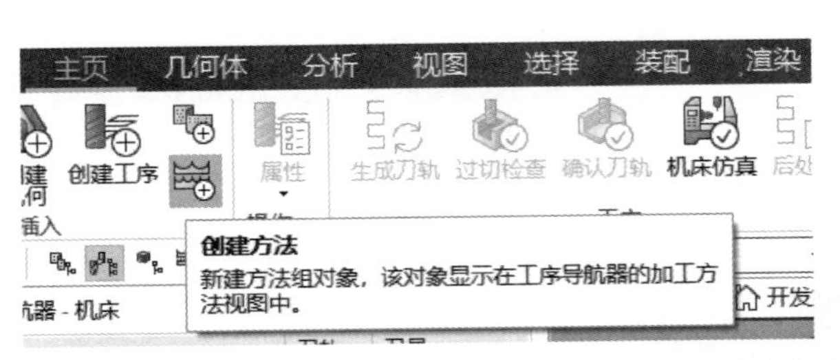

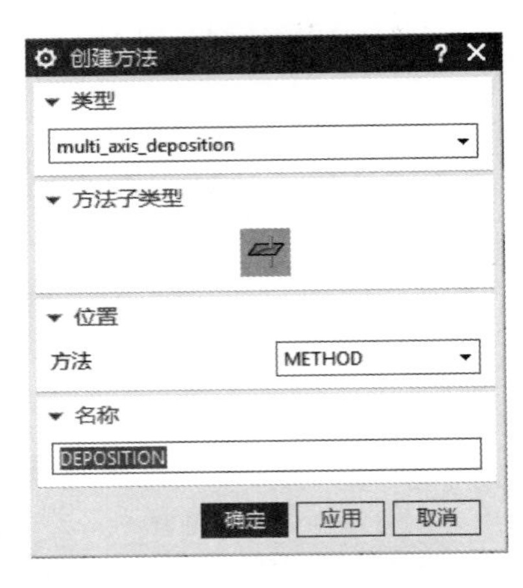

图 8-94　创建方法

在【平面添料 - 跟随部件向内和向外】对话框的【主要】选项卡中，单击【指定附加特征】，选择单一实体来代表部件底板（图 8-95b），单击【确定】。

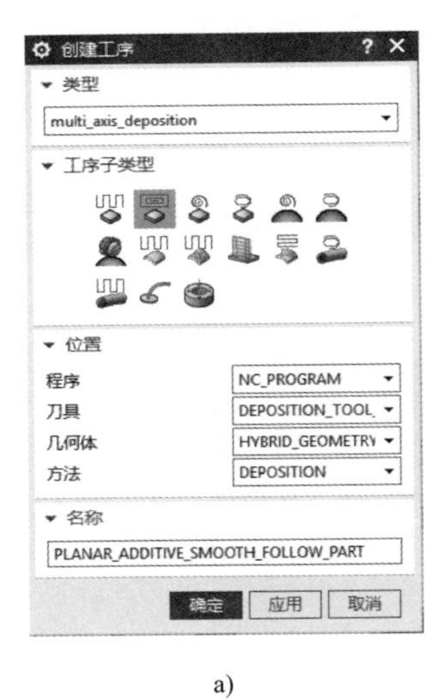

a)

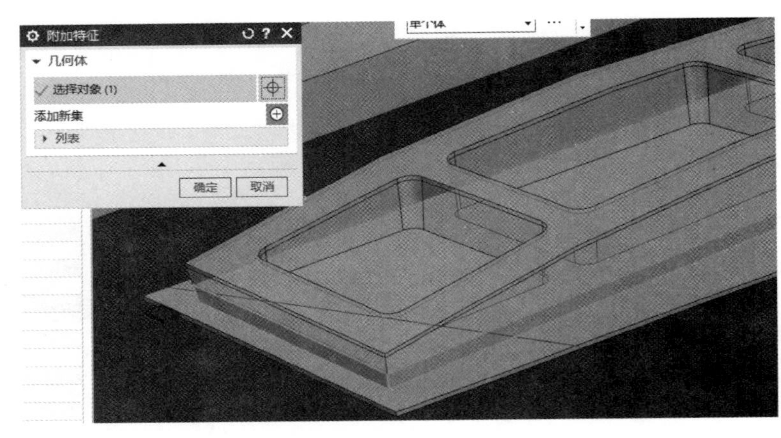

b)

图 8-95　创建工序并指定附加特征

2）在【输出和避让轴】选项卡中的【切面轴和输出轴】选项组中，将【输出轴】设置为【Automatic】。使刀轴倾斜，精加工外部边界以壁对齐工件。

3）在【切面参数】选项卡中的【图层】选项组中，将【层厚】设置为 5mm，这将增加每次精加工时沉积的材料量。在本例中，刀具直径和沉积厚度都被夸大设置，以便查看结果。单击【确定】，退出当前对话框。

4）设置部件的透明度为 60%，生成刀轨，如图 8-96 所示。

5）使用【确认刀轨】命令快速查看刀具的运动轨迹。在【重播】选项卡中的【运动显示】选项组中，将【刀轨】设置为【当前层】，勾选【每一层暂停】，以便于查看每个沉积层。播放动画，如图 8-97 所示。

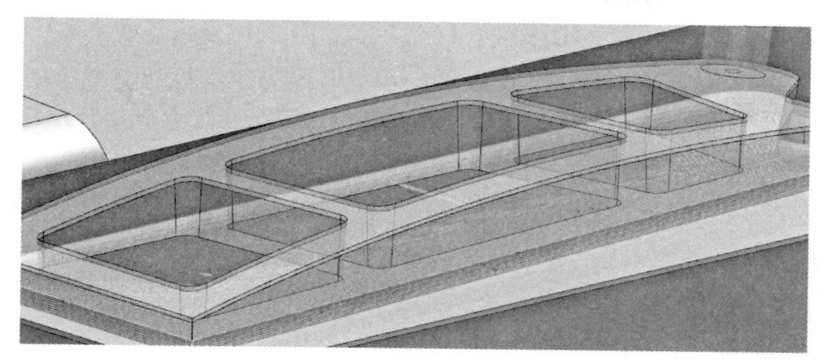

图 8-96 生成刀轨

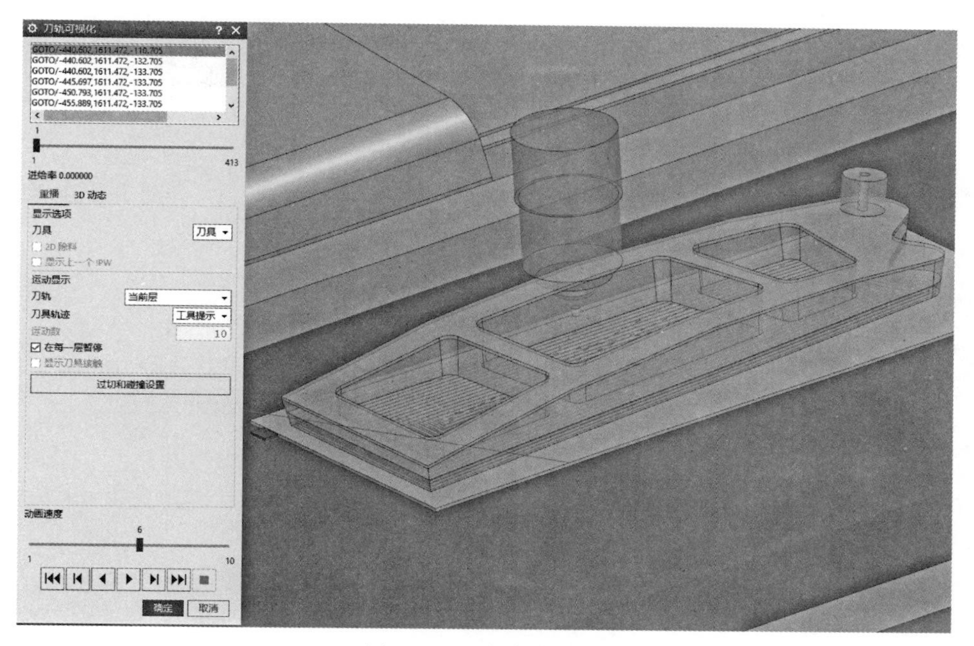

图 8-97 刀轨仿真动画

6．回顾

回顾前面完成的操作步骤。

1）从添加基板的装配模型和部件的分解模型开始。

2）使用【常规组装】模板初始化加工装配体设置。

3）在机床库中选择机器人，并将工件放置在工作台上。

4）创建沉积激光刀具、混合几何体和沉积方法的附加工序。

5）为部件的第一个构建区域生成刀轨，并模拟它的运动轨迹。

8.3.2 机器人控制

在前面的加工设置中，已经从机床库中调用了【kuka_kr300_r2500_on_rail】机器人。机器人与传统机床有着重要的区别，在加工过程中要考虑这些差异。

机器人通常是六轴机器，并且可以为更多的轴提供定位器。本例中的机器人具有附加的导轨行程定位器，因此总共有七根轴。这意味着机器人可以用不止一种方式定位任何刀具路径位置。为了获得最佳的运动解决方案，必须使用机器人规则指定首选项。

本例中将为每个工序指定机器人规则。其规则与这些工序相关联，并且代表对这些工序的编辑情况。对于那些已应用机器人规则的工序，其在工序导航器中显示有一个扳手图标。

机器人的机床仿真要求将机器人规则应用于工序，以便遵循解决方案的首选项。

1．指定规则

1）选择【工序导航器 - 工序】视图。

2）单击【机器人加工】工具栏中【机器人控制】，如图 8-98 所示。打开【机器人控制】对话框，如图 8-99 所示。

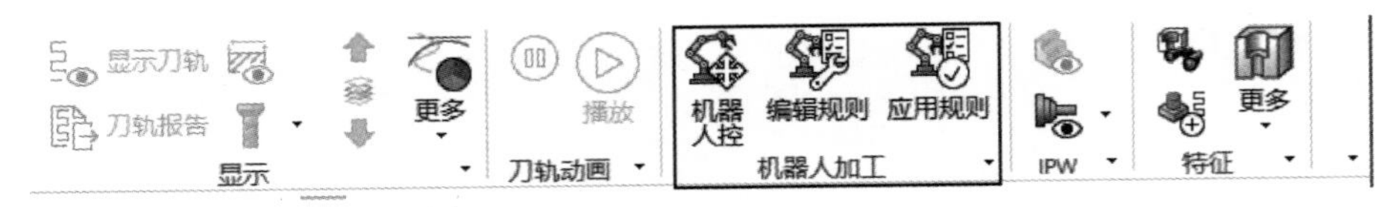

图 8-98 【机器人加工】工具栏

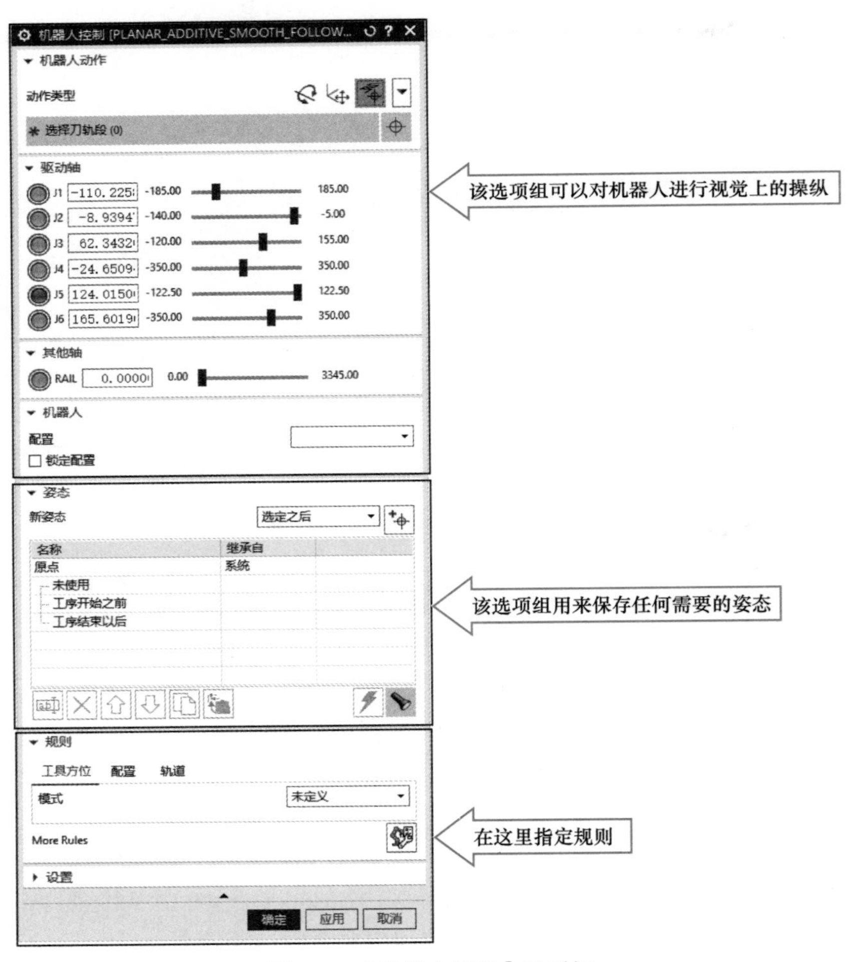

图 8-99 【机器人控制】对话框

2．移动机器人

拖动【驱动轴】位置滑块以在图形窗口中查看机器人的响应；也可以使用坐标操纵器移动机器人，将【运动类型】更改为【刀具控制点动作】即可。

3．机器人配置

【配置】是机器人技术中的关键术语，它描述了机器人关节决定其末端执行器的方向和位置。本例中的机器人的前三个关节的动作受限，因此除了前臂和腕部关节组合外，它无法组成其他不同的【配置】，如图 8-100 所示。

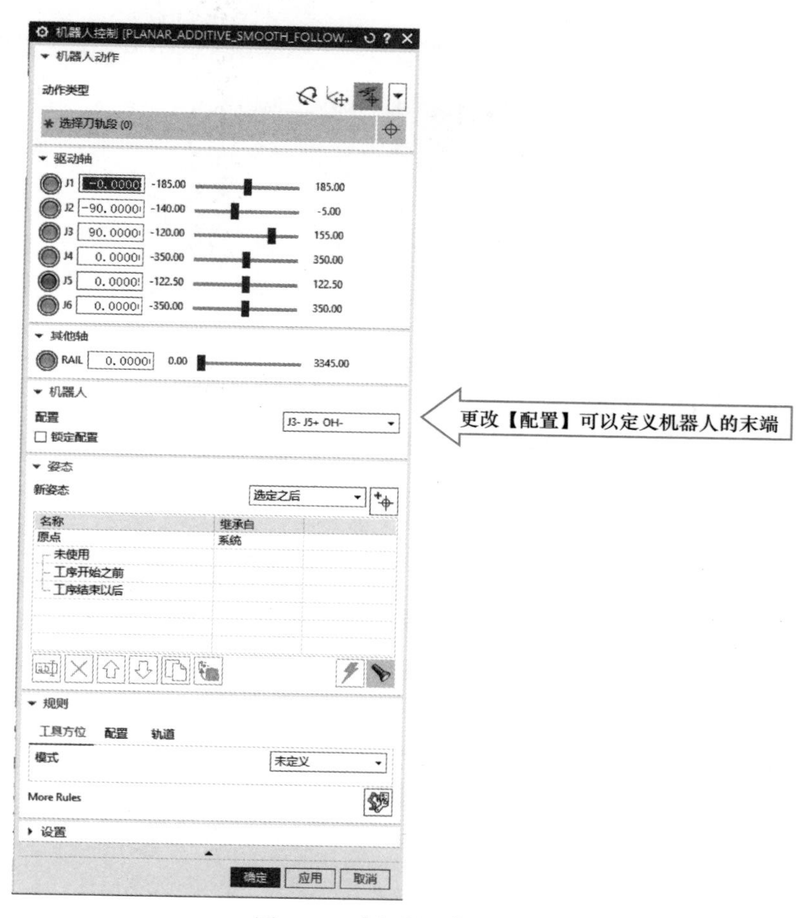

图 8-100 【机器人】选项组

4．定位机器人

在应用【规则】之前，需使用定位选项将机器人放置在这个工序中指定的位置。具体操作如下：

1）滑动导轨使机器人到指定的位置。在本例中，需将机器人与工件中心对齐，即在导轨上约 900mm 处。

2）单击【动作类型】选项组中的【路径位置】（图 8-101），让末端执行器接触刀具路径，末端执行器将快速移动到指定位置。

3）当机器人处于指定位置时，可以使用【机器人】选项组中的【配置】下拉列表来查看最佳的配置。可根据使用的沉积系统进行选择。

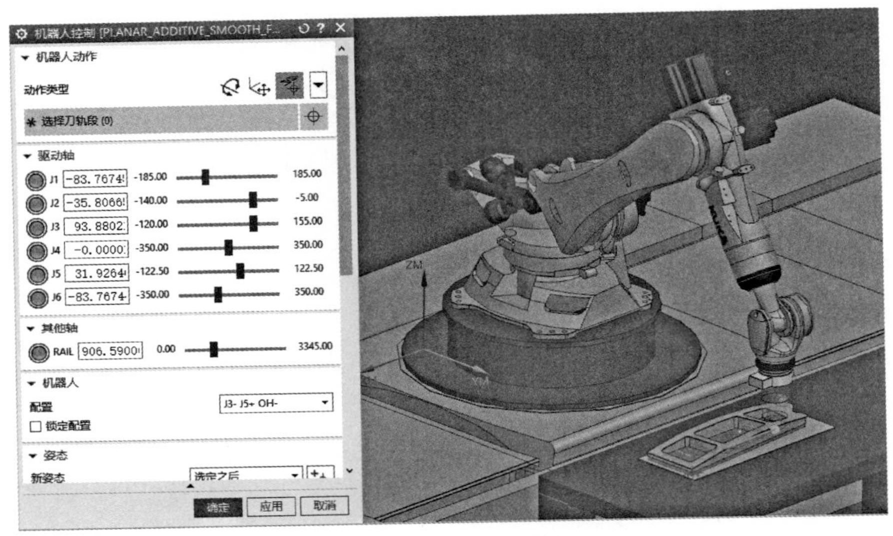

图 8-101　定位机器人

5. 机器人规则分类

【规则】选项组中共有三个选项卡，分别对应三种不同的规则，分别为【工具方位】【配置】和【轨道】。

6. 指定用于配置的机器人规则

在【规则】选项组中选择【配置】选项卡。用机器人定位选项将机器人放置在刀具路径开始的位置，然后单击【闪电】图标捕获当前位置上的【配置】信息，如图 8-102 所示。

规则

工具方位　配置　轨道

配置　J3- J5+ OH-

捕获当前配置作为该工序的规则

More Rules

图 8-102　捕获配置

7. 指定用于工具方位的机器人规则

在【规则】选项组中选择【工具方位】选项卡。

【工具方位】指定了末端执行器如何随着刀具路径移动而自行定向。以剪刀为例，其末端必须沿着刀具路径的指向进行工作。机器人末端执行器有时需要这种刀具的指向，这时需要用【相切】模式。

在其他时候，使末端执行器旋转是不必要的，只会产生多余的机器人运动。在这些情况下需要使用【固定】模式。

本例将使用【相对于部件固定】模式，单击【闪电】图标，将刀具的当前方位作为请求方位，如图 8-103 所示。

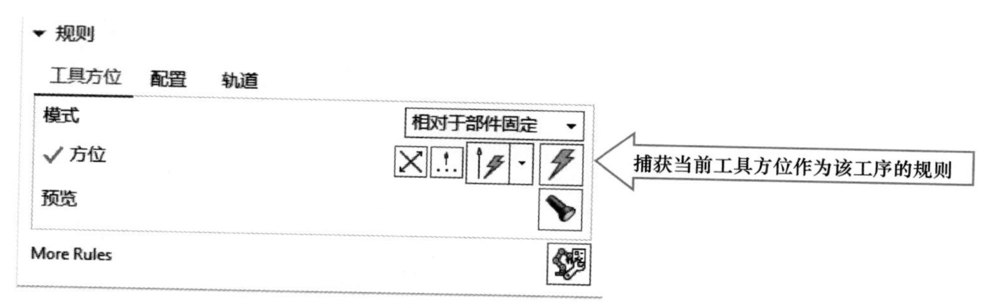

图 8-103 捕获工具方位

8．指定用于轨道的机器人规则

因为机器人在运动学定义中包含了轨道，所以在对话框的【规则】选项组中有【轨道】选项卡。在本例中，让轨道遵循刀具路径，当刀具沿路径来回移动时，将接合轨道轴以使机器人来回移动。很大的零件可以用这样的规则来处理。

轨道【跟随刀轨】模式包括【RAIL 跟随增量】（图 8-104），该值用于表示轨道位置和刀具路径之间的偏移量。由于在指定位置放置了机器人，因此单击【闪电】图标将当前状态捕获为指定状态。

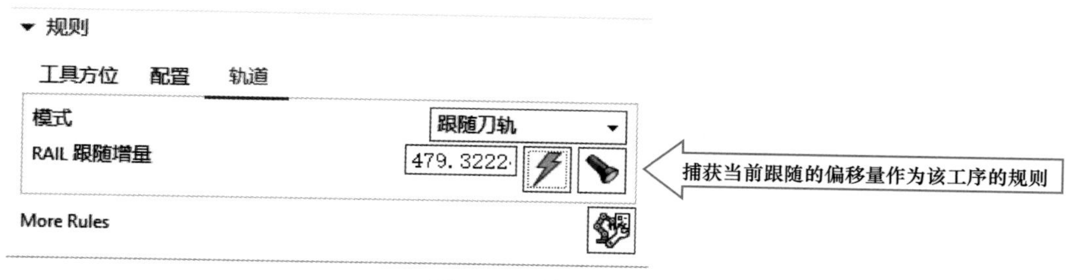

图 8-104 捕获轨道

单击【确定】，关闭【机器人控制】对话框。至此，已经完成了指定规则。

9．应用规则

尽管已经完成了指定规则，还是要先将这些规则应用于刀具路径，它们才能影响输出结果。在【机器人加工】工具栏中单击【应用规则】，系统将需要一些时间计算所有刀具路径，并检查所有已编程点的机器人控制选项。

成功应用规则后，【工序导航器】中【刀轨】列表中会显示【扳手】图标。该图标表示如果重新计算该工序，存在的编辑将被覆盖。

10．机床仿真

现在刀具路径具有机器人规则，可以模拟机器人与机床运动仿真并查看刀具路径。

单击【机床仿真】按钮，打开【仿真控制面板】对话框（图 8-105），设置速度并播放动画。

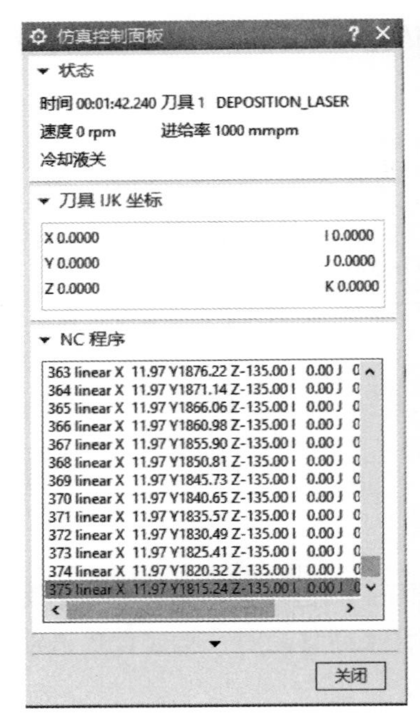

图 8-105 机器人与机床运动仿真

8.3.3 创建平面填料 - 轮廓及往复填充工序

创建另一个工序来构建第二个区域的垂直面。操作中将会使用【平面填料 - 轮廓及往复填充】工序子类型，【平面填料 - 轮廓及往复填充】工序。

1. 创建【平面填料 - 轮廓及往复填充】工序

1）打开【创建工序】对话框，设置【工序子类型】为【平面填料 - 轮廓及往复填充】。默认【程序】【刀具】【几何体】和【方法】选项的设置。

2）在【主要】选项卡中的【附加几何元素】中，选择垂直面作为【附加特征】，并指定第一层的上表面作为【基础面】。

3）在【输出轴和避让轴】选项卡中的【切面轴和输出轴】中，将【输出轴】设置为【Automatic】，并将【底面上的轴】设置为【在基础面上自动】，如图 8-106 所示。

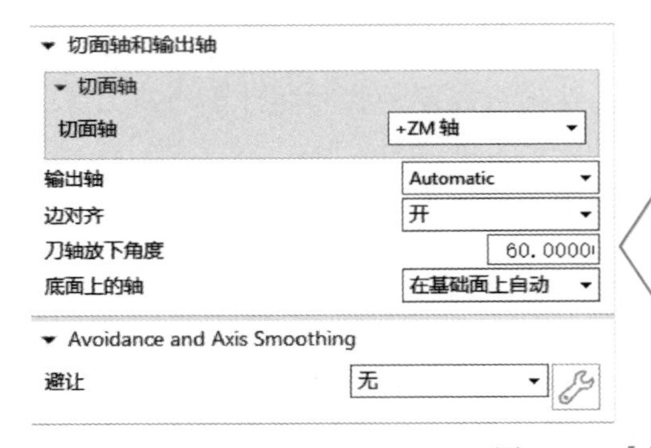

这个选项决定了自动对齐刀具是否将应用于构建区域的第一层。在第一道工序中，要将材料沉积到基板上，因此倾斜将无济于事。在这种情况下，要继续进行先前的沉积，需要倾斜该区域的第一层

图 8-106 【切面轴和输出轴】选项组

4）在【初始层】选项卡中的【初始层】中，将【备选切削角】设置为【45】，如图8-107所示。

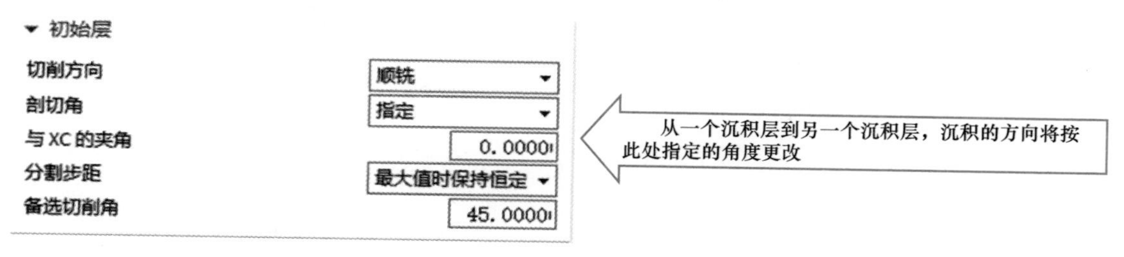

图8-107 初始层

5）单击【确定】，退出当前对话框，然后单击【生成刀轨】。

2. 机器人控制

1）打开【机器人控制】对话框，将机器人放置在此工序所需的位置。

① 向下滑动导轨使其更靠近工件，这次将其定位在导轨上约600mm处。

② 设置【动作类型】为【路径位置】，选择一条刀具轨迹段，刀轨位置将会用来指定【规则】。

③ 选择【规则】中的【配置】选项卡，用【闪电】图标来获取当前配置作为规则。

④ 选择【规则】中的【工具方位】选项卡，将【模式】设置为【相对于部件固定】，然后用【闪电】图标来获取当前方位作为规则。

⑤ 选择【规则】中的【轨道】选项卡，将【模式】设置为【恒定联接值】，然后用【闪电】图标来获取当前位置作为规则。

2）单击【确定】，关闭【机器人控制】对话框。至此，已经完成了指定规则。

3）单击【应用规则】，在工序导航器上会出现一个【扳手】图标。

3. 检查结果

1）使用【确认刀轨】命令来逐层检查结果。

① 在【运动显示】选项组中将【刀轨】设置为【当前层】。

② 勾选【在每一层暂停】。

③ 播放刀具运动轨迹仿真动画，如图8-108所示。

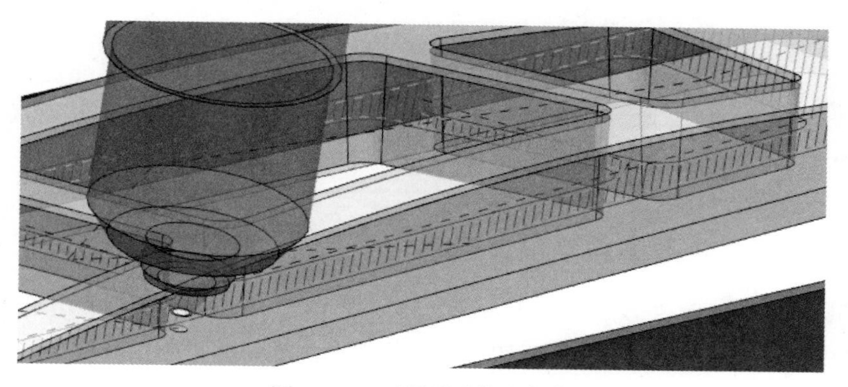

图8-108 刀具运动轨迹仿真

2）在【刀轨可视化】对话框中观看沉积仿真动画。

① 选择【3D 动态】选项，显示刀具移动时材料的变化。

② 取消勾选【IPW 碰撞检查】。

③ 将【动画速度】调至【8】或【9】。

④ 播放沉积仿真动画，观察沉积过程，如图 8-109 所示。

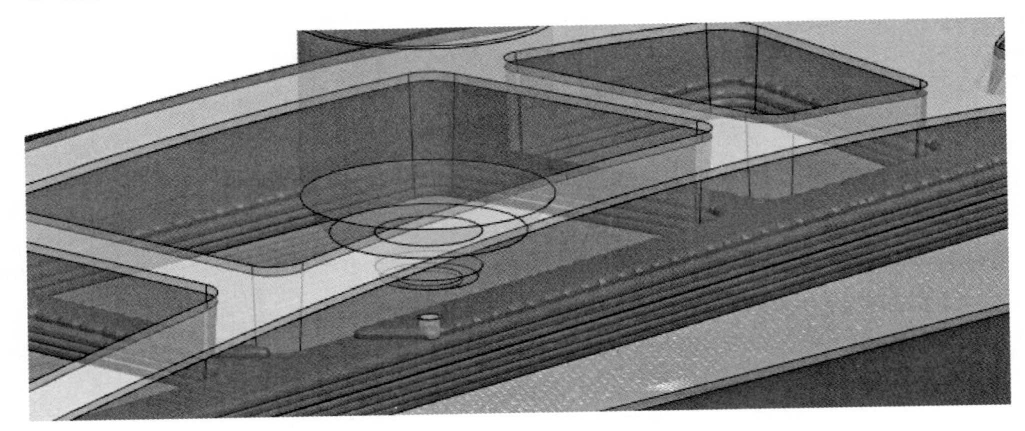

图 8-109　3D 沉积仿真动画

3）使用【机床仿真】命令查看机器人的运动仿真，如图 8-110 所示。

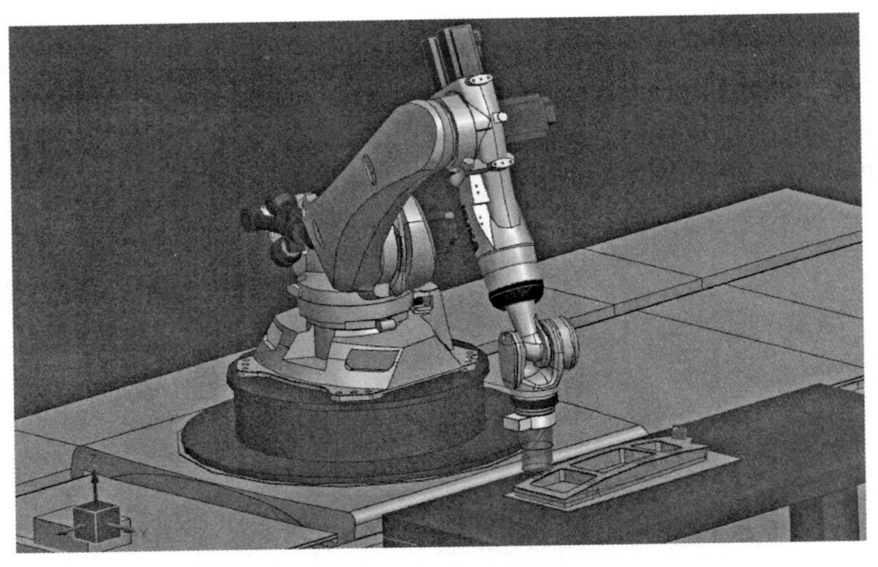

图 8-110　机床运动仿真

8.3.4　创建自由曲面填料 - 积聚工序

创建另一个工序构建表层。在本例中，将会使用【自由曲面填料 - 积聚】工序子类型。前面只使用到了平面工序。平面切片可以从选择的几何体推断出其底部切面，并根据这些切面设计图案。而自由工序是建立在 3D 几何体上的，并且不依赖于切面边界。

对于自由工序，将通过选择【基础面】和【引导曲线】来提供更多的几何指导。

1. 准备必要的几何体

在【装配导航器】中展开【Airframe_Regions_Workpiece】，并为【Airframe】选择另一个引用集。用鼠标右键单击【Airframe】组件，单击【替换引用集】→【Entire Part】，如图 8-111 所示。

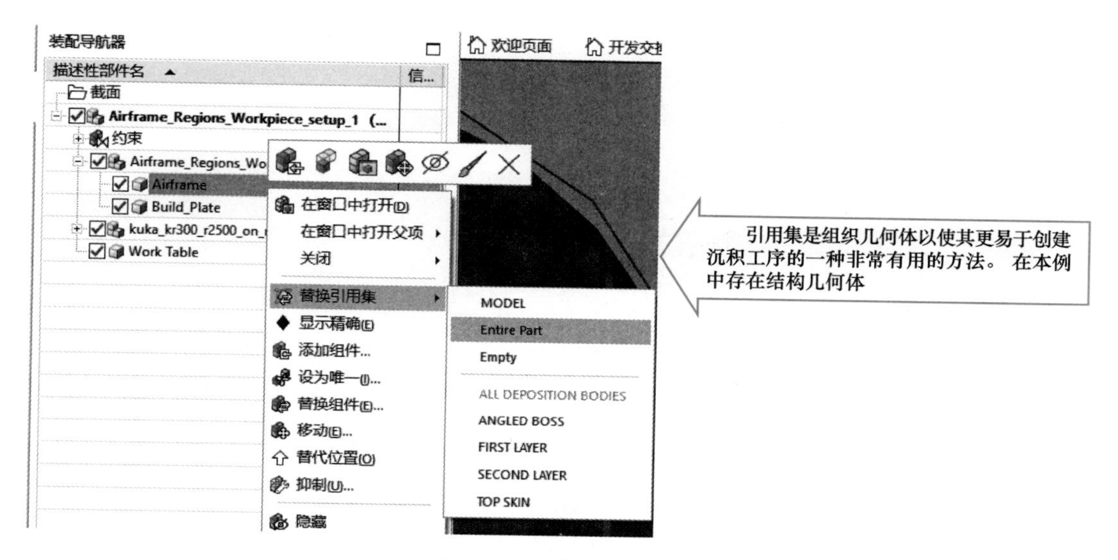

图 8-111 替换引用集

2. 创建【自由曲面填料 - 积聚】工序

1）打开【创建工序】对话框，设置【工序子类型】为【自由曲面填料 - 积聚】。使用【程序】【刀具】【几何体】和【方法】的默认值。

2）选择表层为【附加特征】。

3）选择两个可见曲面中的较低者指定为【基础面】（图 8-112）。选择曲面时，要确保矢量向上，如果不是，使用对话框中的【反向】按钮使矢量指向正确的方向。

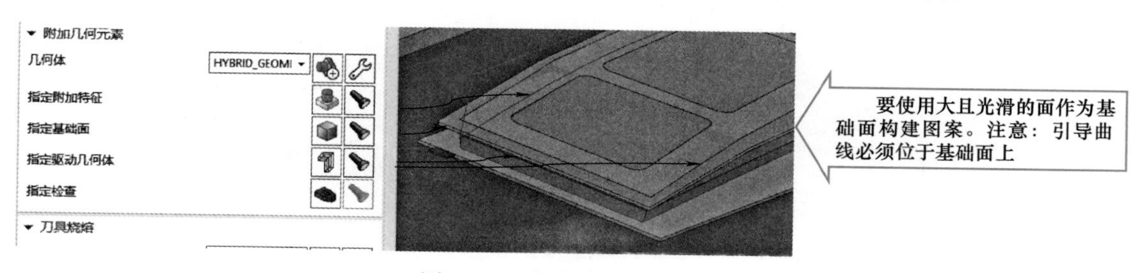

图 8-112 指定附加几何元素

4）打开【驱动几何体】对话框，这里控制每一层的刀轨图案。

① 选择相同较低曲面的短边作为第一条引导曲线。

② 单击【添加新集】，创建另一个曲线组，然后选择相同较低曲面的长边。现在有两个曲线组，如图 8-113 所示。

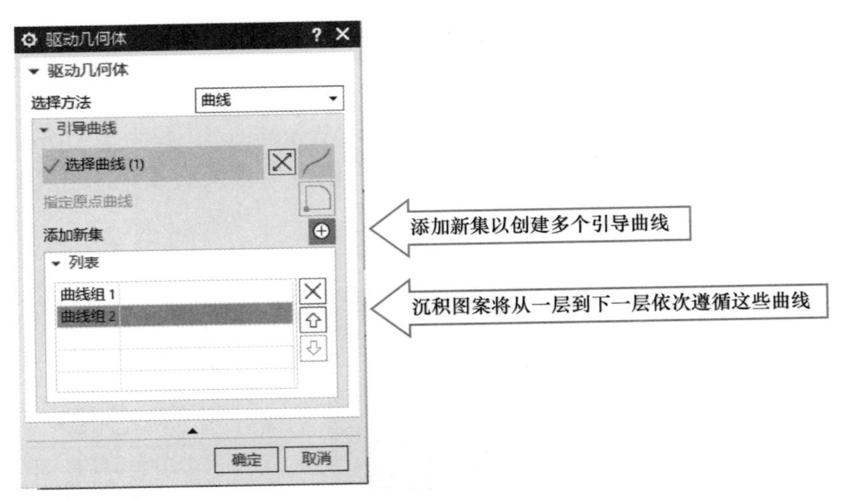

图 8-113　指定驱动几何体

③ 单击【确定】，关闭当前对话框。

5）在【策略】选项卡中的【切面和模式】中进行如下设置：

① 将【切削模式】设置为【往复上升】。

② 将【最大步距】的刀具百分比设置为【30】，以确保获得良好的覆盖率。

③ 将【填充顺序】设置为【按区域】，如图 8-114a 所示。

6）在【切面参数】选项卡中的【图层】中，将【层厚】设置为【1mm】(图 8-114b)，以使顶层获得更好的覆盖范围。

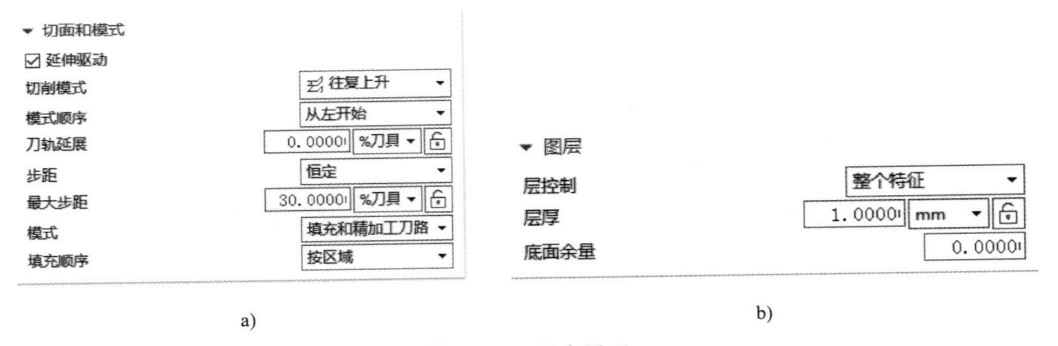

图 8-114　工序设置

7）单击【确定】，关闭当前对话框，然后单击【生成刀轨】。

8）在【装配导航器】中用鼠标右键单击【Airframe】机身部件，单击【替换引用集】→【ALL DEPOSITION BODIES】，从画面中移除多余的表面。

3．机器人控制

1）打开【机器人控制】对话框，将机器人放置在此工序所需的位置。

① 向下滑动导轨使其更靠近工件，这次将其定位在导轨上约 600mm 处。

② 设置【动作类型】为【路径位置】，选择一条刀具轨迹线段，刀轨位置将会用来指定规则。

③ 选择【规则】中的【配置】选项卡，单击【闪电】图标以获取当前配置作为规则。

④ 选择【规则】中的【工具方位】选项卡，将【模式】设置为【相对于部件固定】，然后单击【闪电】图标以获取当前方位作为规则。

⑤ 选择【规则】中的【轨道】选项卡，将【模式】设置为【恒定联接值】，然后单击【闪电】图标以获取当前位置作为规则。

2）单击【确定】，关闭【机器人控制】对话框。至此，已经完成了指定规则。

3）单击【应用规则】，在工序导航器上会出现一个【扳手】图标。

4．检查结果

1）使用【确认刀轨】命令查看刀具的运动轨迹（图 8-115）。

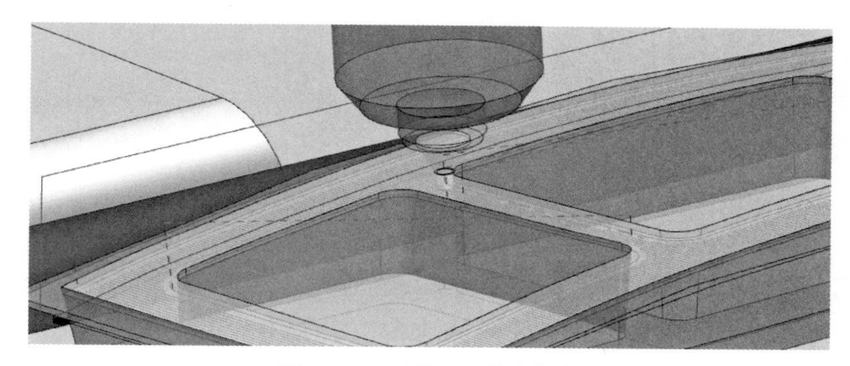

图 8-115　刀具运动轨迹仿真

2）使用【机床仿真】命令查看 6 轴机器人的运动（图 8-116）。

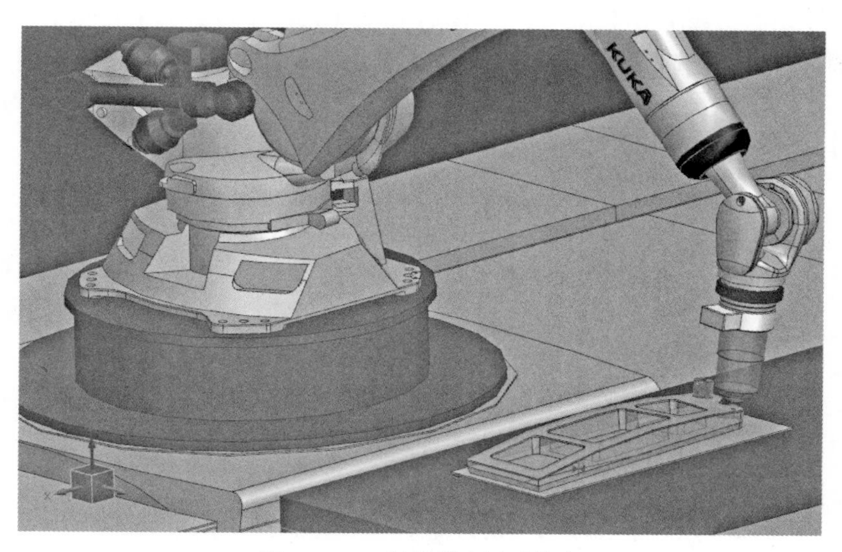

图 8-116　6 轴机器人运动仿真

8.3.5　创建平面添料 - 螺旋向内和向外工序

创建另一个工序以构建圆筒，操作过程中将会用到【平面添料 - 螺旋向内和向外】工序子类型。

1. 创建工序

1）打开【创建工序】对话框，设置【工序子类型】为【平面添料 - 螺旋向内和向外】（图 8-117）。使用【程序】【刀具】【几何体】和【方法】选项的默认值。

图 8-117 创建工序

2）选择斜柱位实体作为【附加特征】。

3）在工序对话框中进行如下设置：

① 选择【切面参数】选项卡，在【图层】中将【层厚】设置为【3mm】。

② 选择【策略】选项卡，在【刀轨设置】中将【层到层】设置为【斜坡角】，如图 8-118 所示。这决定了刀具从上一层到下一层的运动方式。也可以将【层到层】设置为【旋转角度】。

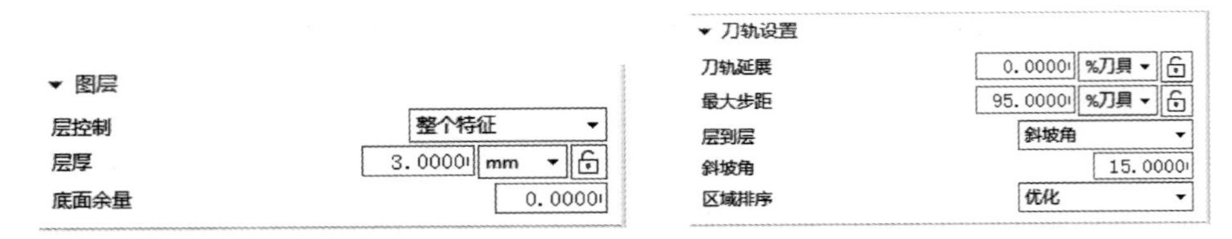

图 8-118 图层和刀轨设置

4）单击【确定】，关闭对话框，并单击【生成刀轨】。

2. 机器人控制

1）打开【机器人控制】对话框，将机器人放置在此工序所需的位置。

① 向下滑动导轨使其更靠近工件，这次将其定位在导轨上约 600mm 处。

② 设置【动作类型】为【路径位置】，选择一条刀具轨迹线段，刀轨位置将会用来指定规则。

③ 选择【规则】中的【配置】选项卡，单击【闪电】图标以获取当前配置作为规则。

④ 选择【规则】中的【工具方位】选项卡，将【模式】设置为【相对于部件固定】，然后单击【闪电】图标以获取当前方位作为规则。

⑤ 选择【规则】中的【轨道】选项卡，将【模式】设置为【恒定联接值】，然后单击【闪电】图标以获取当前位置作为规则。

2）单击【确定】，关闭【机器人控制】对话框。至此，已经完成了指定规则。

3）单击【应用规则】，在【工序导航器】上会出现一个【扳手】图标。

3. 检查结果

1）使用【确认刀轨】命令查看刀具运动轨迹仿真，如图 8-119 所示。

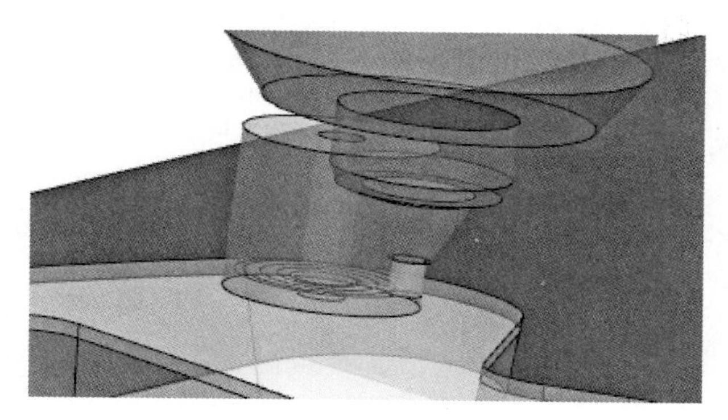

图 8-119　刀具运动轨迹仿真

2）使用【机床仿真】命令查看机器人的运动仿真，如图 8-120 所示。

图 8-120　机器人运动仿真

第9章 过程仿真和后处理

随着增材制造技术应用的不断深入，如何提高产品质量，降低制造成本，缩短产品周期，逐渐成为制造企业关注的焦点。利用仿真分析工具，开展增材制造过程分析，可以有效帮助制造企业快速确定不同零件的成型工艺，提高零件的成型质量和效率，降低零件生产周期和废品率。同时，当使用金属材料进行增材制造时，如何对打印成型件进行后处理，也决定了打印件完成后的质量。在这一阶段中，通常会使用到传统的机械加工工艺，如铣削和锯割等。

本章将依托一个真实案例，介绍过程仿真和后处理的操作步骤。

9.1 打印过程仿真

首先打开“Small-Gas-turbine-blade.prt”模型文件，这是一个燃气轮机上的叶片模型。按照之前介绍的内容，可以对该模型进行收敛建模，创建托盘与支撑结构等。本章将直接介绍 3D 打印过程仿真阶段。

单击【Computation Options】(计算选项)(图 9-1)，在【Multiplicity value】(多重值)这一参数中，需要根据底板上的打印体数量对其进行确定，如果底板上有 N 个物体，且只有一个物体被模拟，将【Multiplicity Value】设置为【1】，如图 9-2 所示。

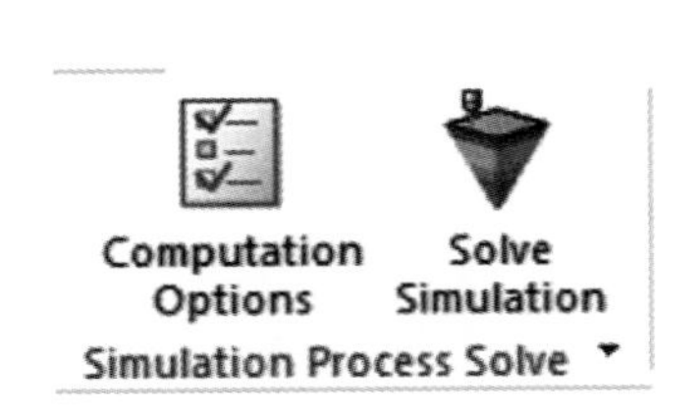

图 9-1 【Computation Options】命令

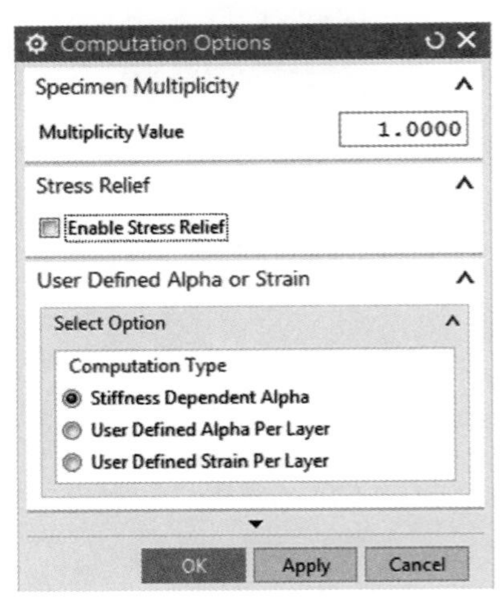

图 9-2 【Computation Options】对话框

当定义了 Norton(诺顿)材料系数后可以勾选【Enable Stress Relief】(应力消除计算)，并在【Computation Type】(计算类型)中选择第一项【Stiffness Dependent Alpha】

（刚度相关 α）（图 9-2）。勾选【Enable Stress Relief】选项后，其选项组中有三个选项，温度【Stress Relief Temperature】、耗时【Total Duration】、与程序升温时间【Ramp Time】，如图 9-3 所示。

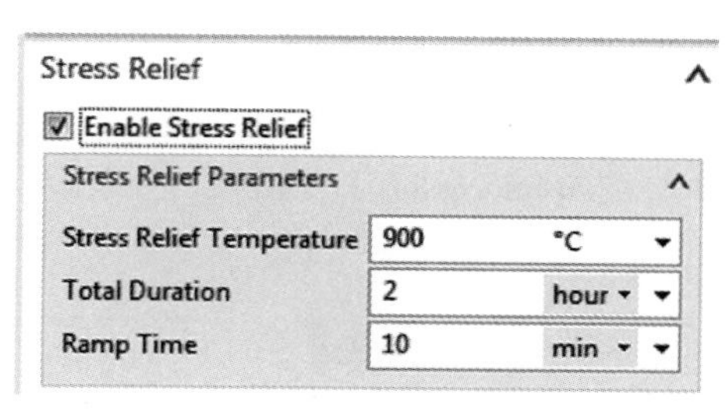

图 9-3 【Stress Relief】选项组

完成以上配置后启动仿真，将会创建“.sim”格式的仿真文件（包括机械与热仿真）及定义边界条件、负载和运行。单击【Solve Simulation】（图 9-1）可以启动仿真并链接所有计算结果（图 9-4）。

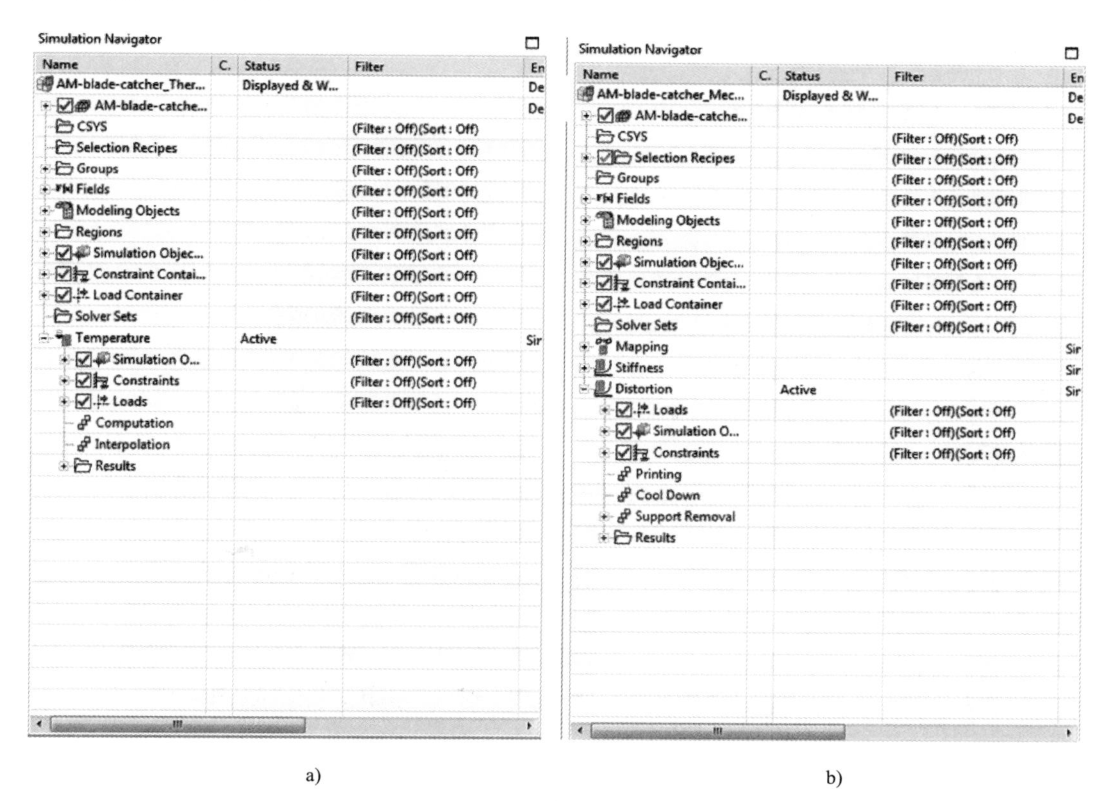

图 9-4 仿真文件

有了仿真结果，可以对热量结果【Thermal Results】、变形结果【Distortion Results】、局部过热结果【Local Overheating Results】等打印过程中的后处理工艺参数进行自动仿真，如图 9-5 所示。

在后处理导航器（图 9-6）中可以看到各项结果文件的完整列表。单击【热量结果】

查看参考温度，图形区显示如图 9-7 所示。

图 9-5 【Postprocessing】(后处理工艺)工具栏

图 9-6 后处理导航器

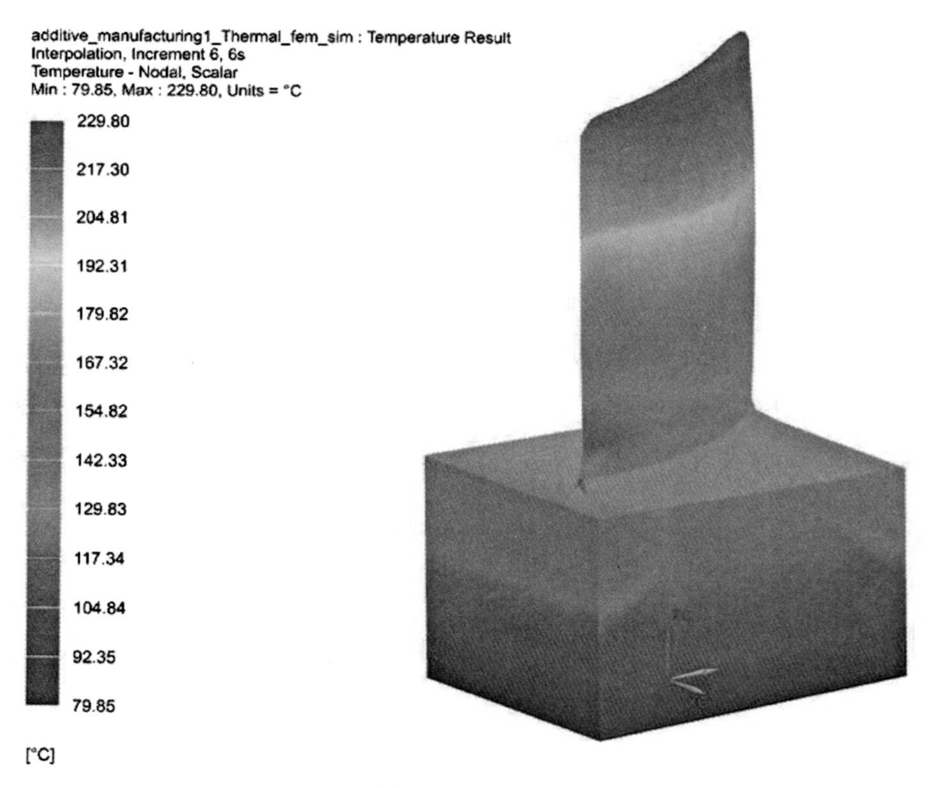

图 9-7 热量结果

单击【变形结果】查看支架拆除前后的变形情况，如图 9-8 所示。

单击【刚度曲线】检查刚度曲线，观察在 Cmin（最低温度）与 Cmax（最高温度）之间各层刚度的变化，如图 9-9 所示。

单击【局部过热结果】检查局部过热的可能性与局部过热的结果，如图 9-10 所示。

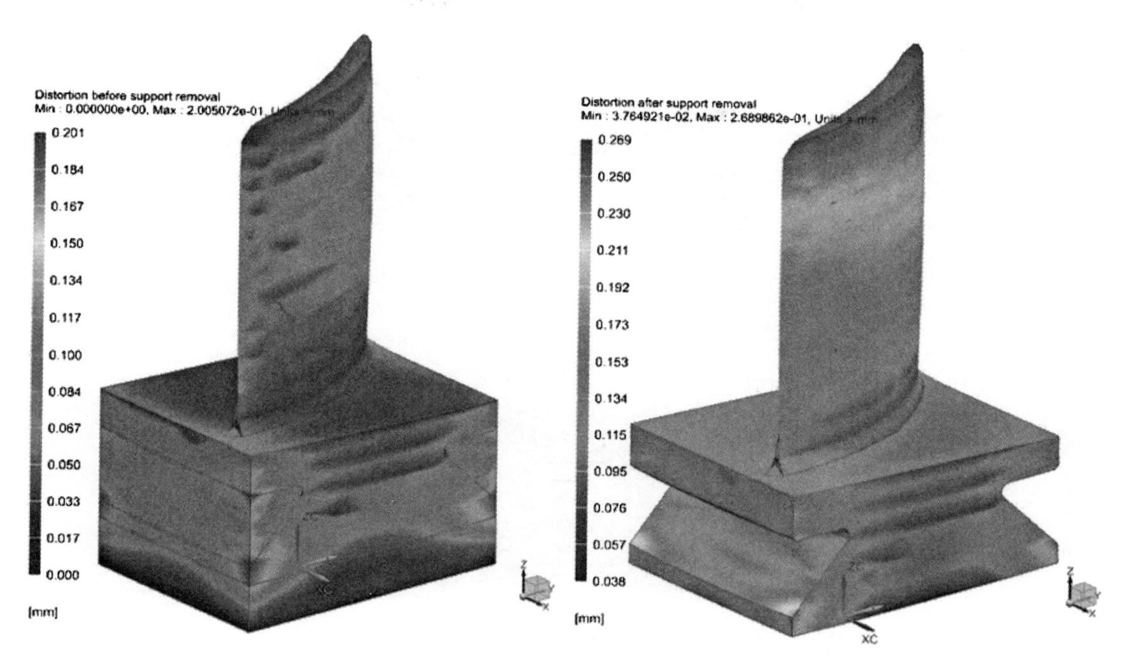

图 9-8 变形结果

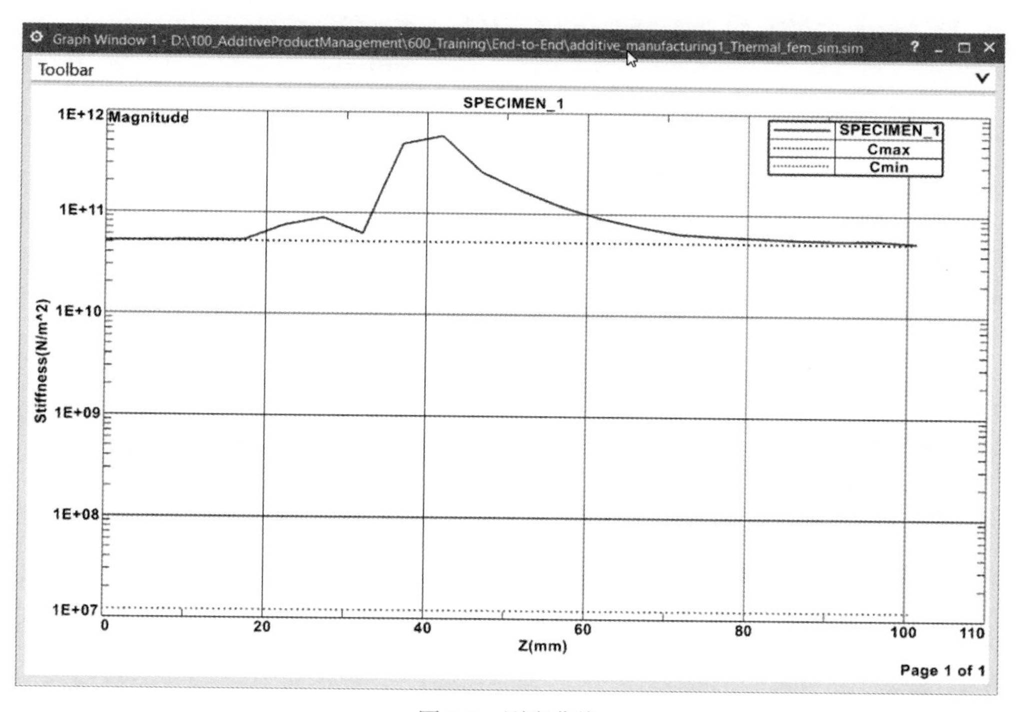

图 9-9 刚度曲线

单击【Recoater Collision Detection】检查碰撞的结果（图 9-11）。在当前案例选择的网格面中，粗网格导致在 Z 方向产生位移。而更精细的网格将得到更精确的结果，可以避免产生碰撞。

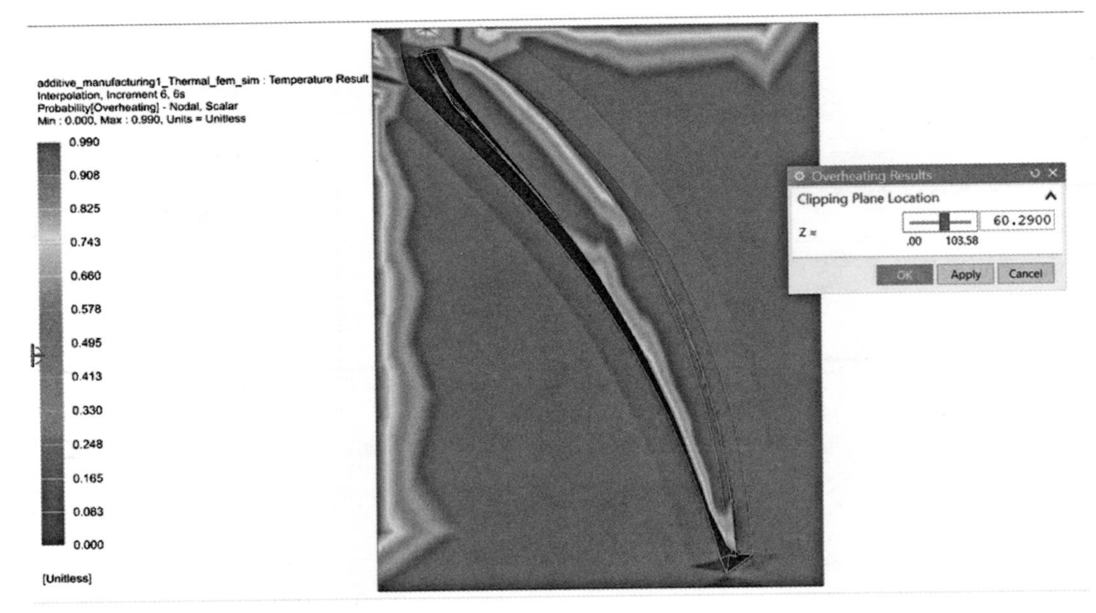

图 9-10　局部过热结果

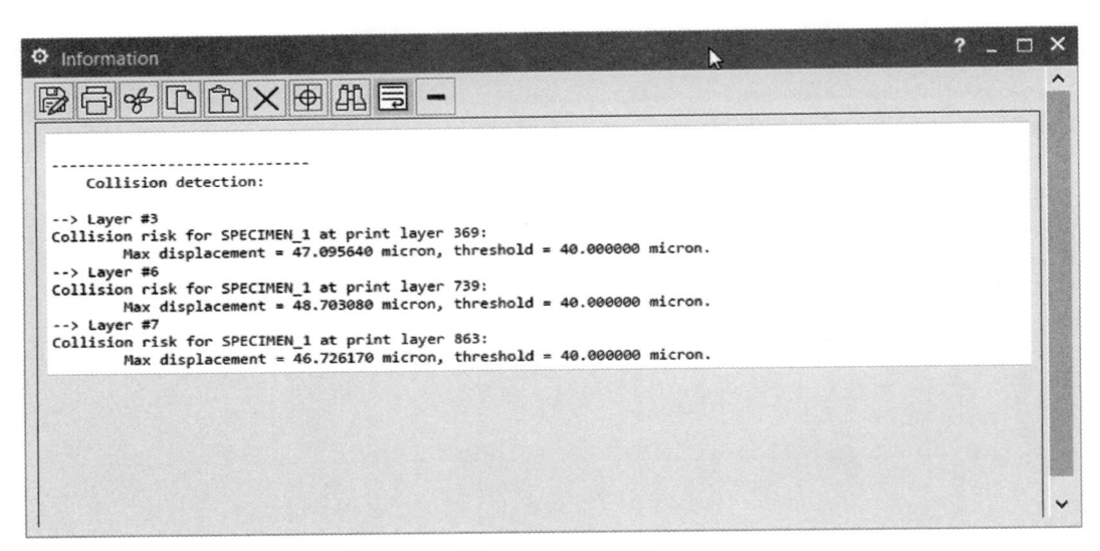

图 9-11　碰撞结果

至此，已检查了在打印过程中可能发生的各种形变、过高温和碰撞等问题。通过打印过程仿真，可以直观地发现这些问题并提前予以解决，争取做到打印成型一次成功。

9.2　打印管理

在打印实际开始前，需要完成打印过程的仿真，修改或优化了工艺，并创建一个完全约束的工艺清单（图 9-12），定义工序的顺序和优先级。这一工作通常在 Teamcenter 软件中完成。具体操作请参照本套书《智能制造产品生命周期管理》。

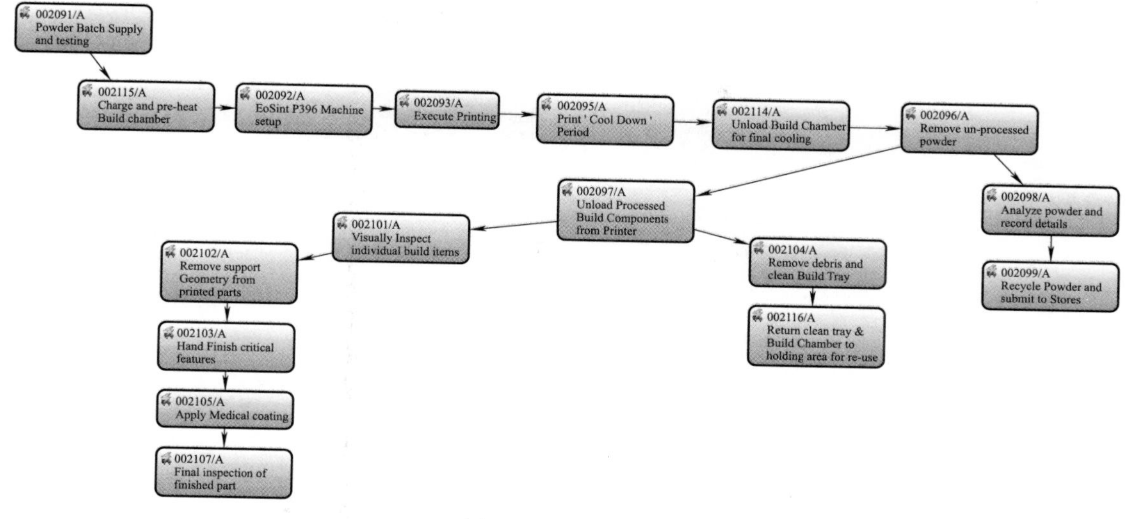

图 9-12 工艺清单

当制造物料清单 / 工艺清单和工厂结构的组合完全详细时，就可以将要生产产品的技术封装成为技术包（图 9-13）。这个技术包可以发送到 ERP 和 MES 系统中。

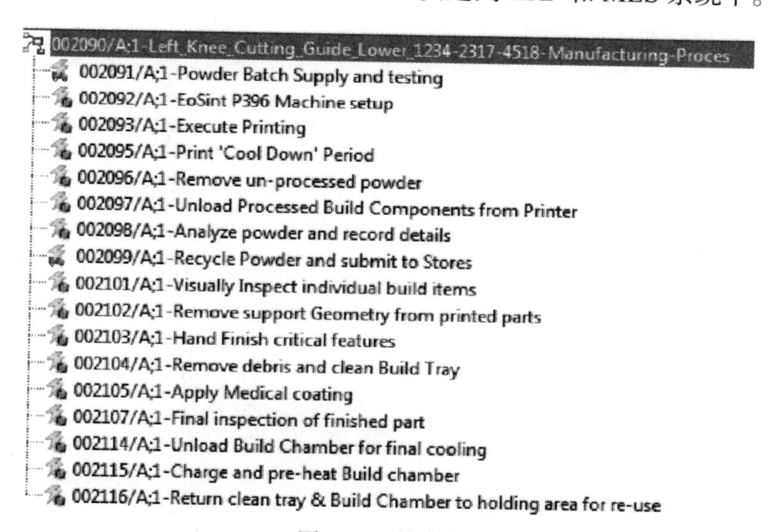

图 9-13 技术包

一旦确定了工艺清单，就可以为要生产的零件定义制造物料清单。如果需要，可以在制造物料清单中将每个 Mfg 步骤的输出定义为阶段模型。定义阶段模型允许用户在制造计划中从一个操作移动到另一个操作时描述部件的外观。

所有这些数据可以传输到 MES 系统，通过系统管理所有 3D 打印前与 3D 打印后的操作，包括订单管理、增材制造管理（包括与车间的整合）、操作员指引及检查清单、打印作业文件管理、粉末和衬底管理以及全面生产数据跟踪。

良好的打印管理可以在工业生产中跟踪和记录粉末的回收，使粉末批次混合均匀，并自动创建结果批次，减少金属粉末的浪费，同时提高可追溯性的准确性，跟踪基材厚度，最终完成整个生产过程（图 9-14）。

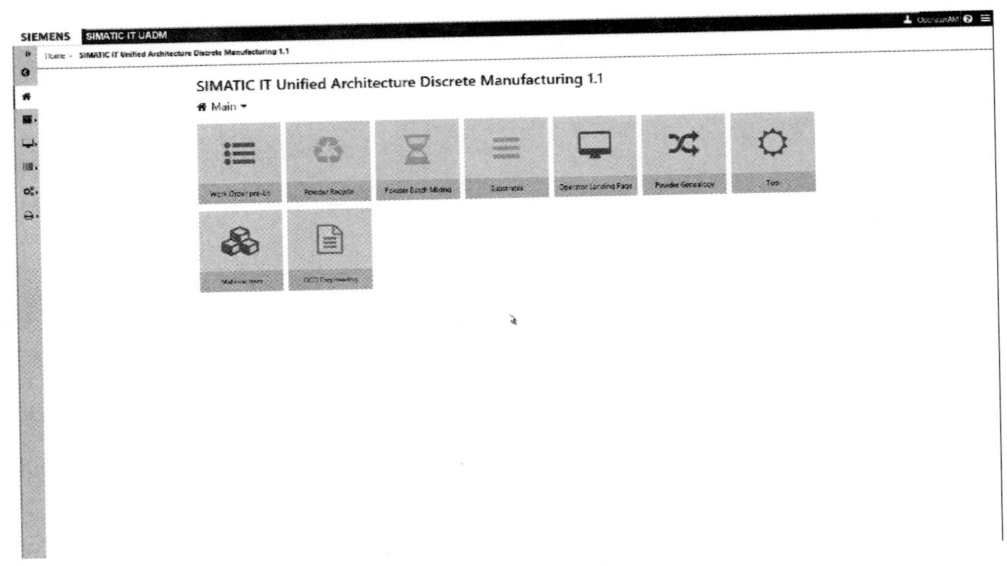

图 9-14　打印管理

9.3　修补、打磨和抛光

在实际生产中，尤其是金属 3D 打印件打印完成后往往会出现表面粗糙、轻微缺损等问题，需要做进一步的后处理。通常这些处理由传统机械加工手段完成，可以通过计算机辅助加工来定义这些精密加工，利用 NX 的 CAM 模块中的高级工具定义后处理的步骤，如最终加工和精加工来实现。使用来自制造物料清单中的阶段模型为特定的机器创建所有的数控程序，使用 CAM 模块中的刀具轨迹仿真工具验证数控加工操作（图 9-15）。具体内容可参照本套书《智能制造数字化数控编程与精密制造》。

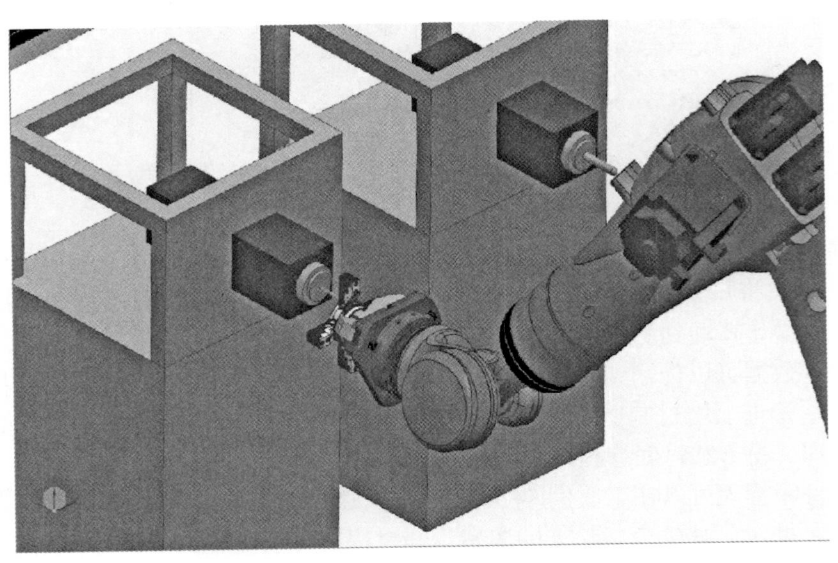

图 9-15　验证数控加工

9.4 质量检查

完成零件打印及后处理后，往往需要对样件进行质量分析，验证最终产品是否与设计相同，有无质量问题。金属内部结构的断裂、气泡等问题可以通过 CT 扫描等手段探测，外形的尺寸公差则一般通过三坐标测量仪或激光扫描等手段进行检测。

计算机辅助生成测量路径可以快速且精准地扫描产品（图 9-16）。利用 NX 的 CMM 模块中的工具定义检查步骤并验证产品质量。使用制造物料清单中的阶段模型，为特定的机器创建所有的 CMM 程序，验证最终产品质量并生成报告。

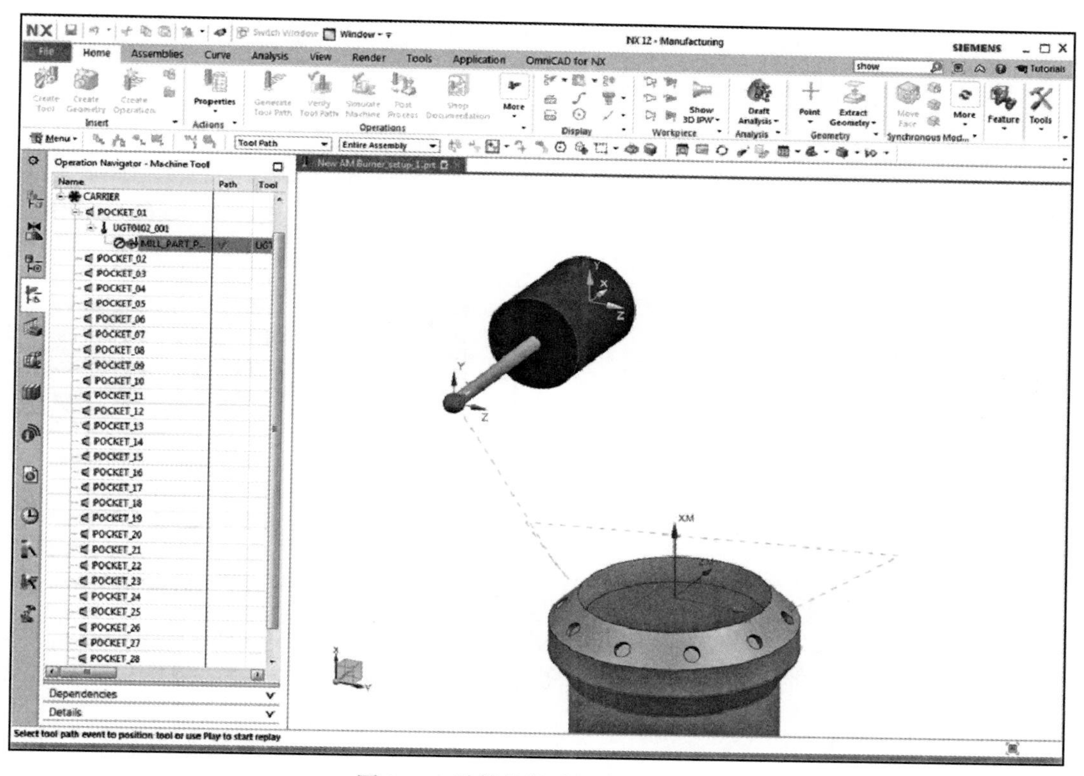

图 9-16 计算机辅助生成测量路径

第10章 典型行业中的零件打印实例

本章将根据多个行业的典型案例对增材制造技术的应用进行介绍，深入说明增材制造技术在实际应用中的作用。

10.1 装备制造行业中的典型零件——模具

在传统装备制造如机械加工中，模具的设计与生产一直是零件加工的核心环节之一。与传统的模具设计与生成技术相比，采用增材制造手段，结合创成式设计，可以优化模具外形，提高冷却性能，减小体积。总体设计流程如图10-1所示。

图10-1 增材制造技术在模具行业中的典型应用

1. 创成式设计

打开要优化的模型，在教学资源包中打开模型文件，选中模型面，根据第6章中拓扑优化的内容，使用优化设置中的【Minimize strain energy subject to mass target】（最小化受质量目标影响的应变能），对模型进行优化。完成效果如图10-2所示（该图仅展示优化效果）。

图10-2 拓扑优化（示例）

通过拓扑优化设计后，新的模具有了轻盈、稳定的仿生外形，与同类产品相比更有竞争性。

2. 自适应优化

参照之前收敛建模的内容，对模型外表面进行优化，具体效果如图 10-3 所示。

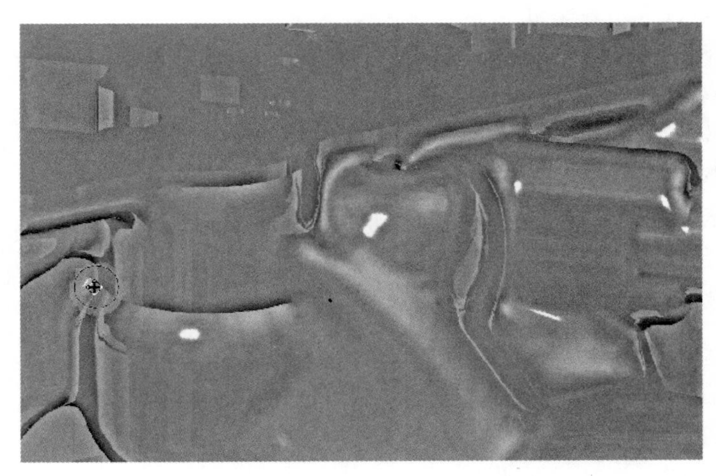

图 10-3 自适应优化结果（示例）

自适应优化功能通过直接使用拓扑优化中的小平面几何体，可以节省优化时间并适用于不同后处理工艺的表面重建功能。

3. 产品验证

在产品验证阶段中，通过使用仿真软件对产品的预期性能进行验证，确认最终效果，在本案例中验证过程分为三步：通过仿真验证最终设计；采用 Start CCM+ 求解器对冷却通道进行仿真（图 10-4）；在 NX 内部进行修改和结果分析。

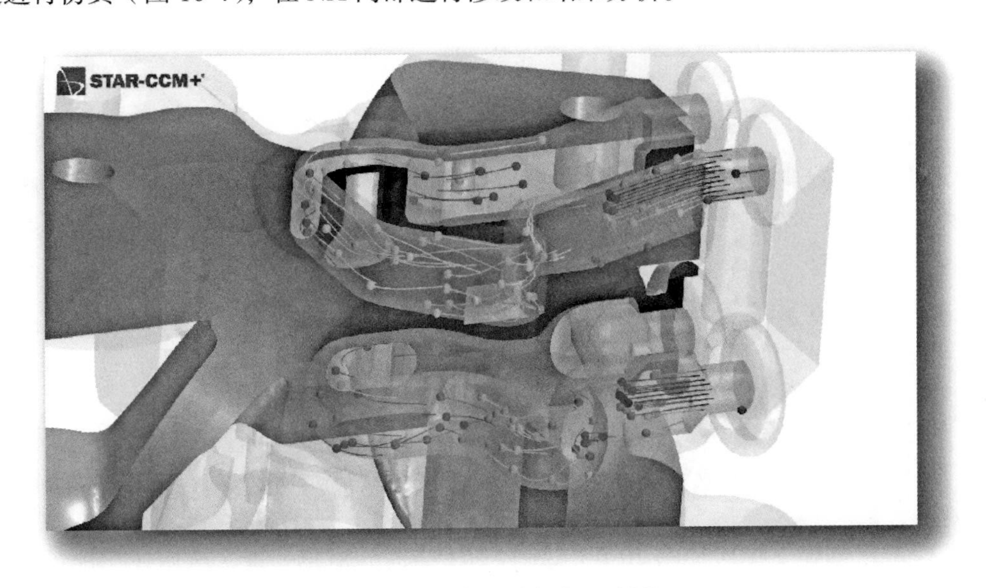

图 10-4 冷却通道仿真（示例）

产品验证的目标是在没有实物原型的情况下，仔细检查设计，这个过程应尽量保证建模与制造过程中的用户界面相同。

4. 3D 打印检查

在实际打印之前，需要对产品可能存在的问题（如有无空腔，打印路径是否可行等）进行检查，通常由以下步骤组成：

1）针对适合 3D 打印的组件进行基于建模的集成分析。

2）创建支撑几何形状的区域悬垂角。

3）检查材料夹杂物、通道尺寸和被困支座。

4）验证最小壁厚。

5）定义构建托盘的布局。

在【Design for Additive Manufacturing】选项卡中选择对应检查功能如壁厚、悬垂角等对打印过程进行检查，如图 10-5 所示。

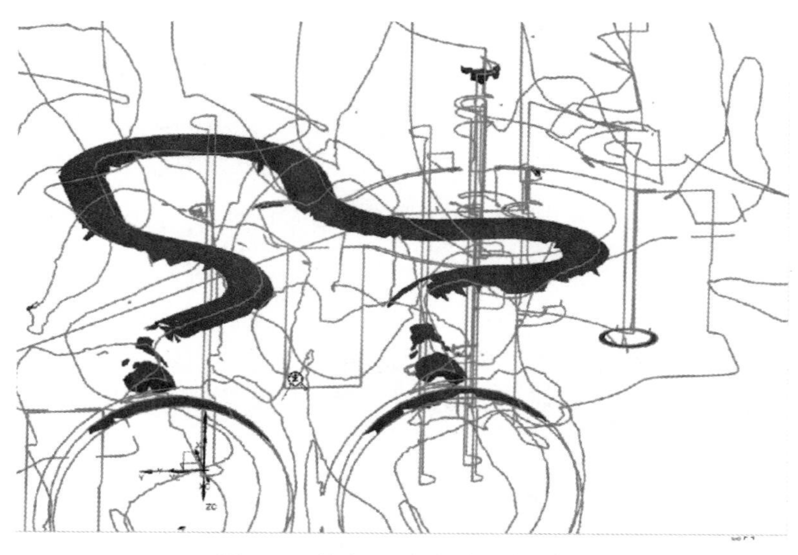

图 10-5　检查 3D 打印过程（示例）

通过 3D 打印检查为产品前期生产过程进行验证，可以避免故障问题，减少返工，提高良品率。

5. 打印预处理

打印预处理的过程中可以分为以下步骤：

1）通过选择打印机和构建托盘来设置打印环境。

2）定位零件及套料。

3）使用粉末床熔合方法为金属部件创建关联支撑结构。

4）用不同的处理器生成输出文件，驱动所选的 3D 打印机，为打印材料和打印策略提供正确的参数。

导入模型后创建支撑块（图 10-6），并对支撑结构晶格化处理，然后在切片预览中确认打印策略。

图 10-6 创建支撑块（示例）

6．过程仿真

预处理完成后，通过 NX 的仿真系统对打印过程中的产品因压力导致的变形与因温度导致的机械变形进行模拟和确认，争取做到一次打印成型正确。

通过使用 NX 自带的切片算法对模型切片，再通过压力与热量的仿真工具对打印过程进行仿真（图 10-7）。

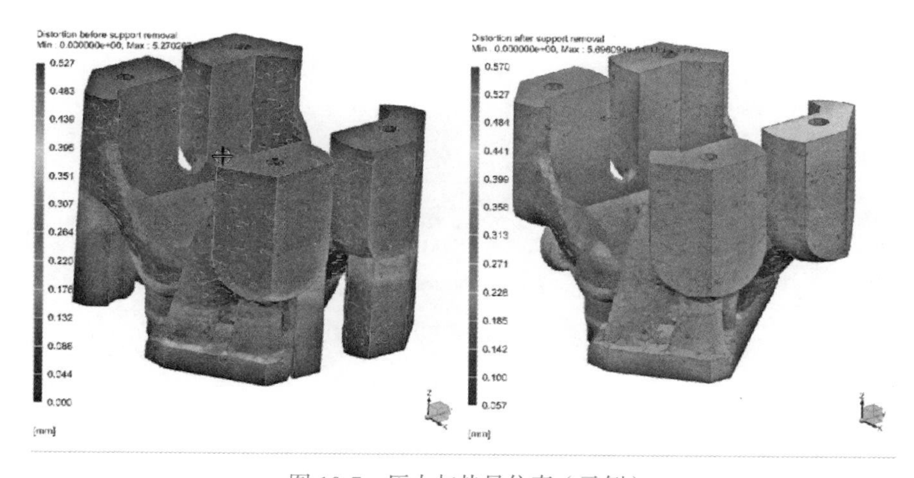

图 10-7 压力与热量仿真（示例）

7．后处理与质量检测

在该阶段中，可以将模具置于机床上进行后处理，如抛光等，并结合 NX 的 CAM 与 CMM 模块中的功能完成多轴打印与尺寸公差检测。

在 NX 的 CAM 环境中对整个模具的后处理流程进行加工与仿真，包括钻孔、铣削、车削等，最后在 CMM 环境下进行刀具路径测量与仿真，如图 10-8 所示。

至此，已经完成了模具的优化设计、仿真、打印设置与模拟，以及最终的后处理与尺寸公差检测的全流程。

图 10-8　刀具路径测量与仿真（示例）

10.2　能源领域中的典型零件——旋流器

本例中的旋流器是西门子的 SGT5/6-8000H 燃气引擎（图 10-9）上的关键部件，当空气进入燃烧区时，空气流过旋流器，旋流器在气流中产生湍流，使压缩空气与燃气迅速混合，具体原理如图 10-9 所示。

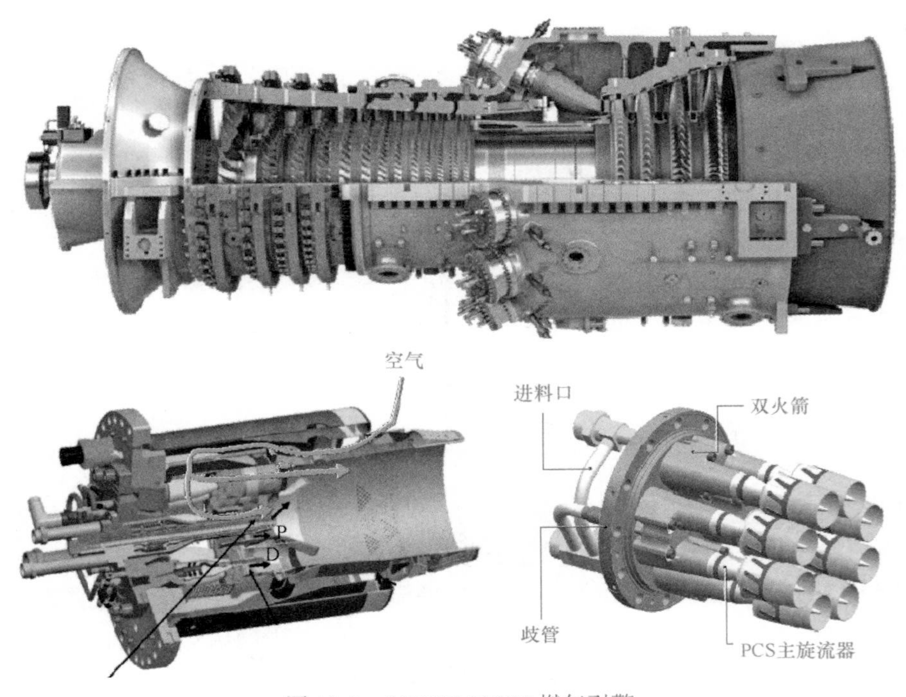

图 10-9　SGT5/6-8000H 燃气引擎

通过增材制造的方式，可将传统的旋流器由多个零件组合而成转变为单一的整体零件（图 10-10），减少了制造时间降低了装配的复杂程度与成本。

图 10-10 用增材制造方式生产的旋流器

新旋流器的整个制造过程可以分为三大部分：旋流器更新设计，打印预处理，打印及后处理。

1. 旋流器更新设计

传统旋流器由十个不同的零件组成，新的旋流器只有一个零件。图 10-11 所示为传统旋流器与新旋流器的对比。

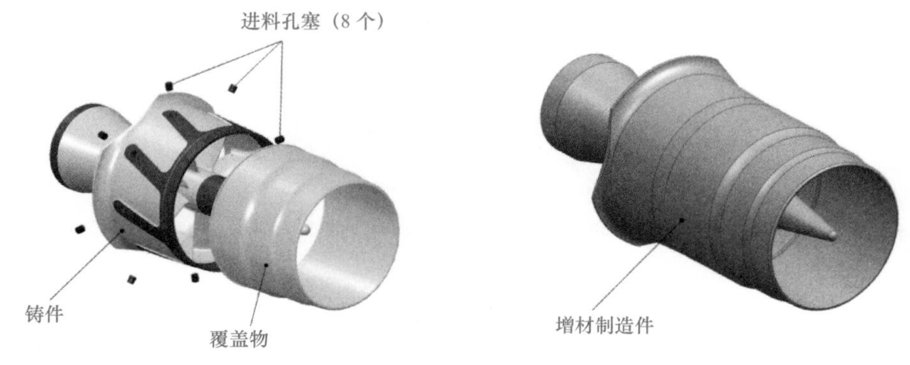

图 10-11 传统旋流器与新旋流器

旋流器在初步设计完成后，需要在 NX 及 Star CCM+ 求解器中对其粒子性能进行分析，如空气流通性等。再为旋流器添加支撑结构，如图 10-12 所示。

使用 NX 参考集存储部件文件中已经存在的几何信息，以准备打印作业中参数设置，这样可以避免重复定义几何信息，能够提高工艺和零件的质量，如图 10-13 所示。

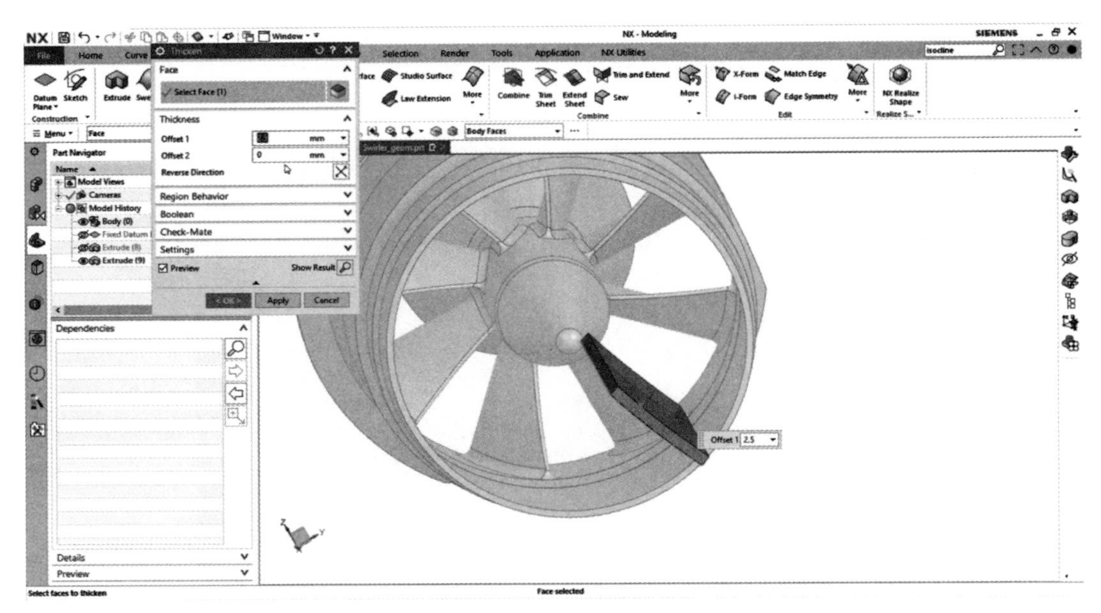

图 10-12　添加支撑结构

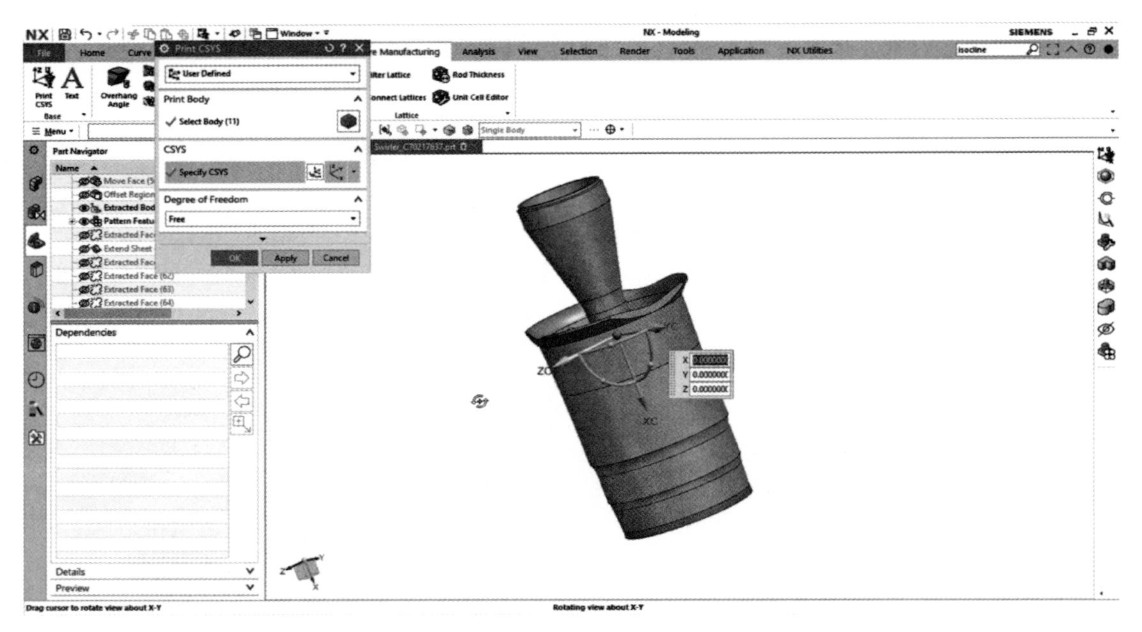

图 10-13　存储几何信息

创建构建托盘，将多个组件（在本例中有十六个组件）放置在构建托盘中，并分配支撑结构。图 10-14 所示为设置完成的构建托盘和组件。

然后进行关联建模，对于多个组件，只需更改主模型即可确保零件的几何变化会自动关联到构建托盘上的所有组件，如图 10-15 所示。

在设计的最终阶段，为方便工业化生产，为不同的组件进行序列标注，该序列可通过 NX 或 Teamcenter 等 PLM 软件自动生成。如图 10-16 所示为在 NX 中生成的序列标注。

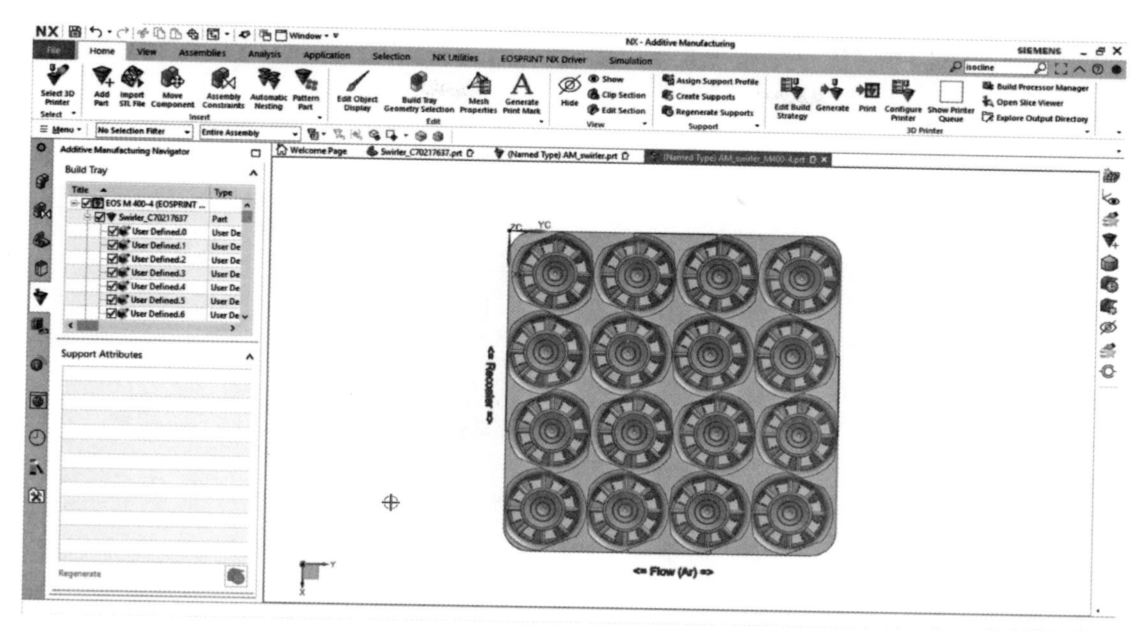

图 10-14 构建托盘和组件

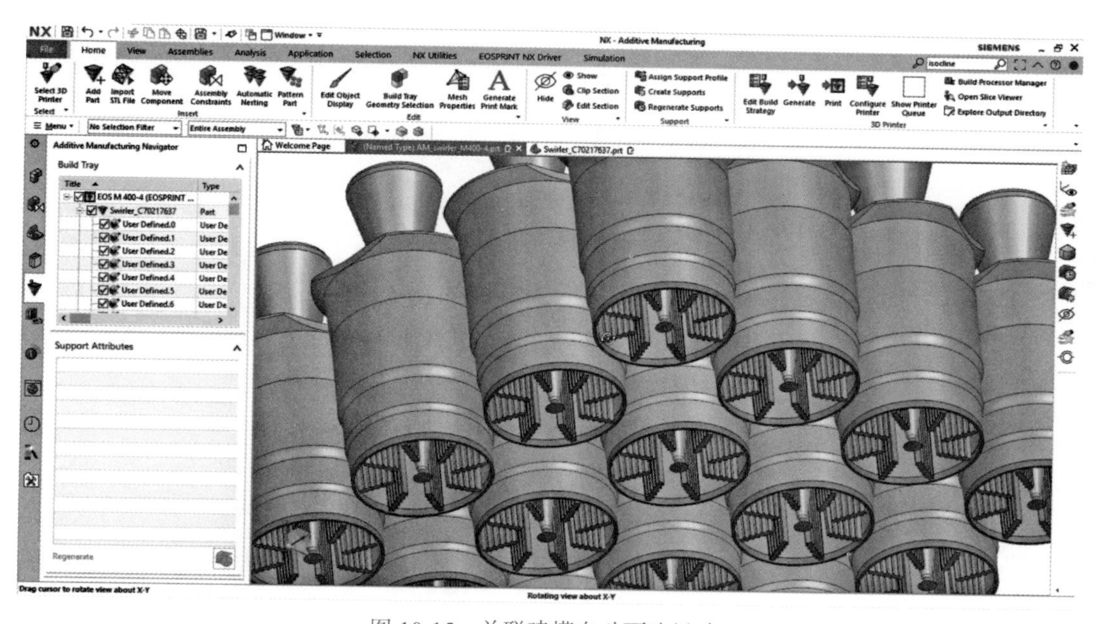

图 10-15 关联建模自动更改尺寸

2．3D 打印预处理

在预处理阶段，将执行所有预打印设置的操作并模拟 3D 打印过程以预测出现的问题。首先使用 EOSPRINT NX Driver 将配置文件发送至 EOS 打印机，生成打印工作任务（图 10-17），包括 OpenJob 文件与 OpenJZ 文件。

接着进行打印过程的仿真，主要以打印过程中的热量—机械分析为主，包括分析温度分布以识别过热区域；分析打印过程中的失真以预先补偿零件在制造过程中的最小失真，确保零件的精密啮合，使其具有更高的精度等。图 10-18 所示为温度分析结果。

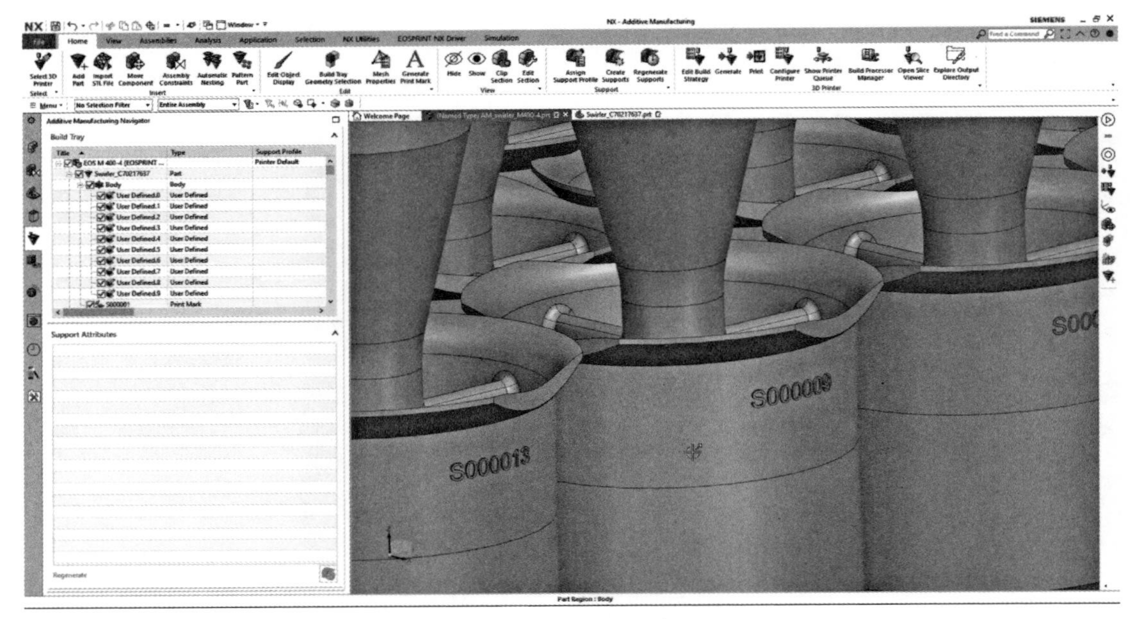

图 10-16　在 NX 中生成的序列标注

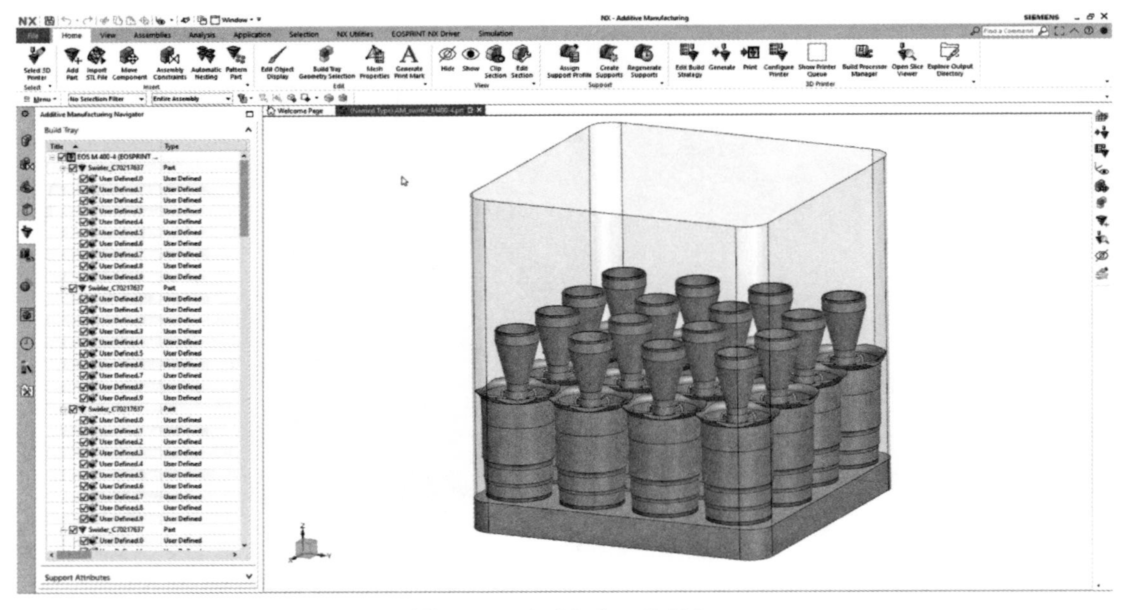

图 10-17　生成打印工作任务

使用 Identify 3D 技术加密打印文件（图 10-19），并将其与企业业务规则和生产规则结合起来，保证生产过程安全可靠，并可指定有效期限和允许生产的构建总数。

3．3D 打印及后处理

完成打印预处理后，将打印文件发送给对应的 3D 打印机，就可以进行增材制造。本例中采用 EOS M 400-4 3D 打印机，通过其具有高生产率的四激光系统，可同时打印 16 个旋流器，耗时大约 160h。图 10-20 所示为 3D 打印过程。

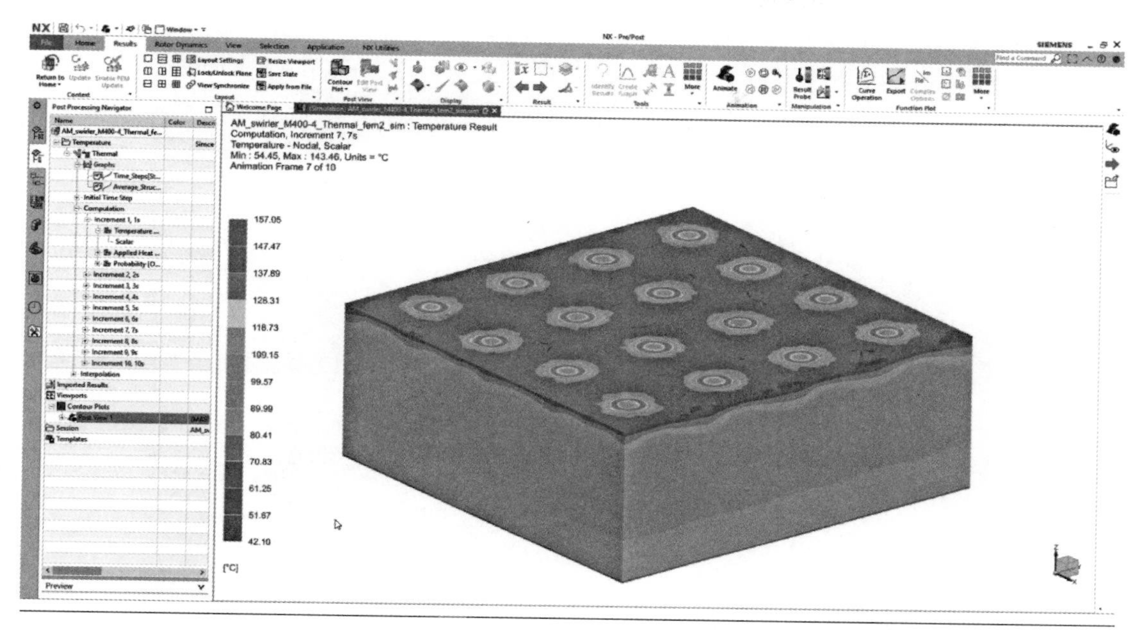

图 10-18　温度分析结果

图 10-19　使用 Identify 3D 技术加密打印文件

打印完成后，使用自动粉尘去除系统，可完成对有害粉尘的高度防护；再进行快速、经济的零件清洗和完全惰性材料处理，如图 10-21 所示。

最后通过锯床自动切割分离零件与打印平台，如图 10-22 所示。

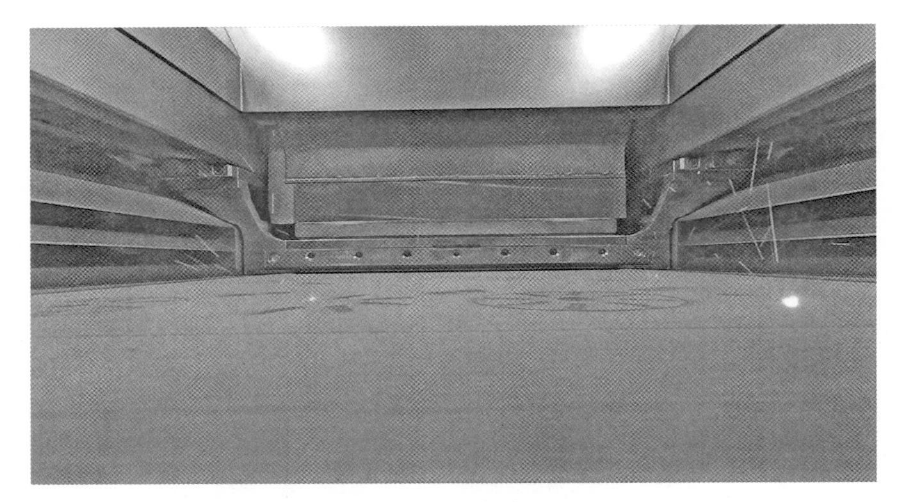

图 10-20　3D 打印过程

图 10-21　经过清洗和完全惰性材料处理的零件

图 10-22　分离零件

至此，完成了新型旋流器的增材制造设计、仿真与3D打印的全流程。

10.3 汽车制造领域中的典型零件——变速器支撑器

在汽车制造领域，随着新能源汽车的普及与人们对最大行驶里程的高要求，如何在保证汽车强度的同时减轻汽车负载成为每一家汽车主机厂乃至零部件厂商所面临的问题。增材制造与创成式设计正成为汽车行业解决这个问题的手段。

本节将通过对汽车变速箱支撑器的优化设计与增材制造，介绍汽车行业是如何应用增材制造技术的。

传统的变速器支撑器因为需要足够的稳定性与结构强度，通常由多个金属零件焊接而成，其重量与焊接的质量影响着汽车性能与安全性。在本例中，通过采用增材制造的方法，将由九个零件焊接而成的传统支架优化设计为由一个零件构成的整体支架（图10-23），同时通过拓扑优化，在结构强度相同的情况下，将其减重到1.119kg。

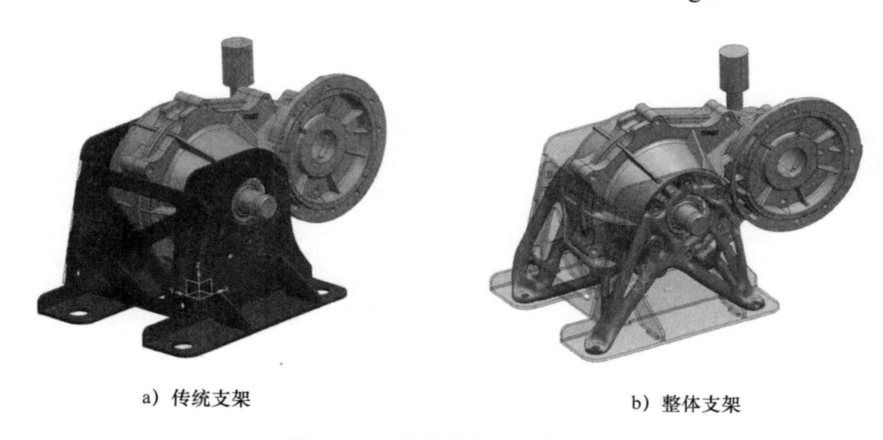

a）传统支架　　b）整体支架

图10-23　传统支架与整体支架

本例将通过设计与仿真、预处理与实际打印三个方面对应用增材制造技术进行介绍。

1. 设计与仿真

首先进行创成式仿生设计，完成对支架刚度和质量的优化，通过使用NX中的性能优化解算器快速生成优化结果（图10-24）。

接着进行打印检查，通过NX提供的一系列检查工具，完成悬垂角度（支持区域）、壁厚、最小半径、打印数量、封闭性、渠道比、过热区域和打印时间等方面的检查。图10-25所示为过热区域检查结果。

检查完成后进行收敛建模，直接处理表面数据，完成切面数据和边界数据的组合，如进行布尔运算，如图10-26所示。

利用NX中的【细分建模】功能，将面形数据快速传输到边界几何图形中，通过逆向工程，生成自由曲面和棱形，再使用几何截面管传递的功能生成设计结果（图10-27）。

最后在Simcenter3D中验证设计结果（图10-28），如验证力学性能、载荷性能等。

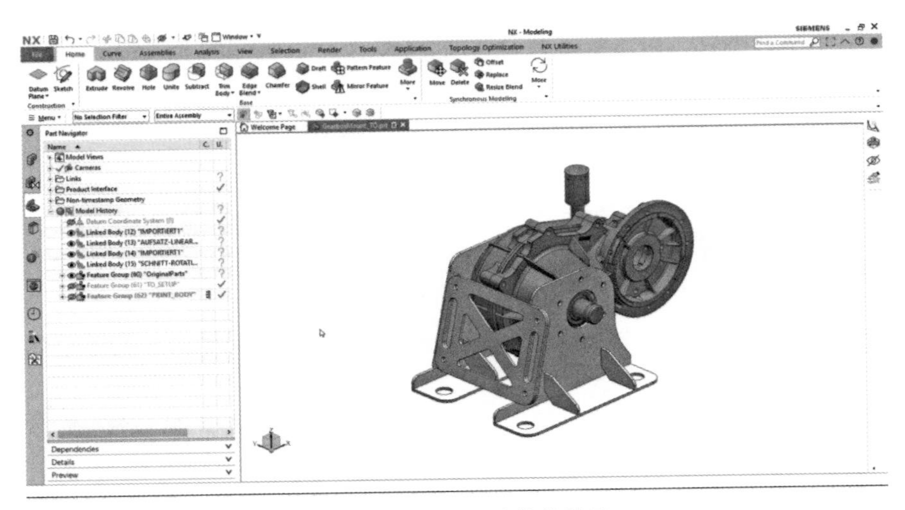

图 10-24　快速生成优化结果

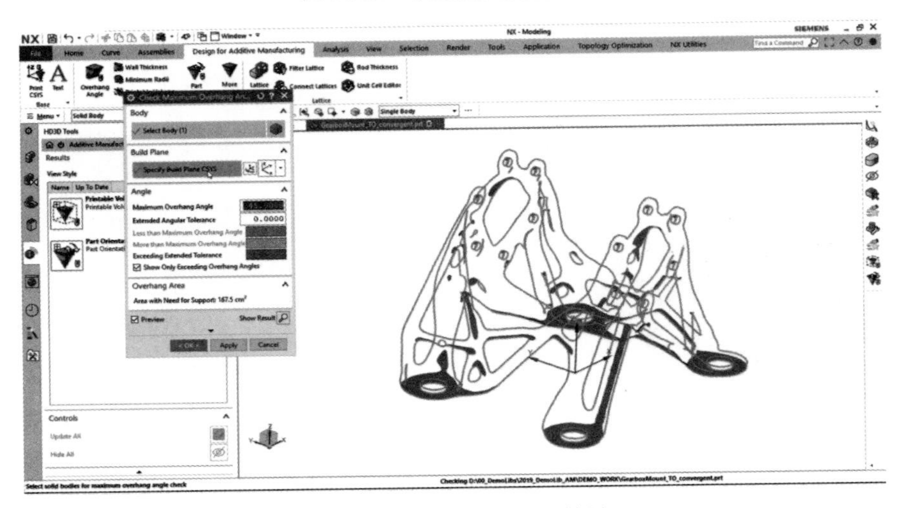

图 10-25　过热区域检查结果

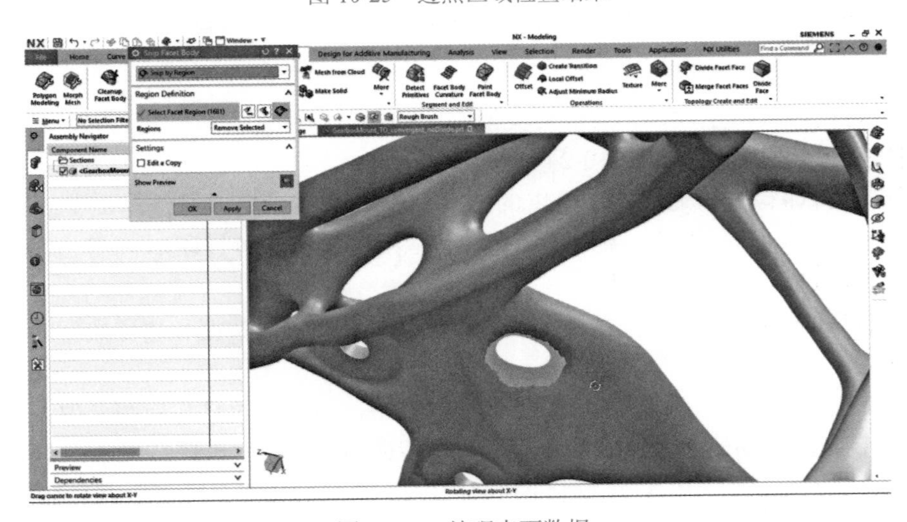

图 10-26　处理表面数据

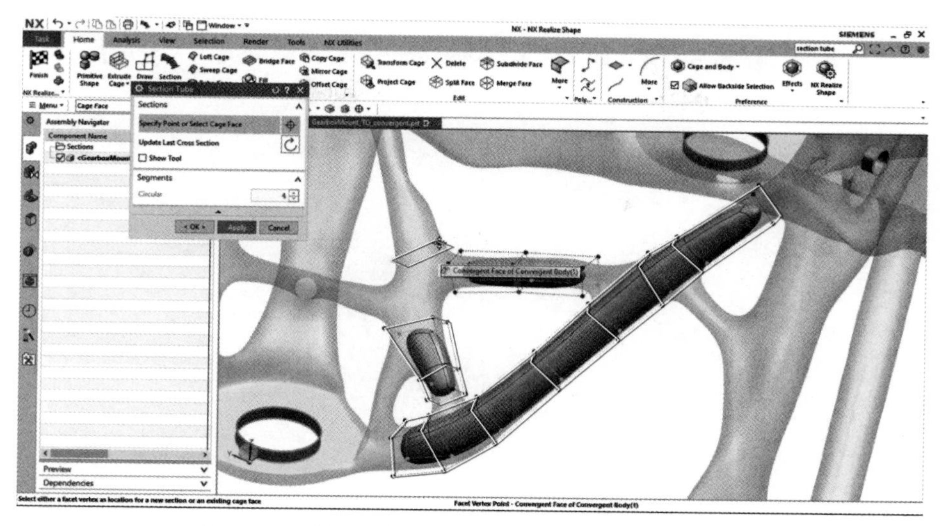

图 10-27 使用几何截面管传递的功能生成设计结果

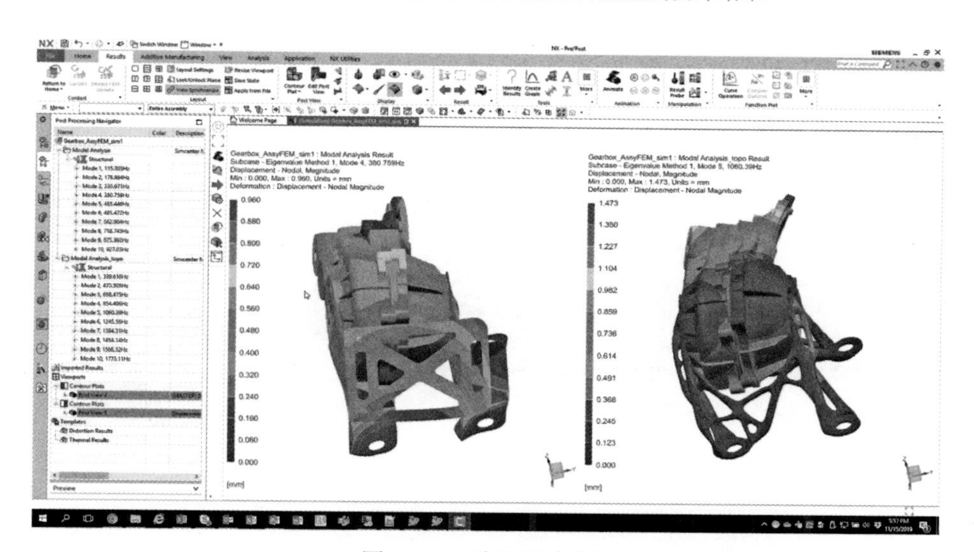

图 10-28 验证设计结果

2．预处理

在预处理阶段，首先需要选择 3D 打印机，设置打印参数和材料，然后定位零件，使用标准的支撑结构或生成自己创建的支撑结构模型；之后定义切片和参数，完成 2D 和 3D 模型嵌套，最后集成构建处理器，生成打印文件（图 10-29）并将其发送到 3D 打印机。

在实际打印之前，还要通过对打印过程的仿真完成打印过程的失效分析（图 10-30），确保真实打印可以一次成功。

3．实际打印

本例使用华曙高科生产的金属增材制造系统 FS301M，结合西门子的 SIMATIC 1500 系列控制器等自动化设备，使用双激光头打印，打印时间约为 43h，最终打印件水平表面粗糙度值为 *Ra*5μm，垂直表面粗糙度值为 *Ra*3μm。图 10-31 所示为 3D 打印支架。

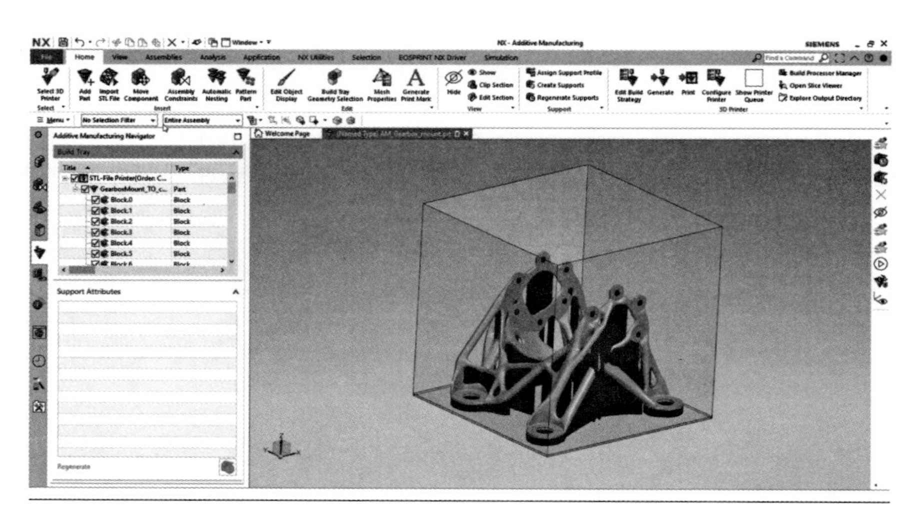

图 10-29　生成 3D 打印文件

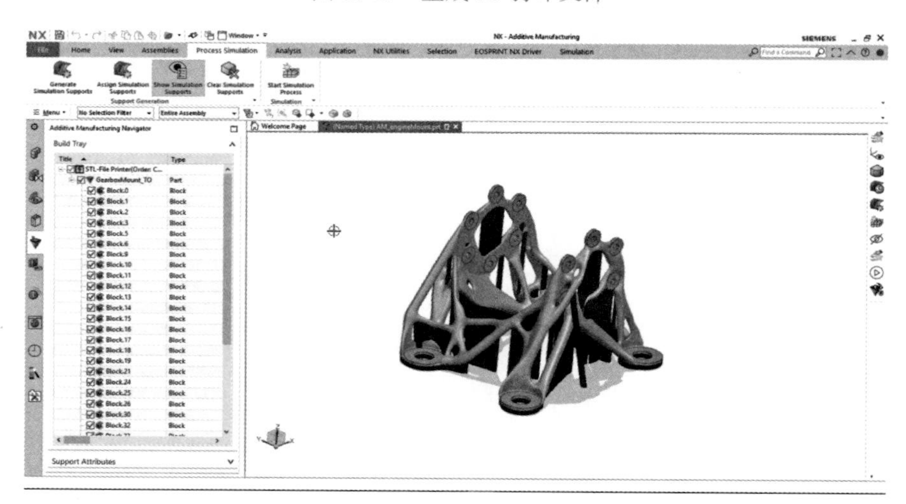

图 10-30　打印过程失效分析

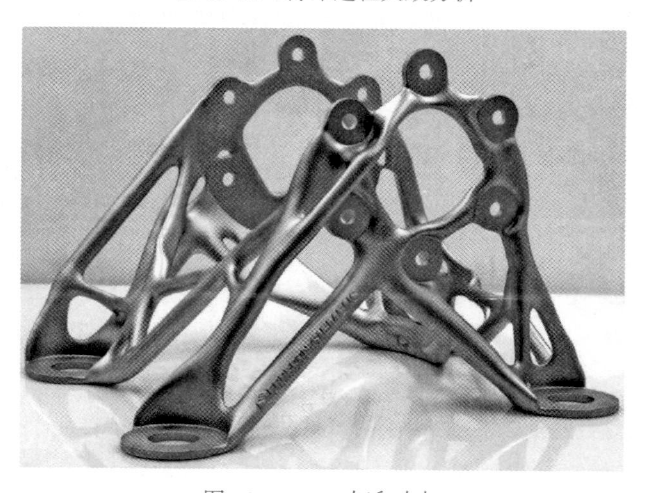

图 10-31　3D 打印支架

10.4　生物医疗行业中的典型零件——体外医疗器械及植入物

在现代医疗行业中，如何提高患者的医疗体验，尤其是那些无法依靠人体自愈的损伤所导致的长期后遗症一直是被关注的重点。数字化增材制造技术正在解决这个问题。通过创成式设计的人体仿生学器械与植入物等明显简化了手术过程，降低了手术风险，同时为医生提供了一致的外科手术程序。

本节将通过一个人体膝关节植入物的设计、优化与制造（图 10-32），介绍数字化增材制造在生物医疗行业中的应用。

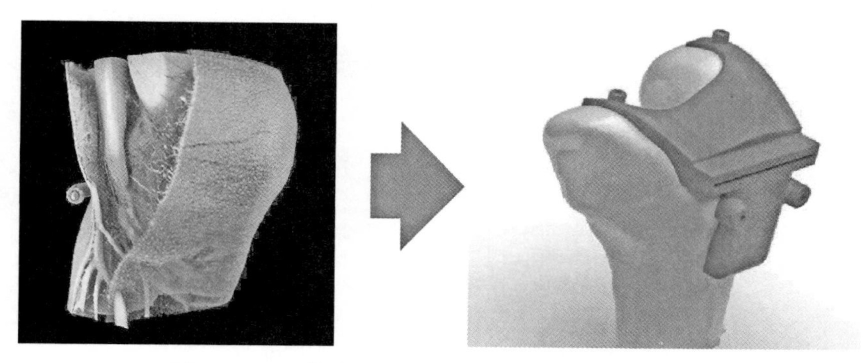

图 10-32　人体膝关节植入物的数字化增材制造应用

1. 设计与优化

首先通过对人体膝关节进行扫描创建一个 3D 模型（图 10-33），为后续设计提供数据模型基础。

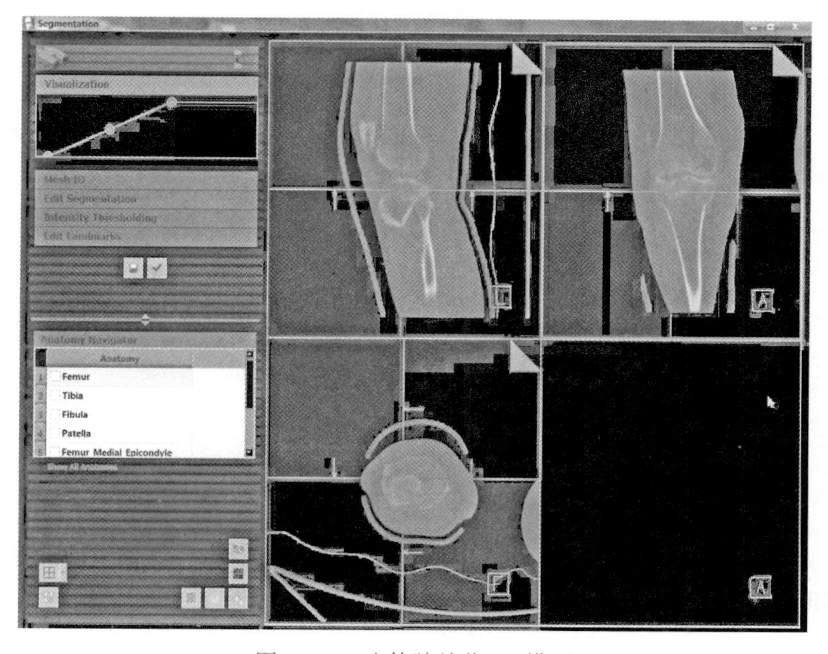

图 10-33　人体膝关节 3D 模型

建立膝关节模型后，NX 可根据病人的解剖特征确定种植体的大小和位置，并自动进行交互式调整（图 10-34）。外科医生审核计划并给予批准后，解剖修订的目标将被定义为设计患者专用的种植体。

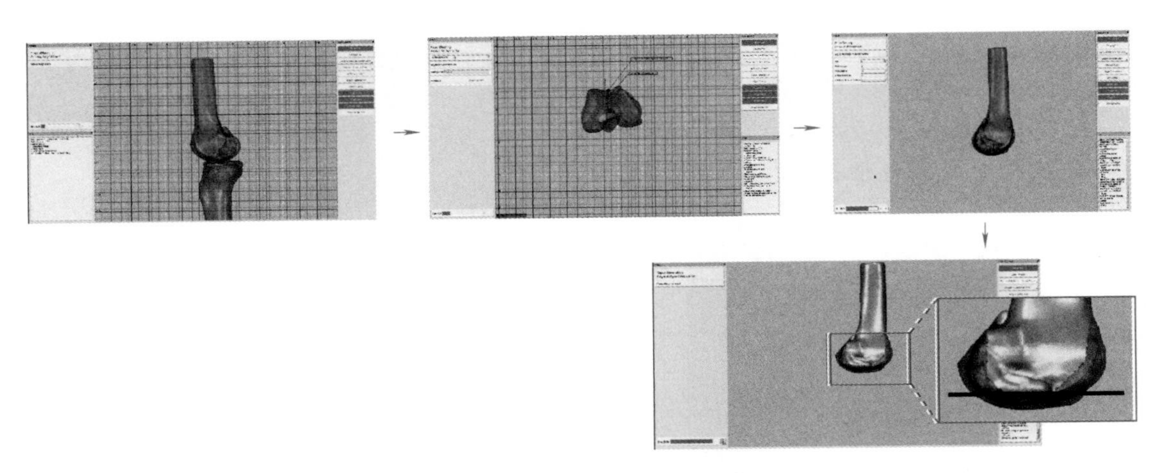

图 10-34　交互式调整过程（示例）

在 NX 中设计种植体（图 10-35），与患者的腿骨模型进行适配。

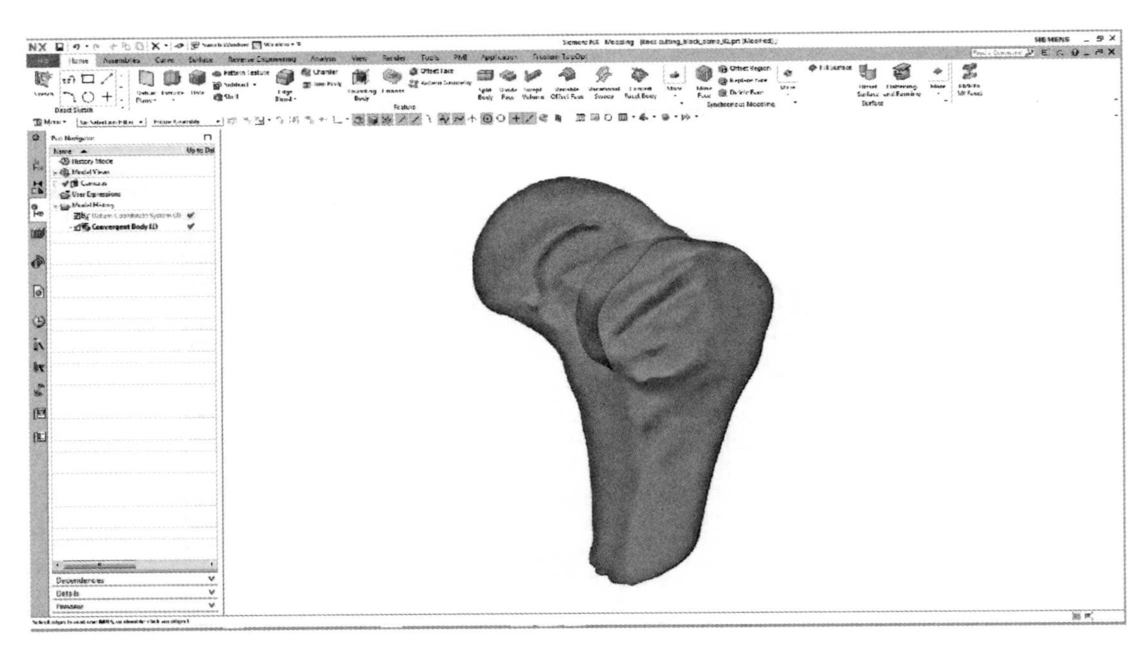

图 10-35　设计种植体

使用网格模型定义负载和约束，识别高应力或应变的区域，使模型结合修改的设计，调整其几何形状，提高其性能（图 10-36）。设置壁厚、打印的数量、完全封闭的区域和过剩的区域等，确保打印的可行性与打印质量。

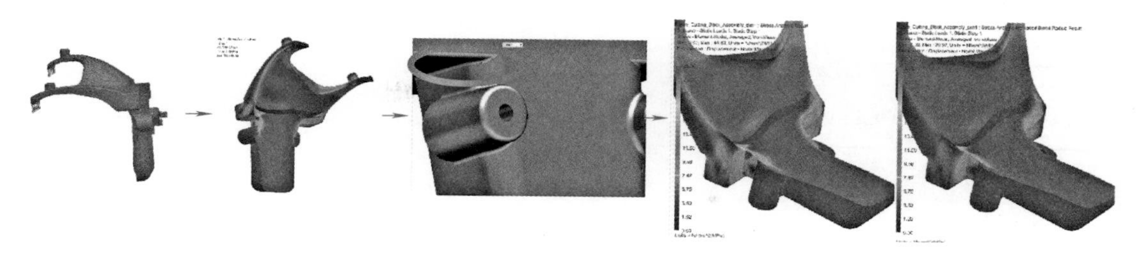

图 10-36　优化模型流程

2．预处理

使用 NX AM 模块对打印步骤进行数字化设计，设置打印托盘、定位零件、嵌套三维组件、设置辅助结构（支撑结构）和分配曝光，为打印机生成作业文件（图 10-37）。

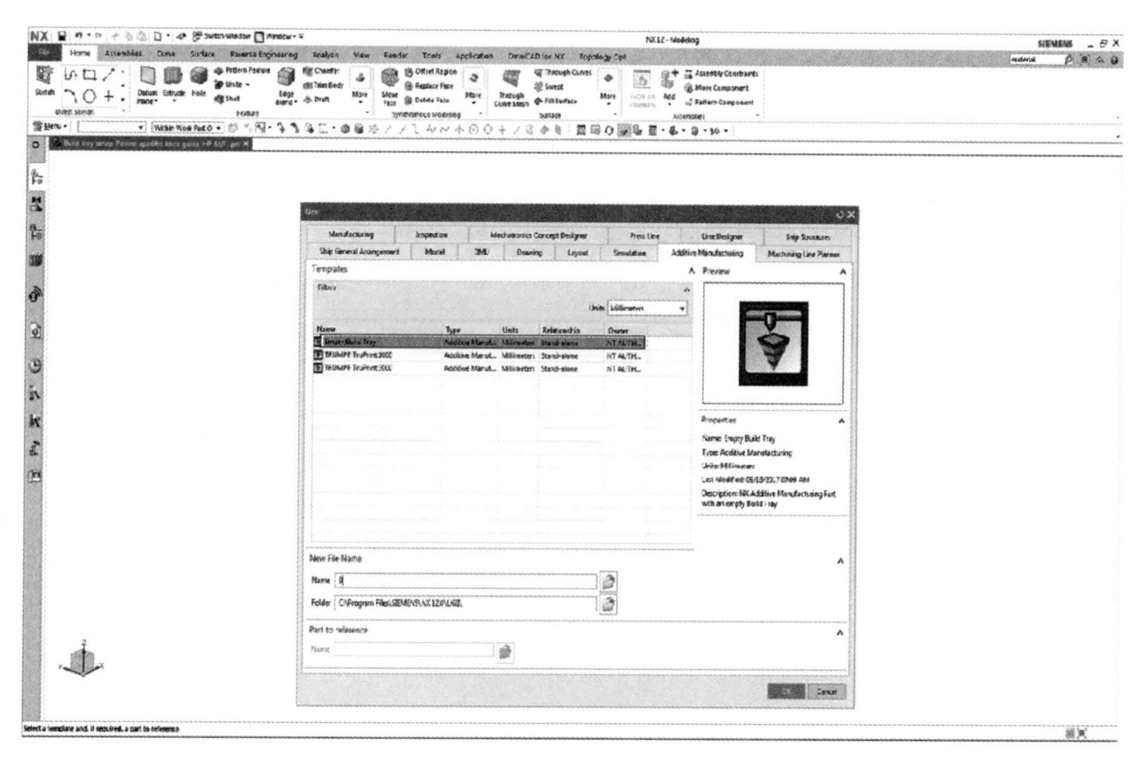

图 10-37　生成打印文件

利用仿真功能模拟制造过程，识别和显示模型的热变形、残余应力、碰撞和局部过热区域的结果。

接着如嵌套三维组件，以优化构建托盘（图 10-38）。

利用 NX 中 CMM 模块中的工具定义检查步骤并验证产品质量（图 10-39），为特定的机器创建所有的 CMM 程序，验证最终产品质量并生成报告。

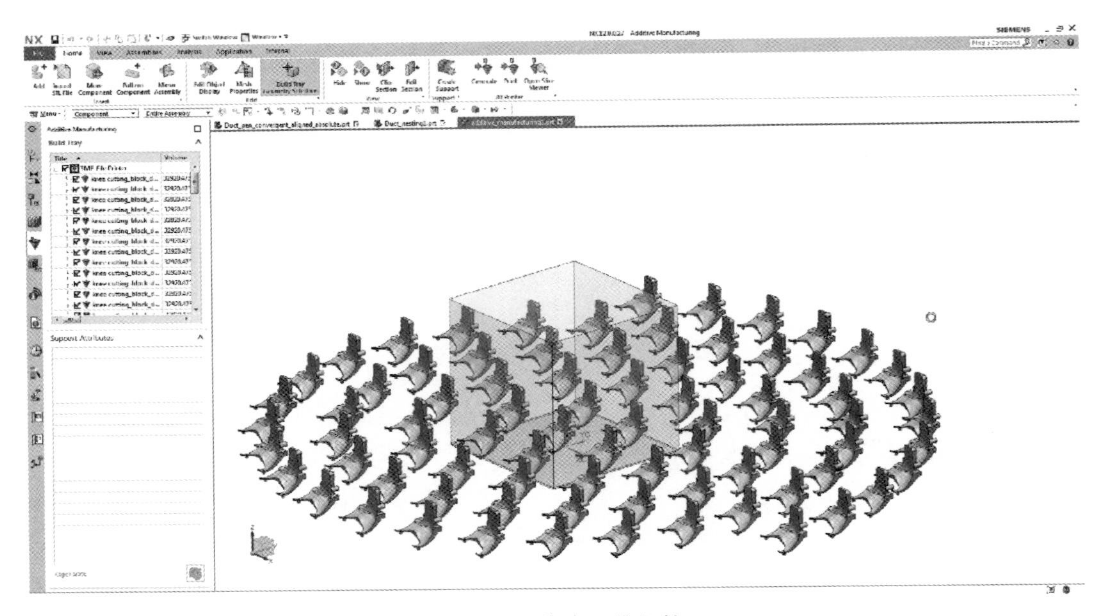

图 10-38　嵌套三维组件

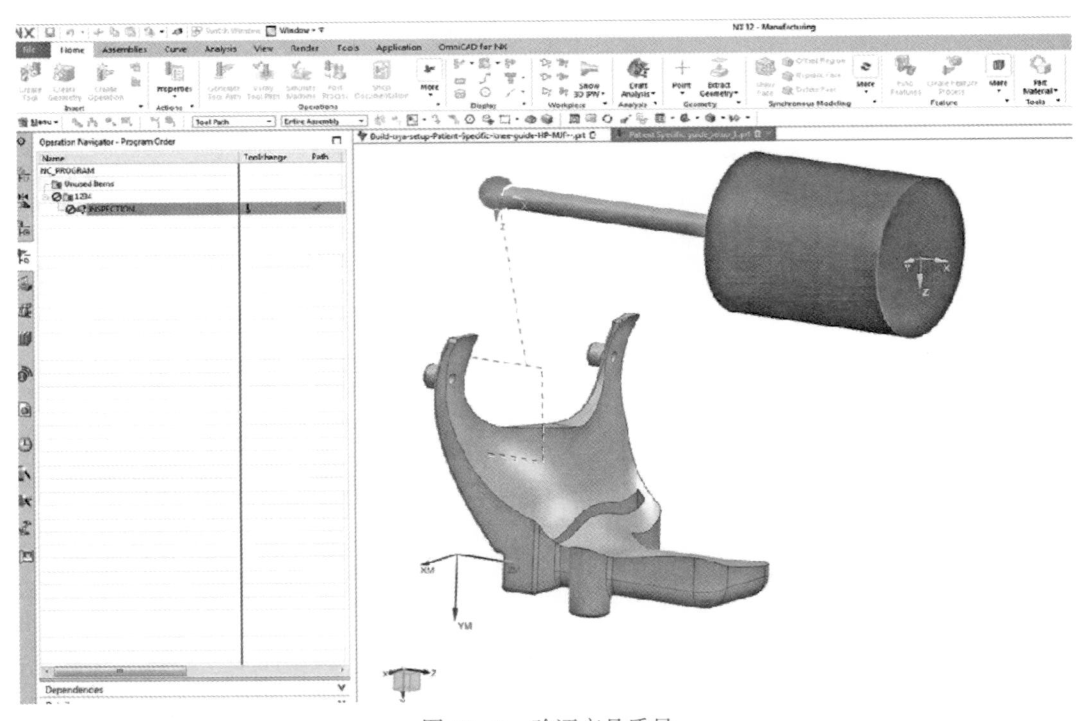

图 10-39　验证产品质量